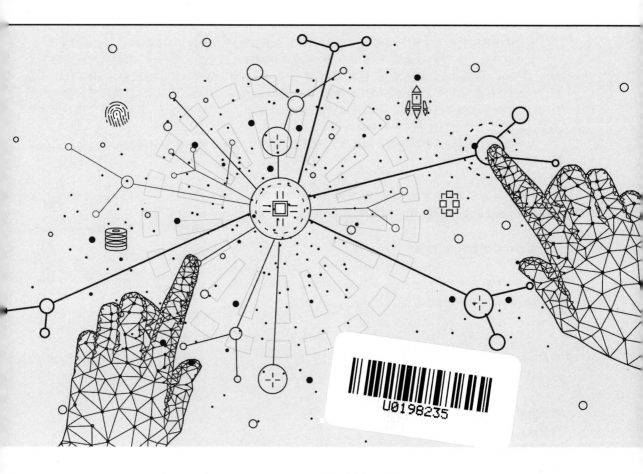

Internet of Things
Embedded Development Practice

物联网
嵌入式开发实战

连志安◎编著

清华大学出版社
北京

内容简介

本书从物联网的相关技术、网络通信协议、嵌入式开发等方面，系统地阐述了物联网开发必备的知识。

本书内容分为 3 部分，基础部分（第 1～5 章）系统讲述物联网的发展历史、技术、对物联网行业的未来预测，以及单片机和嵌入式网络开发；提高部分（第 6～9 章）主要讲解嵌入式实时系统，以 RT-Thread 为例，介绍驱动开发、应用开发、网络开发三大模块，以及目前主流的云平台开发技巧，包括阿里云物联网平台、OneNET 等；实战部分（第 10、11 章）从零开始搭建两个实用的物联网项目——环境信息采集系统和智能安防系统，助力读者快速进入物联网领域。

本书适合想快速进入物联网行业的技术人员阅读，也可作为高年级本科生和研究生学习物联网的参考书籍。

图书在版编目（CIP）数据

物联网：嵌入式开发实战/连志安编著. —北京：清华大学出版社，2021.4（2025.2重印）
ISBN 978-7-302-56607-6

Ⅰ. ①物… Ⅱ. ①连… Ⅲ. ①物联网—系统开发 Ⅳ. ①TP393.4 ②TP18

中国版本图书馆 CIP 数据核字（2020）第 192648 号

责任编辑：赵佳霓
封面设计：郭　媛
责任校对：时翠兰
责任印制：杨　艳

出版发行：清华大学出版社
　　　　网　　址：https://www.tup.com.cn，https://www.wqxuetang.com
　　　　地　　址：北京清华大学学研大厦 A 座　　　　　　邮　　编：100084
　　　　社 总 机：010-83470000　　　　　　　　　　　　邮　　购：010-62786544
　　　　投稿与读者服务：010-62776969，c-service@tup.tsinghua.edu.cn
　　　　质量反馈：010-62772015，zhiliang@tup.tsinghua.edu.cn
　　　　课件下载：https://www.tup.com.cn，010-83470236
印 装 者：大厂回族自治县彩虹印刷有限公司
经　　销：全国新华书店
开　　本：186mm×240mm　　印　　张：25.75　　　　字　　数：577 千字
版　　次：2021 年 4 月第 1 版　　　　　　　　　　　印　　次：2025 年 2 月第 6 次印刷
印　　数：4501～5000
定　　价：98.00 元

产品编号：087999-01

前言
PREFACE

物联网同人工智能、机器学习和云技术,在过去几年中一直是高科技领域最重要的应用技术。

2019 年以来,全球物联网设备连接数保持强劲增长,设备接入量超 84 亿,行业渗透率持续提高,智慧城市、工业物联网应用场景快速拓展。预计到 2022 年,中国物联网产业规模将超过 2 万亿元。

在可预见的未来,物联网将取代移动互联网,成为信息产业的主要驱动力。但是许多初学者在刚接触物联网时,往往因为物联网庞大的架构体系、各种复杂的组网技术,使人感到神秘而艰难。

本书将从物联网的框架及相关技术、网络通信协议、嵌入式开发等方面,系统地阐述物联网开发必备的知识。使读者读完本书后对物联网有清晰的了解。同时本书以实际项目开发为出发点,从零开发,通过一行一行代码实现物联网项目。语言上力求轻松活泼,避免晦涩难懂。讲解形式图文并茂,由浅入深。充分分析原理,最后通过实验加深读者的理解。通过阅读本书,读者会少走很多弯路,会觉得物联网开发没有想象中那么难。

本书特点

(1) 理论与实践并行。理论部分适合想了解物联网发展及技术的管理人员阅读,同时书中后半部分将技术落实到实际应用。

(2) 零基础入门。本书使用 STM32F407 芯片,代码配有详细注释,让大家读完此书,也能自己动手实现一个属于自己的物联网项目。

(3) 内容丰富,由浅入深,循序渐进。本书内容涉及嵌入式、单片机、实时操作系统、网络协议、云平台等。

(4) 详细的开发指导,通俗的理论讲解,即使是在校大学生也能读懂。适合想快速进入物联网行业的大学生、技术人员阅读。

(5) 书中所有的源码开源,方便读者阅读和实践。

本书内容及体系结构

本书的内容大体分为 3 部分:

(1) 基础部分(第 1~5 章):第 1~3 章系统地讲述物联网的发展历史,以及对物联网行业的未来预测,同时对物联网的技术进行详细、通俗的讲解,即使是从未接触过物联网行业的读者读完此书,也能对物联网行业有一定的认知,为后续学习打下理论基础。第4、5章系统地讲解单片机的开发和嵌入式网络开发,读者读完后,能独立进行简单的物联网项目开发,同时也具备物联网企业人才所需求的基本技能。

(2)提高部分(第6~9章):嵌入式实时操作系统是开发中非常关键的核心技术,尤其是工业控制的物联网。第6、7章从零基础开始学习嵌入式实时系统,以 RT-Thread 为例,介绍驱动开发、应用开发、网络开发3大模块,使读者读完这两章后具备一定的嵌入式实时操作系统开发能力。第8章介绍市场上主流的云平台开发技巧,包括阿里云物联网平台、OneNET 等。第9章介绍目前主流的物联网模块,包括 2G、4G、WiFi、NB-IoT 等。

(3)实战部分(第10、11章):第10章会从零开始实现一个实用的物联网项目——环境信息采集系统。第11章则带领大家从零开始实现第二个实战项目——智能安防系统。这两章涉及温湿度传感器、无线 433MHz、电机等综合知识。读者读完这两章后也能自己动手开发,使读者具备一定的物联网项目开发实战经验。特别是对于在校大学生,以及其他行业想进入物联网的读者,能通过这个实战项目,快速进入物联网领域。

本书读者对象

(1)想要学习物联网的本科生和研究生;

(2)没有单片机基础的入门新手;

(3)相关培训学校的学员;

(4)物联网爱好者。

致谢

感谢中煤科工集团沈阳研究院丁远参与本书第3章、第5章和第7章的编写;感谢 RT-Thread 官方团队朱天龙、李想对本书 RT-Thread 部分章节的审核。也感谢本人的大学老师尹海昌老师、黄进财老师的教导及对本书内容的审核。

由于笔者水平有限,书中难免存在不妥之处,希望读者不吝赐教。

连志安

2021 年 1 月

本书源代码下载

教学课件(PPT)下载

目 录
CONTENTS

第1章 物联网概述(▶：15min) ……………………………………………………… 1

1.1 物联网行业的发展 ………………………………………………………… 1
　　1.1.1 发展历程 ………………………………………………………………… 1
　　1.1.2 规模与渗透度 ………………………………………………………… 2
1.2 物联网的核心技术 ………………………………………………………… 3
　　1.2.1 传感器技术 …………………………………………………………… 3
　　1.2.2 组网技术 ……………………………………………………………… 3
　　1.2.3 嵌入式系统技术 ……………………………………………………… 3
　　1.2.4 云计算 ………………………………………………………………… 4
1.3 物联网行业展望 …………………………………………………………… 4
　　1.3.1 产业驱动 ……………………………………………………………… 4
　　1.3.2 行业数据预测 ………………………………………………………… 5
　　1.3.3 物联网产业布局 ……………………………………………………… 5
　　1.3.4 产业图谱 ……………………………………………………………… 7
1.4 物联网面临的挑战 ………………………………………………………… 8
　　1.4.1 信息安全 ……………………………………………………………… 8
　　1.4.2 云计算的可靠性问题 ………………………………………………… 8
　　1.4.3 协议问题 ……………………………………………………………… 8
　　1.4.4 能源问题 ……………………………………………………………… 9

第2章 物联网体系架构(▶：20min) …………………………………………… 10

2.1 物联网基本架构 …………………………………………………………… 10
　　2.1.1 USN 架构 ……………………………………………………………… 11
　　2.1.2 M2M 架构 ……………………………………………………………… 11
　　2.1.3 感知层 ………………………………………………………………… 12
　　2.1.4 网络层 ………………………………………………………………… 12
　　2.1.5 应用层 ………………………………………………………………… 13

2.2 嵌入式技术应用 ··· 13

    2.2.1 单片机技术 ··· 13

    2.2.2 嵌入式 RTOS ·· 14

    2.2.3 嵌入式 Linux ··· 15

2.3 组网技术 ··· 15

    2.3.1 蓝牙 ·· 15

    2.3.2 WiFi ·· 16

    2.3.3 ZigBee ·· 16

    2.3.4 3G/4G/5G ·· 17

    2.3.5 NB-IoT ·· 17

    2.3.6 LoRa ·· 18

    2.3.7 各种组网技术比较 ··· 18

2.4 学习路线 ··· 18

第 3 章 TCP/IP 网络通信协议（▶: 62min） ··· 20

3.1 OSI 七层模型 ·· 20

3.2 TCP/IP ··· 22

    3.2.1 TCP/IP 具体含义 ·· 22

    3.2.2 IP ·· 23

    3.2.3 TCP 和 UDP ·· 24

    3.2.4 HTTP ··· 26

    3.2.5 MQTT ·· 26

    3.2.6 MAC 地址 ·· 27

    3.2.7 NAT ··· 28

3.3 网络通信过程 ·· 29

    3.3.1 发送过程 ·· 29

    3.3.2 接收过程 ·· 29

3.4 socket 套接字 ··· 30

    3.4.1 socket 和 TCP/IP 的关系 ··· 31

    3.4.2 创建 socket 套接字 ··· 31

    3.4.3 bind 函数 ··· 32

    3.4.4 connect 函数 ·· 33

    3.4.5 listen 函数 ·· 34

    3.4.6 accept 函数 ·· 34

    3.4.7 read 和 write 函数 ·· 35

    3.4.8 close 函数 ·· 35

第 4 章　单片机开发（▶：49min） ……………………………………………… 36

4.1　初识 STM32F407 芯片 …………………………………………………… 36

4.1.1　单片机介绍 …………………………………………………………… 36

4.1.2　STM32F407 芯片 …………………………………………………… 36

4.2　搭建开发环境 ……………………………………………………………… 37

4.2.1　硬件平台 ……………………………………………………………… 37

4.2.2　软件开发环境 ………………………………………………………… 38

4.2.3　Keil MDK 软件的安装 ……………………………………………… 38

4.2.4　Keil MDK 新建工程 ………………………………………………… 41

4.2.5　J-Link 驱动安装 ……………………………………………………… 45

4.3　GPIO 口操作 ……………………………………………………………… 45

4.3.1　LED 硬件原理图 ……………………………………………………… 45

4.3.2　STM32F407 的 GPIO 口介绍 ……………………………………… 45

4.3.3　STM32 标准外设库 …………………………………………………… 46

4.3.4　代码分析 ……………………………………………………………… 47

4.3.5　代码编译下载 ………………………………………………………… 49

4.3.6　小结 …………………………………………………………………… 52

4.4　中断 ………………………………………………………………………… 52

4.4.1　STM32 中断向量表 …………………………………………………… 53

4.4.2　中断控制器 …………………………………………………………… 57

4.4.3　小结 …………………………………………………………………… 57

4.5　EXTI 外部中断 …………………………………………………………… 58

4.5.1　按键功能分析 ………………………………………………………… 58

4.5.2　代码分析 ……………………………………………………………… 59

4.5.3　小结 …………………………………………………………………… 64

4.6　定时器 ……………………………………………………………………… 64

4.6.1　STM32 定时器 ………………………………………………………… 65

4.6.2　代码分析 ……………………………………………………………… 65

4.6.3　SysTick 定时器 ……………………………………………………… 68

4.6.4　小结 …………………………………………………………………… 70

4.7　USART 串口 ……………………………………………………………… 70

4.7.1　数据格式 ……………………………………………………………… 71

4.7.2　串口实验 ……………………………………………………………… 72

4.7.3　代码分析 ……………………………………………………………… 73

4.7.4　小结 …………………………………………………………………… 76

4.8　I²C 总线 ·· 76

　　4.8.1　I²C 元器件地址 ····················· 76

　　4.8.2　I²C 时序 ····························· 76

　　4.8.3　模拟 I²C ····························· 77

　　4.8.4　小结 ······························· 82

4.9　SPI 总线 ·· 82

　　4.9.1　SPI 4 种工作模式 ·················· 82

　　4.9.2　STM32 的 SPI 配置 ················ 83

　　4.9.3　小结 ······························· 85

4.10　LCD 显示屏 ····································· 86

　　4.10.1　LCD 分类 ························· 86

　　4.10.2　LCD 接口类型 ···················· 87

　　4.10.3　MCU 接口驱动原理 ··············· 87

　　4.10.4　代码分析 ························· 89

　　4.10.5　小结 ···························· 95

第 5 章　LwIP(▶: 83min) ·························· 96

5.1　初识 LwIP ·· 96

　　5.1.1　LwIP 介绍 ·························· 96

　　5.1.2　源码简析 ························· 96

　　5.1.3　系统框架 ························· 98

5.2　网卡驱动 ·· 98

　　5.2.1　STM32F407 以太网控制器 ········· 98

　　5.2.2　网卡驱动流程 ····················· 99

5.3　LwIP 初始化 ···································· 104

5.4　API ·· 105

　　5.4.1　RAW API ························· 105

　　5.4.2　NETCONN API ···················· 110

　　5.4.3　BSD API ························· 117

5.5　LwIP 实验 ······································ 117

　　5.5.1　RAW API TCP 服务器实验 ········· 117

　　5.5.2　RAW API TCP 客户端实验 ········· 120

　　5.5.3　RAW API UDP 服务器实验 ········· 123

　　5.5.4　RAW API UDP 客户端实验 ········· 125

　　5.5.5　NETCONN API 实验 ··············· 127

第 6 章　RT-Thread 开发(▶：97min) ·· 128

　6.1　初识 RT-Thread ··· 128

　　6.1.1　RT-Thread 介绍 ·· 128

　　6.1.2　RT-Thread 源码获取 ··· 130

　　6.1.3　Env 工具 ··· 132

　　6.1.4　menuconfig ··· 135

　　6.1.5　编译 RT-Thread 源码 ·· 136

　6.2　RT-Thread 线程开发 ··· 137

　　6.2.1　裸机和操作系统 ·· 137

　　6.2.2　RT-Thread 线程 ·· 139

　6.3　GPIO 开发 ·· 154

　　6.3.1　I/O 设备模型框架 ··· 154

　　6.3.2　相关 API ··· 155

　　6.3.3　实验 ··· 157

　6.4　串口开发 ·· 158

　　6.4.1　FinSH 控制台 ··· 158

　　6.4.2　相关 API ··· 161

　　6.4.3　实验 ··· 169

　6.5　I^2C 设备开发 ·· 173

　　6.5.1　相关 API ··· 173

　　6.5.2　I^2C 使用示例 ·· 175

　6.6　SPI 设备开发 ·· 181

　　6.6.1　相关 API ··· 181

　　6.6.2　SPI 设备使用示例 ··· 191

　6.7　硬件定时器开发 ·· 193

　　6.7.1　相关 API ··· 194

　　6.7.2　定时器设备使用示例 ·· 199

　6.8　RTC 功能 ··· 202

　　6.8.1　相关 API ··· 203

　　6.8.2　功能配置 ··· 203

　　6.8.3　代码示例 ··· 204

第 7 章　RT-Thread 网络开发(▶：40min) ·· 206

　7.1　LwIP 使用 ·· 206

　　7.1.1　menuconfig 配置 ·· 206

7.1.2　网卡配置 ··· 207

7.1.3　IP 地址配置 ··· 208

7.1.4　LwIP 实验 ··· 209

7.2　NETCONN API 开发 ··· 209

7.2.1　相关 API 说明 ··· 209

7.2.2　TCP 服务器 ··· 210

7.2.3　TCP 客户端 ··· 215

7.2.4　UDP 实验 ··· 218

7.3　BSD socket API 开发 ··· 223

7.3.1　socket API 说明 ··· 224

7.3.2　代码示例 ··· 228

7.4　JSON ··· 234

7.4.1　JSON 语法 ··· 234

7.4.2　cJSON ·· 235

7.4.3　cJSON API ··· 236

7.5　MQTT ··· 241

7.5.1　Paho MQTT ··· 242

7.5.2　Paho MQTT 使用 ·· 243

7.6　自己搭建 MQTT 服务器 ·· 248

7.6.1　阿里云服务器申请 ·· 248

7.6.2　SSH 登录 ·· 252

7.6.3　安装 MQTT 服务器 ·· 256

第 8 章　物联网云平台（▶：38min） ····································· 258

8.1　主流物联网云平台介绍 ·· 258

8.1.1　阿里云物联网平台 ·· 258

8.1.2　中国移动物联网开放平台（OneNET） ·························· 260

8.1.3　微软物联网平台 Azure ·· 263

8.1.4　亚马逊物联网平台（AWS IoT） ································ 263

8.2　阿里云物联网平台开发 ·· 264

8.2.1　IoT Studio 平台使用 ·· 265

8.2.2　iotkit-embedded ·· 269

8.2.3　ali-iotkit ·· 271

8.2.4　实验 ·· 273

8.2.5　ali-iotkit 指南 ·· 279

8.2.6　OTA 升级 ··· 284

8.2.7 API 说明 ·· 286

8.3 中国移动物联网开放平台 OneNET 开发 ············· 294

8.3.1 资源模型 ··· 294

8.3.2 创建产品 ··· 295

8.3.3 创建设备 ··· 297

8.3.4 设备接入 OneNET ································· 300

8.3.5 OneNET 软件包指南 ······························ 304

8.3.6 OneNET 软件包移植说明 ························· 307

第 9 章 IoT 模块开发 ··· 309

9.1 AT 指令 ··· 309

9.1.1 发展历史 ··· 309

9.1.2 指令格式 ··· 310

9.2 WiFi 模块 ESP8266 ·· 310

9.2.1 ESP8266 芯片简介 ································· 310

9.2.2 ESP8266 芯片开发模式 ··························· 311

9.2.3 AT 指令 ··· 313

9.2.4 代码分析 ··· 319

9.2.5 实验 ·· 333

9.3 2G/4G 模块 ·· 335

9.3.1 AT 指令 ··· 336

9.3.2 代码分析 ··· 337

9.3.3 实验 ·· 342

9.4 NB-IoT 模块 ··· 343

9.4.1 BC26 简介 ··· 343

9.4.2 AT 指令 ··· 344

9.4.3 代码分析 ··· 345

9.4.4 实验 ·· 352

第 10 章 实战项目：环境信息采集系统（▶：60min）········ 353

10.1 系统框架 ·· 353

10.2 嵌入式开发 ·· 355

10.2.1 DHT11 传感器介绍 ······························ 355

10.2.2 DHT11 驱动 ······································· 358

10.2.3 RT-Thread 移植 DHT11 驱动 ··················· 362

10.2.4 OneNET 上传数据 ································ 367

10.3　OneNET View 可视化开发 ·· 370

　　10.3.1　Web 可视化 ··· 371

　　10.3.2　手机 App ·· 376

10.4　总结 ··· 377

第 11 章　实战项目：智能安防系统 ··· 378

11.1　系统介绍 ··· 378

11.2　无线 433MHz 技术 ·· 379

　　11.2.1　无线技术简介 ··· 379

　　11.2.2　无线接收模块 ··· 379

　　11.2.3　无线传感器 ··· 380

　　11.2.4　代码实现 ··· 381

11.3　输出装置 ··· 385

　　11.3.1　步进电机 ··· 386

　　11.3.2　蜂鸣器 ··· 391

11.4　OneNET 开发 ··· 392

　　11.4.1　初始化 ··· 392

　　11.4.2　接收回调函数 ··· 393

　　11.4.3　传感器上传 ··· 394

　　11.4.4　实验 ··· 396

11.5　总结 ··· 396

参考文献 ··· 397

附录 ··· 398

15min

第 1 章

物联网概述

1.1 物联网行业的发展

物联网英文名字为 Internet of Things (IoT)，就是物物相连的互联网。还有另外一种说法就是：万物互联。物联网被誉为信息科技产业的第三次革命，是指通过信息传感设备，按约定的协议，将任何物体与网络相连接，物体通过信息传播媒介进行信息交换和通信，以实现智能化识别、定位、跟踪、监管等功能。

1.1.1 发展历程

物联网发展历史最早可以追溯到 1990 年，施乐公司推出的网络可乐售卖机——Networked Coke Machine。这是物联网最早的实践。

同时，在 20 世纪 90 年代，麻省理工学院教授凯文·艾什顿在宝洁公司做品牌经理时，为了解决一款棕色的口红在货架上总是缺货，但实际上库存里却还有不少货的问题，提出：如果在口红的包装中内置一种应用了无线射频识别技术（RFID）的无线通信芯片，并且有一个无线网络能随时接收芯片传来的数据，那么零售商们就可以随时知道货架上有哪些商品，并且及时补货。"物联网"这个概念由此提出，凯文·艾什顿也因此被称为"物联网之父"。

1999 年，美国麻省理工学院建立了"自动识别中心（Auto-ID）"，提出"万物皆可通过网络互联"，阐明了物联网的基本含义。

2005 年，国际电信联盟（ITU）在突尼斯举行的信息社会世界峰会（WSIS）上提出"物联网 IoT"的概念，并发布《ITU 互联网报告 2005：物联网》。

2006 年，韩国确立了 u-Korea 计划，该计划旨在建立无所不在的社会（ubiquitous society），在民众的生活环境里建设智能型网络（如 IPv6、BcN、USN）和各种新型应用（如 DMB、Telematics、RFID），让民众可以随时随地享受科技智慧服务。

2009 年，谷歌启动了自动驾驶汽车测试项目，圣裘德医疗中心发布了连网心脏起博器。

2010 年,吴邦国参观无锡物联网产业研究院,表示要培育发展物联网等新兴产业,确保我国在新一轮国际经济竞争中立于不败之地。

2013 年,谷歌眼镜(Google Glass)发布了,这是物联网和可穿戴技术的一个革命性进步。

2014 年,亚马逊发布了 Echo 智能扬声器,为进军智能家居中心市场铺平了道路。在其他新闻中,工业物联网标准联盟的成立证明了物联网有可能改变制造和供应链流程的运行方式。

2016 年,通用汽车、Lyft、特斯拉和 Uber 都在测试自动驾驶汽车。

2019 年,Vodafone 发布了"2019 年物联网报告"。调查发现:超过 1/3 的公司正在使用物联网。

2020 年,随着 5G 网络的慢慢普及,物联网将迎来一波爆发。对于国家、企业、个人而言,如何在 5G 和物联网的风口中寻找到突破点,是重中之重。

如今物联网的发展趋势已经势不可挡,随着智能联网设备的不断增加,可以说未来是物联网的时代。

1.1.2 规模与渗透度[1]

规模:全球物联网产业规模自 2008 年约 500 亿美元增长至 2018 年约 1510 亿美元,年均复合增速达 11.7%,如图 1.1 所示。

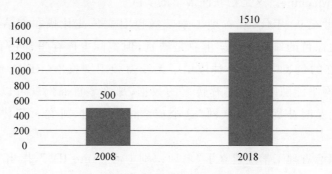

图 1.1 全球物联网规模(亿美元)

渗透:全球物联网行业渗透率于 2013、2017 年分别达 12%、29%,提升一倍多,预计 2020 年有超过 65% 企业和组织将应用物联网产品和方案。近年来,我国物联网市场规模不断扩大,由 2012 年的 3650 亿元增长到 2017 年的 11605 亿元,年复合增长率高达 25%,如图 1.2 所示。

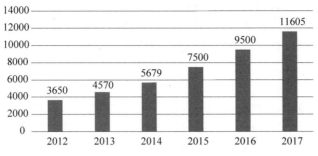

图1.2 2012—2017年我国物联网市场规模

1.2 物联网的核心技术

物联网是通过把网络技术运用于万物,达到万物互联。其中的核心技术有:传感器技术、组网技术、嵌入式技术、云计算。

1.2.1 传感器技术

传感器是指能感受规定的被测量,并按照一定的规律转换成可用输出信号的元器件或装置。传感器作为信息获取的重要手段,让物体有了"触觉""味觉"和"嗅觉"等感官,让物体慢慢变得"活"了起来。通常根据其基本感知功能分为热敏元器件、光敏元器件、气敏元器件、力敏元器件、磁敏元器件、湿敏元器件、声敏元器件等。

我们可以将传感器的功能与人类5大感觉器官做对比。

光敏传感器——视觉。

声敏传感器——听觉。

气敏传感器——嗅觉。

化学传感器——味觉。

压敏、温敏、流体传感器——触觉。

1.2.2 组网技术

组网技术包括短距离无线通信技术和远程通信技术。短距离无线通信技术包括NFC、蓝牙、WiFi、ZigBee、RFID等;远程通信技术包括互联网、2G/3G/4G/5G移动通信网络、NB-IoT、LoRa、卫星通信网络等。

万物通过各种组网技术组成一个庞大的网络,这正是物联网的本质。

1.2.3 嵌入式系统技术

嵌入式是一门综合了计算机软硬件、传感器技术、集成电路技术、电子应用技术为一体的复杂技术。经过几十年的演变,以嵌入式系统为特征的智能终端产品随处可见。如果把物联网用人体做一个简单比喻,传感器相当于人的眼睛、鼻子、皮肤等感官,嵌入式系统则是人的大脑,在接收到信息后要进行分类处理。这个例子很形象地描述了传感器、嵌入式系统在物联网中的位置与作用。

1.2.4 云计算

云计算是实现物联网的核心。运用云计算模式,使物联网中数以兆计的各类物品的实时动态管理和智能分析变得可能。可以使物体具备一定的智能性,能够主动或被动地实现与用户的沟通。从物联网的结构看,云计算将成为物联网的重要环节。

例如我们身边常见的智能音箱,之所以智能音箱能听懂我们的话,是因为智能音箱将收集到的人声数据上传到云服务器进行云计算,通过云服务器强大的计算能力进行语音识别。

可以说,没有了云计算,物联网将不再那么智能。

1.3 物联网行业展望

前瞻产业研究院发布《2019 年物联网行业市场研究报告》中显示,2019—2022 年复合增长率为 9% 左右;预计到 2022 年,中国物联网产业规模将超过 2 万亿元,中国物联网连接规模将达 70 亿。

1.3.1 产业驱动

可预见的未来,物联网将取代移动互联网,成为信息产业的主要驱动。物联网将改变以下几大行业。

1. 智慧物流

智慧物流是一种以信息技术为支撑,在物流的运输、仓储、包装、装卸搬运、流通加工、配送、信息服务等各个环节实现系统感知。全面分析、及时处理及自我调整功能,实现物流规整智慧、发现智慧、创新智慧和系统智慧的现代综合性物流系统。智慧物流能大大降低制造业、物流业等各行业的成本,实打实地提高企业的利润,生产商、批发商、零售商三方通过智慧物流相互协作,以及信息共享,这样物流企业便能更节省成本。

2. 智能医疗

在医疗卫生领域中,物联网是通过传感器和移动设备来对生物的生理状态进行捕捉。如心跳频率、体力消耗、葡萄糖摄取、血压高低等生命指数。把它们记录到电子健康文件里面。方便个人或医生进行查阅。还能够监控人体的健康状况,再把检测到的数据传送到通信终端上,在医疗开支上可以节省费用,使得人们生活更加轻松。

3. 智能家庭

在家庭日常生活中,物联网的迅速发展使人能够在更加便捷、更加舒适的环境中生活。人们可以利用无线机制来操作大量电器的运行状态,还可实现迅速定位家庭成员位置等功能,因此,利用物联网可以对家庭生活进行控制和管理。

4. 可穿戴设备

数百年来,人们一直在使用可穿戴设备,但直到最近十年,它们才真正变得"聪明"起来。

据国际数据中心(IDC)称,智能手表在性能和爆炸性增长方面均处于领先地位,预计2021年将售出1.495亿台(2017年为6150万台)。它们中的大多数仍然是纯粹的功能性设备,但许多时尚品牌和传统手表制造商也开始在他们的手表中建立连接。也许到目前为止,它们与卡地亚手表还不属于同一类别,但它们很可能渗透到我们生活的所有领域,包括奢侈品牌。

　　5.G的崛起

5G网络是蜂窝移动通信发展的下一步,它们不仅仅意味着智能手机更快的网络连接速度,而且还意味着为物联网提供了许多新的可能性,从而实现先前标准无法实现的连接程度。通过它们,数据可以被实时收集、分析和管理,几乎没有延迟,极大地拓宽了潜在的物联网应用,并为进一步创新开辟了道路。

1.3.2　行业数据预测[1]

　　(1) 全球:2017全球消费级IoT硬件销售额达4859亿美元,同比增长29.5%,2015—2017年复合增速达26.0%。2022年销售额望达15502亿美元,2017—2022年均复合增速预计达26.1%。全球消费级IoT市场规模呈现进一步加速的趋势,如图1.3所示。

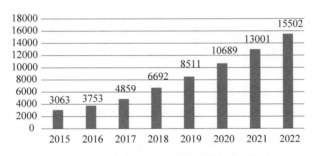

图1.3　全球消费级IoT硬件销售额(亿美元)

　　(2) 中国大陆:2017年中国大陆消费级IoT硬件销售额达1188亿美元,同比增长30.0%,2015—2017年复合增速达28.9%。2022年销售额望达3118亿美元,2017—2022年均复合增速预计达21.3%。2017年前因小米等公司的快速发展,中国消费级IoT发展整体快于全球平均水平,2017年后在中国消费级IoT仍维持高速发展的状况下,全球消费级IoT将发展更快,如图1.4所示。

　　(3) 连接设备:全球消费级IoT终端数量2017年达49亿个,2015—2017年均复合增速达27.7%,预计2022年达153亿个,2017—2022年均复合增速预计达25.4%。2017年中国消费级IoT终端数量占世界达26.5%,预计2022年占比提升至29.4%,2017—2022年预计复合增速达28.2%,如图1.5所示。

1.3.3　物联网产业布局

　　由于物联网的市场非常巨大,潜力无限,因此吸引着越来越多企业向物联网转型。其中主要分为两大阵营:互联网公司和传统硬件、工业行业。

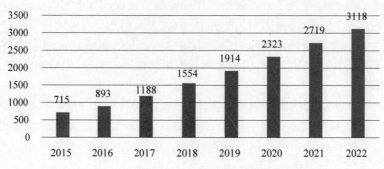

图 1.4　中国消费级 IoT 硬件销售额(亿美元)

图 1.5　全球及中国 IoT 终端数量

1. 互联网企业

互联网行业是近几十年来发展最快的行业,也是红利最高的行业,中国诞生了 BAT 为首一大批知名互联网企业。而它们实际上早就开始布局从互联网到物联网的转变。互联网巨头们的加入,给整个物联网从业者带来了士气的提升,同时也为物联网的商业模式、合作方式注入新的力量。

对于传统的互联网行业,目前进入物联网的切入点大部分集中在云平台。例如阿里云IoT 事业部、腾讯的 QQ 物联、百度等。都是形成自己的通信协议、云平台并提供相应的云计算能力等。这就需要我们掌握大数据、Web、前后端开发等。

2. 传统企业

这些公司有扎实的硬件基础,但是大部分缺少互联网思维,而以往的产品都是以单机形式运行。很显然,物联网的崛起将会对它们造成冲击,如果不再转变很可能被时代所抛弃。

目前市场上,大部分传统企业已选择进入物联网行业,如智能家居、智慧社区等领域迎来了大量房地产、物业、商业楼宇、公寓运营商等群体,它们作为下游用户也在积极参与相关标准制定、产品研发,主动与上游物联网企业推动物联网在自身领域的落地。

而传统的硬件行业在嵌入式开发的基础上整合各种物联网技术,带来了一个又一个的物联网产品,也越来越需求物联网相关人才。这就要求我们需要掌握一定的嵌入式开发能力及物联网技术。包括有：嵌入式开发、网络通信协议、蓝牙、WiFi、ZigBee、无线 433MHz、2.4GHz 无线通信等。

1.3.4 产业图谱

目前整个物联网行业公司种类繁多，分工明确。有些企业主要做消费者应用，例如智能家居、智能医疗等。也有从事物联网相关芯片研发，例如蓝牙、WiFi、ZigBee 等。

根据行业的纵向维度，可以分为用、云、边、管、端五大部分。而每个部分又可以进行横向细分，如图 1.6 所示。

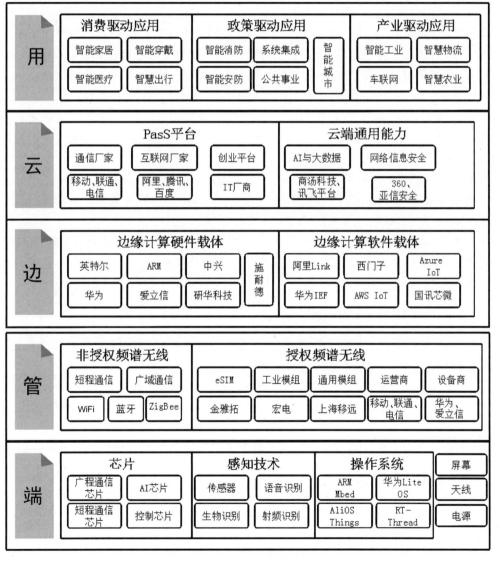

图 1.6 物联网产业图谱

1.4 物联网面临的挑战

1.4.1 信息安全

在物联网加速融入人们的生产和生活时，当前不少物联网设备生产厂商侧重追求新功能，对安全重视严重不足。针对消费物联网的安全威胁事件日益增多。

英国某医疗公司推出的便携式胰岛素泵就被黑客远程控制，黑客完全可以控制注射剂量，而这直接影响使用者的生命安全。

作为全球最火的家庭安防硬件产品之一，亚马逊旗下的 Ring 曝出安全漏洞，黑客可以监控用户家庭，而且 Ring 还会暴露用户的 WiFi 密码。大量用户投诉自己的私生活被黑客传到网上，甚至还有黑客通过 Ring 摄像头跟摇篮里的婴儿打招呼。

U-tec 制造的智能门锁 Ultraloq 出现故障，攻击者可以追踪该设备的使用地点并完全控制该锁。

2017 年 8 月，浙江某地警方破获一个犯罪案件，犯罪团伙在网上制作和传播家庭摄像头破解入侵软件。查获被破解入侵家庭摄像头 IP 近万个，涉及浙江、云南、江西等多个省份。

自动驾驶车辆或利用物联网服务的车辆也处于危险之中。智能车辆可能被来自偏远地区的熟练黑客劫持，一旦他们劫持成功，他们就可以控制汽车，这对乘客来说非常危险。自动驾驶车辆或利用物联网服务的车辆也处于危险之中。

一方面，物联网设备数量庞大，价格低廉，很多设备和硬件制造商缺乏安全意识和人才。

另一方面，厂商强调智能化的功能设计，求新求快是物联网行业中的主流，安全反倒是可有可无的选项。

1.4.2 云计算的可靠性问题

从数据收集和网络的角度来看，连接的设备生成的数据量太大，无法处理。通常我们需要把海量的数据上传到云服务上进行云计算。

但是，使用云计算会有一点风险，一旦云服务器出现宕机或者连接失败，会使整个物联网系统崩溃，而无法正常工作。这对于医疗保健、金融服务、电力和运输行业等大型企业至关重要。

因而，云计算的可靠性问题是物联网发展中急需解决的问题。

1.4.3 协议问题

物联网是互联网的延伸，物联网核心层面是基于 TCP/IP 协议的，但在接入层面，协议类别五花八门，可以通过 GPRS/CDMA、短信、传感器、有线等多种通道接入。

在智能家居方面，目前市场上有许多家企业进入这个领域，例如格力、海信、TCL、小米等。但是由于利益等原因，每家的协议互不兼容，设备之间无法真正做到万物互联。需要更多厂家共同制定统一的通用标准协议。

1.4.4 能源问题

物联网从一个利基市场(小众市场)不断发展成为一个几乎将我们生活各个方面都连接在一起的庞大网络。据相关资料预测,到 2020 年会有 500 亿台设备互相连网,其中大概 100 亿台是 PC 和服务器等设备,其余是其他的可运算设备。面对如此广泛的应用,功耗是至关重要的。

在物联网领域中,许多联网元器件配备有采集数据节点的微控制器(MCU)、传感器、无线设备和制动器。在通常情况下,这些节点将由电池供电运行,或者根本就没有电池,而是通过能量采集来获得电能。特别是在工业装置中,这些节点往往被放置在很难接近或者无法接近的区域。这意味着它们必须在单个纽扣电池供电的情况下实现长达数年的运作和数据传输。

第 2 章

物联网体系架构

2.1 物联网基本架构

我们以目前市场上流行的智能音箱为例,通过分析智能音箱的技术实现原理,来简单了解物联网的体系架构。

智能音箱可以通过蓝牙、WiFi 等方式和手机进行连接,从而达到手机可以控制音箱的目的。同时,用户可以通过说话来和智能音箱实现互动,以此控制音箱。

例如人说了一句"请播放下一曲",智能音箱的话筒会将人的说话声转换成数字信号,然后将这段人声数据通过网络传输到云服务器;云服务器利用云计算的能力,使用语音识别技术将人声数据进行分析处理,最后可以分析出这段人声数据是"请播放下一曲"的意思;云服务器将结果返回智能音箱,音箱收到数据反馈后,切换下一曲,如图 2.1 所示。

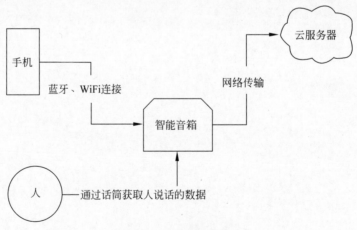

图 2.1 智能音箱示意图

在这个过程中,话筒相当于传感器(人耳的功能),获取人声数据;蓝牙、WiFi、网络传输则是网络连接技术;云服务器提供云计算的能力。这与我们接下来要讲的 USN 和 M2M 架构基本是一致的。

2.1.1 USN 架构

研究人员在描述物联网的体系框架时,多采用国际电信联盟 ITU-T 的泛在感应器网络体系结构作为基础。该体系结构分为传感器网络层、泛在传感器网络接入层、骨干网络层、网络中间件层和 USN 网络应用层。

一般传感器网络层和泛在传感器网络接入层合并成为物联网的感知层,主要负责采集现实环境中的信息数据。

骨干网络层在物联网的应用中是互联网,将被下一代网络 NGN 所取代。

物联网的应用层则包含了泛在传感器网络中间件层和 USN 网络应用层,主要实现物联网的智能计算和管理。

2.1.2 M2M 架构

欧洲电信标准化协会 M2M 技术委员会给出的简单 M2M 架构,是 USN 的一个简化版本。在这个架构当中,从上至下网络分为应用层、网络层和感知层三层体系结构,与物联网结构相对应。此外,物联网结构还存在一个公共技术层。公共技术层包括标志识别、安全技术、网络管理等普遍技术,它们同时被应用在物联网技术架构的其他三个层次,如图 2.2 所示。

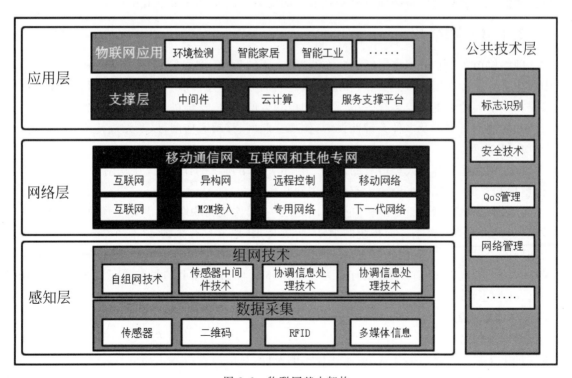

图 2.2 物联网基本架构

2.1.3　感知层

感知层处于物联网的最底层,是整个物联网的基础,它由传感器系统、标志系统、卫星定位、嵌入式技术、网络设备等组成。其功能主要是采集各类物理量、标志、音频和视频等数据。

然而,广义上的感知层不仅具备数据采集、信息感知的能力,还具有数据计算处理和数据输出能力。这就需要在设备中运用嵌入式技术,使感知层的设备具备计算的大脑。广义的感知层设备的结构大致如下。

(1) 数据输入:由各种传感器、RFID、音视频采集等技术组成,实现数据采集、环境感知能力。

(2) 组网技术:提供设备组网能力,使设备具有网络通信功能,是物联网设备必需的一项技术。

(3) 存储设备:用以存储设备的数据信息和设备配置信息等。后者信息中最重要的就是设备的 ID 信息,在海量设备信息采集的过程中,设备 ID 起到了区分设备的作用。

(4) 数据处理:物联网设备还应当具备一定的数据处理能力,一方面可以减少云平台计算的压力,另一方面在网络通信不佳的情况下,物联网设备应该能独立处理突发情况。

(5) 数据输出:一个仅有感知能力和数据上传能力的设备是无法应对日常场景的需求的。我们还要物联网设备必须具有结果输出的能力。例如音视频输出和开关动作等。

2.1.4　网络层

网络层由各种私有网络、互联网、有线网络、无线网络、网络管理系统等组成,在物联网中起信息传输的作用,实现感知层和应用层之间的数据信息传递,是整个物联网的桥梁。网络层相当于人的中枢神经系统,负责将感知层获取的信息,安全可靠地传输到应用层。

物联网网络层涉及多种关键性技术,例如互联网、移动通信网,以及无线传感器网络等。

1. 互联网

互联网几乎包含了人类所有的信息。在相关网络协议的作用下,互联网将海量数据汇总、整理和存储,实现信息资源的有效利用和共享。

互联网是物联网最重要的信息传输网络之一,要实现物联网,就需要互联网适应更大的数据量,提供更多的终端。而传统的 IPv4 所支持 IP 地址只有大约 43 亿个,根本无法满足物联网的海量终端。目前,IPv6 技术是解决这个问题的关键技术。IPv6 拥有的 IP 地址数量是 2 的 128 次方个。这个数据有多大呢? IPv6 可以给地球上的每粒沙子都分配一个 IP 地址,并且还有剩余。

2. 移动通信网

移动通信是移动体之间的通信,移动体可以是人,也可以是汽车、飞机等。移动通信技术经过第 1 代、第 2 代、第 3 代、第 4 代技术的发展,目前已经迈入了第 5 代发展的时代(5G 移动网络)。

3．无线传感器网络

无线传感器网络的英文简称是 WSN，即在众多传感器之间建立一种无线自组网络，并利用这种无线自组网络实现传感器之间的信息传输。

无线传感器网络包含多种技术，有现代网络技术、无线通信技术、嵌入式计算技术，以及传感器技术等。网关节点、传输网络、传感器节点和远程监控共同组成了无线传感器网络。

2.1.5 应用层

物联网的应用层主要解决计算、处理和决策的问题。其中，云计算是物联的重要组成部分。

物联网应用层利用经过分析处理的数据，为用户提供丰富的特定服务，涉及智能制造领域、物流领域、医疗领域、农业领域、智能家居等领域。

2.2 嵌入式技术应用

嵌入式技术是整个物联网的核心技术之一，是万物互联中物的基础。任何物体若要接入物联网都需要借助嵌入式技术。在物联网项目中，单片机一般作为嵌入式设备的大脑，负责简单处理各种数据和执行任务。本书也将重点讲解物联网中的嵌入式开发技巧。

嵌入式开发包含非常多的知识点，从底层裸机原理到操作系统，从蓝牙到 WiFi、ZigBee。不同的划分原则可以划分出不同的领域。

根据芯片运行的操作系统区分，我们可以简单地分为单片机开发、RTOS 开发、嵌入式 Linux 开发三大部分。

根据通信场景又可分为：近距离通信（蓝牙、WiFi、ZigBee 等）、远距离通信（GSM、NB-IoT 等）。

2.2.1 单片机技术

单片机是一种集成电路芯片，在芯片内部集成了 CPU、RAM、ROM、IO、定时器等功能。单片机的使用领域已十分广泛，如智能仪表、实时工控、通信设备、导航系统、家用电器等。

单片机拥有以下几种应用特点：

（1）拥有良好的集成度。

（2）自身体积较小。

（3）拥有强大的控制功能，同时运行电压比较低。

（4）拥有方便携带等优势，同时性价比较高。

本书中的单片机开发特指裸机开发，即在单片机上不运行操作系统，而直接运行用户程序。这样开发难度比较低，只需要读者掌握单片机开发技巧和物联网组网技术即可。

2.2.2 嵌入式 RTOS

在嵌入式应用领域，很多场合对系统的实时性要求严格，在这样的场合下，我们需要在单片机的基础上，增加实时操作系统，即 RTOS。

一般在实时操作系统中，用户程序是以线程（任务）的形式存在的，每个线程（任务）都存在优先级。实时操作系统会保证高优先级的线程（任务）具有优先执行权，从而保证整个系统的实时响应能力。

目前市场上的 RTOS 非常多，本书大致列出如下几种：RT-Thread、FreeRTOS、μC/OS 家族、RTX。

1. RT-Thread

RT-Thread 有两个版本：RT-Thread Nano 和 RT-Thread IoT。

RT-Thread Nano 是一个精简的硬实时内核，支持多任务、信号量等。内核占用 ROM 仅为 2.5KB，RAM 占用 1KB，适合初学者用来学习 RTOS，也适用于家电、医疗、工控等 32 位入门级 MCU 领域。

RT-Thread IoT 是 RT-Thread 的全功能版本，由内核层、组件、IoT 框架层组成，重点突出安全、联网、低功耗和智能化等特点。它支持丰富的网络通信协议，如 HTTPS、MQTT、WebSocket、LWM2M 等，支持连接不同的云端厂商设备，是学习物联网的最佳入门选择。

根据官方资料显示：RT-Thread 系统完全开源，3.1.0 及以前的版本遵循 GPL V2 + 开源许可协议。从 3.1.0 以后的版本遵循 Apache License 2.0 开源许可协议，可以免费在商业产品中使用，并且不需要公开私有代码。

本书将采用 RT-Thread 作为 RTOS 的学习入门。

2. FreeRTOS

FreeRTOS 是专为小型嵌入式系统设计的可拓展实时内核，并且开源免版税，设计小巧，简单易用。通常 FreeRTOS 内核二进制文件的大小在 4KB 到 9KB。

2017 年底，FreeRTOS 的作者加入亚马逊，担任首席工程师，FreeRTOS 也由亚马逊管理。亚马逊同时修改了用户许可证，FreeRTOS 变得更加开放和自由。背靠亚马逊，相信未来 FreeRTOS 会更加稳定可靠。此外，以前价格不菲的《实时内核指南》和《参考手册》也免费开放下载，这使得学习更加容易。

3. μC/OS 家族

μC/OS 家族包含 μC/OS-Ⅰ、μC/OS-Ⅱ、μC/OS-Ⅲ，由 Micrium 公司提供，是一个可移植、可固化、可裁剪、占先式多任务实时内核，适用于多种微处理器、微控制器和数字处理芯片（已经移植到超过 100 种以上的微处理器应用中）。同时，该系统源代码开放、整洁、一致、注释详尽，适合系统开发。μC/OS-Ⅱ 已经通过联邦航空局（FAA）商用航行器认证，符合航空无线电技术委员会（RTCA）DO-178B 标准。

虽然 μC/OS 源码开源，网上资料非常多，适合用来学习，但是使用 μC/OS 商业化则需要交版权费,故而本书未采用 μC/OS 作为学习入门。

4. RTX

Keil RTX 是为 ARM 和 Cortex-M 设备设计的免版税的实时操作系统。它允许创建同时执行多个功能的程序,并帮助创建更好的结构和更容易维护的应用程序。

具有源代码的免版权、灵活的调度等特点。但是由于 RTX 是运行在 Cortex-M 设备上,不具有可移植性,故而本书未做深入介绍。

2.2.3　嵌入式 Linux

嵌入式 Linux 是嵌入式操作系统的一个新成员,其最大的特点是源代码公开并且遵循 GPL 协议,近几年来已成为研究热点。目前正在开发的嵌入式系统中,有近 50% 的项目选择 Linux 作为嵌入式操作系统。

由于嵌入式 Linux 对芯片资源要求比较高,在一些成本敏感的场合,目前使用的还是单片机+RTOS 为主。而在一些对性能要求比较高、需要多媒体网络等复杂功能的场景,嵌入式 Linux 可以说是最佳的选择,例如路由器、家庭智能网关、人机交互等。

2.3　组网技术

12min

物联网的另外一个核心技术就是组网技术。目前市场上的组网技术非常多,从传统的蓝牙、WiFi、ZigBee 到 Lora、NB-IoT、4G、5G 技术等。本节将分析这些组网技术的特点和应用场景,方便读者了解。

2.3.1　蓝牙

蓝牙技术(Bluetooth)是由世界著名的 5 家大公司——爱立信(Ericsson)、诺基亚(Nokia)、东芝(Toshiba)、国际商用机器公司(IBM)和英特尔(Intel),于 1998 年 5 月联合发布的一种无线通信新技术。

蓝牙能在包括移动电话、PDA、无线耳机、计算机、相关外设等众多设备之间进行无线信息交换。利用蓝牙技术,能够有效地简化移动通信终端设备之间的通信。

目前蓝牙技术在物联网中使用得不是很多,因其主要有如下缺点:

(1)蓝牙的功耗问题。为了及时响应连接请求,在等待过程中的轮询访问是十分耗能的。

(2)蓝牙的连接过程烦琐。蓝牙在连接过程中涉及多次信息传递与验证,反复的数据加解密和每次连接都需进行的身份验证,对于设备计算资源是一种极大的浪费。

(3)蓝牙的安全性问题。蓝牙的首次配对需要用户通过 PIN 码验证,PIN 码一般仅由数字构成,且位数很少,一般为 4~6 位。PIN 码在生成之后,设备会自动使用蓝牙自带的 E2 或者 E3 加密算法来对 PIN 码进行加密,然后传输并进行身份认证。在这个过程中,黑客很有可能通过拦截数据包,伪装成目标蓝牙设备进行连接或者采用"暴力攻击"的方式来破解 PIN 码。

2.3.2　WiFi

WiFi 的英文全称为 Wireless Fidelity,在无线局域网的范畴指"无线相容性认证",实质上是一种商业认证,同时也是一种无线联网的技术。以前通过网线连接计算机联网,而现在则是通过无线电波来联网。常见的一种是无线路由器,在无线路由器电波覆盖的有效范围内都可以采用 WiFi 连接方式进行联网,如果无线路由器连接了一条 ADSL 线路或者其他的上网线路,则又被称为热点。

WiFi 的发明人是悉尼大学工程系毕业生 Dr John O'Sullivan 领导的一群由悉尼大学工程系毕业生组成的研究小组。

IEEE 曾请求澳大利亚政府放弃其无线网络专利,让世界免费使用 WiFi 技术,但遭到拒绝。澳大利亚政府随后在美国通过胜诉的官司或庭外和解,收取了世界上绝大多数电器电信公司(包括苹果、英特尔、联想、戴尔、AT&T、索尼、东芝、微软、宏碁、华硕等)的专利使用费。2010 年我们每购买一台含有 WiFi 技术的电子设备的时候,我们所付的费用就包含了交给澳大利亚政府的 WiFi 专利使用费。

1. 应用

绝大多数智能手机、平板计算机和笔记本计算机支持 WiFi 上网,是当今使用最广的一种无线网络传输技术。手机如果有 WiFi 功能,在有 WiFi 无线信号的时候就可以不通过移动、联通或电信的网络上网,省掉了流量费。

在物联网应用中,如果设备需要连上互联网,通常需要使用 WiFi、4G 或者有线网络。可以说,WiFi 是物联网设备连上网络的最常见的技术之一。

2. 组成结构

一般架设无线网络的基本配备就是无线网卡及一台 AP。AP 为 Access Point 的简称,一般翻译为"无线访问接入点"或"桥接器"。它主要在媒体存取控制层 MAC 中作为无线工作站及有线局域网络的桥梁。有了 AP,就像有线网络的 Hub 一般,无线工作站可以快速且轻易地与网络相连。特别是对于宽带的使用,WiFi 更显优势。有线宽带网络(ADSL、小区 LAN 等)到户后,连接到一个 AP,然后在计算机中安装一块无线网卡即可连网。普通的家庭有一个 AP 已经足够,甚至用户的邻里得到授权后,无须增加端口,也能以共享的方式上网。

2.3.3　ZigBee

ZigBee,也称紫蜂,是一种低速短距离传输的无线网上协议,底层采用 IEEE 802.15.4 标准规范的媒体访问层与物理层。主要特色有低速、低耗电、低成本、支持大量网上节点、支持多种网上拓扑、低复杂度、快速、可靠、安全。

ZigBee 的结构分为 4 层:分别是物理层、MAC 层、网络/安全层和应用/支持层。其中应用/支持层与网络/安全层由 ZigBee 联盟定义,而 MAC 层和物理层由 IEEE 802.15.4 协

议定义,以下为各层在 ZigBee 结构中的作用:

物理层:作为 ZigBee 协议结构的最底层,提供了最基础的服务,为上一层 MAC 层提供服务,如数据的接口等。同时也起到了与现实(物理)世界交互的作用。

MAC 层:负责不同设备之间无线数据链路的建立、维护、结束以及确认的数据传送和接收。

网络/安全层:保证数据的传输和完整性,同时可对数据进行加密。

应用/支持层:根据设计目的和需求使多个元器件之间进行通信。

(1) 低功耗:在低耗电待机模式下,2 节 5 号干电池可支持 1 个节点工作 6～24 个月,甚至更长。这是 ZigBee 的突出优势。相比之下蓝牙可以工作数周,WiFi 可以工作数小时。

(2) 低成本:通过大幅简化协议降低成本(不足蓝牙的 1/10),也降低了对通信控制器的要求。按预测分析,以 8051 的 8 位微控制器测算,全功能的主节点需要 32KB 代码,子功能节点少至 4KB 代码,而且 ZigBee 的协议专利免费。

(3) 低速率:ZigBee 工作在 250kb/s 的通信速率,满足低速率传输数据的应用需求。

(4) 近距离:传输范围一般在 10～100m,在增加 RF 发射功率后,亦可增加到 1～3km,这指的是相邻节点间的距离。如果通过路由和节点间通信的接力,传输距离可以更远。

(5) 短时延:ZigBee 的响应速度较快,一般从睡眠转入工作状态只需 15ms,节点连接进入网络只需 30ms,进一步节省了电能。相比较,蓝牙需要 3～10s、WiFi 需要 3s;

(6) 高容量:ZigBee 可采用星状和网状网络结构,由一个主节点管理若干子节点,最多一个主节点可管理 254 个子节点,同时主节点还可由上一层网络节点管理,最多可组成 65000 个节点的大网。

(7) 高安全:ZigBee 提供了三级安全模式,包括无安全设定、使用接入控制清单(ACL)防止非法获取数据,以及采用高级加密标准(AES128)的对称密码,以灵活确定其安全属性。

(8) 免执照频段:采用直接序列扩频工作于工业科学医疗 2.4GHz(全球)频段。

2.3.4　3G/4G/5G

3G/4G/5G 技术主要用于设备上网,适合无人值守或者偏远地区,没有有线网络但是数据又需要传输到互联网的单个设备或者少量设备场景。例如街边的无人售货机、蜂巢储物柜等。

但是通常使用 3G/4G/5G 技术的设备需要使用 SIM 卡,需要付给运营商流量费。

2.3.5　NB-IoT

窄带物联网(Narrow Band Internet of Things,NB-IoT)构建于蜂窝网络,只消耗大约 180kHz 的带宽,可直接部署于 GSM 网络或 LTE 网络,实现平滑升级。

NB-IoT 支持低功耗设备在广域网的蜂窝数据连接,也被叫作低功耗广域网(LPWAN)。NB-IoT 支持待机时间长、对网络连接要求较高的设备的高效连接。

NB-IoT 聚焦于低功耗广覆盖(LPWA)物联网(IoT)市场,是一种可在全球范围内广泛应用的新兴技术,具有覆盖广、连接多、成本低、功耗低、架构优等特点,但其通信速率较低。

2.3.6　LoRa

LoRa 是 Semtech 公司提出的低功耗局域网无线标准,它最大特点就是在同样的功耗条件下比其他无线方式传播的距离更远,在同样的功耗下比传统的无线射频通信距离扩大 3~5 倍,实现了低功耗和远距离的统一。

LoRa 的特性:

(1) 传输距离:城镇可达 2~5km,郊区可达 15km。

(2) 工作频率:ISM 频段包括 433、868、915MHz 等。

(3) 标准:IEEE 802.15.4g。

(4) 调制方式:基于扩频技术,是线性调制扩频(CSS)的一个变种,具有前向纠错(FEC)能力,是 Semtech 公司私有专利技术。

(5) 容量:一个 LoRa 网关可以连接成千上万个 LoRa 节点。

(6) 电池寿命:长达 10 年。

(7) 安全:AES128 加密。

(8) 传输速率:几百到几十千位每秒,速率越低传输距离越长。这很像一个人挑东西,挑得多走不太远,而挑得少了却可以走远。

2.3.7　各种组网技术比较

目前主流的组网技术可以通过传输距离、规模、功耗、成本等几个方面做比较,如表 2.1 所示。

表 2.1　组网技术比较

组 网 技 术	传 输 距 离	组 网 规 模	功 耗	能否连 Internet	成 本
蓝牙	10m 左右	小	高	否	中
WiFi	10~50m	小	高	能	中
3G/4G/5G	广域网	小	高	能	高,需要流量卡
ZigBee	局域网	大	低	否	中
NB-IoT	广域网	小	低	能	高,需要流量卡
LoRa	2~5km	大	低	否	中

读者可以根据自己的应用场景,选择合适的组网方式。

8min

2.4　学习路线

由于物联网是一个复杂系统,其中的技术种类繁多。对于初学者,笔者建议从嵌入式开发入门学习,由下至上,学习理解整个物联网系统。学习路线如图 2.3 所示:网络通信协议基础知识→单片机相关知识→RTOS 知识→网络应用开发→蓝牙、ZigBee 等组网技术→云平台协议对接→物联网应用开发。

物联网应用开发
云平台协议对接
蓝牙、ZigBee等组网技术
网络应用开发
RTOS知识
单片机相关知识
网络通信协议基础知识

图 2.3　物联网学习路线

第 3 章

TCP/IP 网络通信协议

3.1　OSI 七层模型

　　TCP/IP 即传输控制/网络协议,也叫作网络通信协议。它是在网络的使用中的最基本的通信协议。

　　针对 TCP/IP 的标准化,国际标准化组织(ISO)制定的一个用于计算机或通信系统间互联的标准体系,一般称为 OSI(Open System Interconnection)参考模型或七层模型。它从低到高分别是：物理层、数据链路层、网络层、传输层、会话层、表示层和应用层,如图 3.1 所示。

OSI七层模型

| 应用层 |
| 表示层 |
| 会话层 |
| 传输层 |
| 网络层 |
| 数据链路层 |
| 物理层 |

每一层的含义

| 为应用程序提供网络服务 |
| 数据格式化转换,加密 |
| 建立、管理维护会话 |
| 建立、管理端到端的连接 |
| IP地址、路由选择 |
| 提供介质访问、链路管理 |
| 物理层 |

图 3.1　OSI 七层模型

　　其中每一层的作用如下：

1. 物理层

　　定义一些电器、机械、过程和规范,如集线器。利用传输介质为数据链路层提供物理连接,实现比特流的透明传输。

　　物理层的作用是实现相邻计算机节点之间比特流的透明传送,尽可能屏蔽掉具体传输介质和物理设备的差异，使其上面的数据链路层不必考虑网络的具体传输介质是什么。最常见的设备是集线 HUB，它将一些机器连接起来组成一个局域网，从而实现局域网通信的可能。

2．数据链路层

定义如何格式化数据，支持错误检测。典型协议有：以太网和帧中继(古董级 VPN)。该层的主要功能是：通过各种控制协议，将有差错的物理信道变为无差错的、能可靠传输数据帧的数据链路。该层通常又被分为介质访问控制(MAC)和逻辑链路控制(LLC)两个子层。

MAC 子层的主要任务是解决共享型网络中多用户对信道竞争的问题，完成网络介质的访问控制。

LLC 子层的主要任务是建立和维护网络连接，执行差错校验、流量控制和链路控制。

最常见的设备是以太网交换机。交换机是一种基于 MAC 地址识别，能完成封装转发数据包功能的网络设备。交换机可以"学习"MAC 地址，并将其存放在内部地址表中，通过在数据帧的始发者和目标接收者之间建立临时的交换路径，使数据帧直接由源地址到达目的地址。

3．网络层

作用：定义一个逻辑的寻址，选择最佳路径传输路由数据包。典型协议：IP、IPX、ICMP、ARP(IP→MAC)、IARP 等。主要任务是：通过路由选择算法，为报文或分组通过通信子网选择最适当的路径。该层控制数据链路层与传输层之间的信息转发，建立、维持和终止网络的连接。

最常见的设备是路由器。

4．传输层

作用：提供可靠和尽力而为的传输。典型协议有：TCP、UDP、SPX、EIGR、OSPF 等。

传输层的主要功能如下：

传输连接管理：提供建立、维护和拆除传输连接的功能。传输层在网络层的基础上为高层提供"面向连接"和"面向无接连"这两种服务。

处理传输差错：提供可靠的"面向连接"和不太可靠的"面向无连接"的数据传输服务、差错控制和流量控制。在提供"面向连接"服务时，通过这一层传输的数据将由目标设备确认，如果在指定的时间内未收到确认信息，数据将被重发。

5．会话层

作用：负责会话建立，提供包括访问验证和会话管理在内的建立和维护应用之间通信的机制。如服务器验证用户登录便是由会话层完成的。

典型协议有：NFS、SQL、ASP、PHP、JSP、RSVP(资源源预留协议)。

6．表示层

作用：格式化数据，转换为适合于 OSI 系统内部使用的传送语法。即提供格式化的表示和转换数据服务。数据的压缩和解压缩，加密和解密等工作都由表示层负责。

典型协议有 ASCII、JPEG、PNG、MP3、WAV、AVI。

7. 应用层

作用：应用层为操作系统或网络应用程序提供访问网络服务的接口，完成用户希望在网络上完成的各种工作。

典型协议有 TELNET、SSH、HTTP、FTP、SMTP、RIP。

8. 拓展知识部分

OSI 七层模型(开放式系统互联模型)是一个参考标准，解释协议相互之间应该如何相互作用。但实际上现在网络通信使用的协议是 TCP/IP。

其历史原因大致有如下几点：

(1) TCP/IP 的出现比 OSI 七层模型更早。TCP/IP 在 1974 年 12 月由卡恩和卡恩约瑟夫正式发表。而 OSI 参考模型则是在 TCP/IP 成熟后，于 1979 年才正式发布。

(2) OSI 参考模型是一种接近完美的理论，但是没有从技术的角度出发考虑。

所以目前互联网还是 TCP/IP 的天下。同时 TCP/IP 很容易和 OSI 七层模型对应。

3.2 TCP/IP

3.2.1 TCP/IP 具体含义

由于历史原因，目前互联网使用的都是 TCP/IP。该协议将网络分为 5 层。与 OSI 七层模型的比较如图 3.2 所示，我们可以看到 TCP/IP 把应用层、表示层、会话层合并为应用层，其他几层都差不多。

OSI七层模型	TCP/IP架构	五层协议架构
应用层	应用层 (各类应用协议： FTP、HTTP等)	应用层 (各类应用协议： FTP、HTTP等)
表示层		
会话层		
传输层	运输层(TCP/UDP)	运输层(TCP/UDP)
网络层	网络IP层	网络IP层
数据链路层	物理层	数据链路层
物理层		物理层

图 3.2 TCP/IP

一般来说，目前 TCP/IP 是 4 层架构，但是在某些场合，会把物理层拆分成数据链路层和物理层，从而变成 5 层架构。

从字面上理解，可能会有人认为 TCP/IP 是指 TCP 和 IP 两种。实际上，TCP/IP 更多地是指以 IP 进行通信时必须用到的协议群统称，包含 IP、ICMP、TCP、UDP、FTP、HTTP

等。有时我们也称为 TCP/IP 群,如图 3.3 所示。

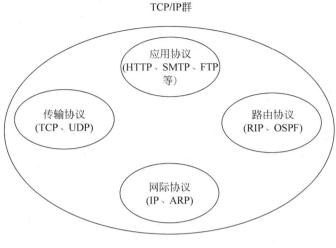

图 3.3　TCP/IP 群

3.2.2　IP

IP(Internet Protocol)又称网际协议,它负责 Internet 上网络之间的通信,并规定了将数据从一个网络传输到另一个网络应遵循的规则,是 TCP/IP 的核心。

IP 是在我们日常生活中最常见的协议,每个计算机都必须有一个 IP 地址才能连接上网络。目前 IP 又分为 IPv4 和 IPv6 两个版本。

1. IPv4

网际协议第 4 版(Internet Protocol version 4,IPv4)使用 32 位来表示计算机的 IP 地址。为了直观点,更多的时候是用 4 组数字来表示,每一组数字在 0 到 255。例如:192.160.1.60。

网络中通信的主机都必须有一个唯一的 IP 地址,而网络数据包也是通过 IP 地址来实现数据准确地发送到目标主机。但是由于 IPv4 采用 32 位来表示 IP 地址,其最大的 IP 地址数量有 40 多亿个。在早期的网络中,主机数量比较少,IPv4 可以满足网络需求。但是随着互联网的壮大,接入的设备越来越多,IPv4 的地址数量已经不够分配了。2019 年 11 月 26 日,负责英国、欧洲、中东和部分中亚地区互联网资源分配的欧洲网络协调中心宣布,全球所有 43 亿个 IPv4 地址已全部分配完毕,这意味着没有更多的 IPv4 地址可以分配给 ISP(网络服务提供商)和其他大型网络基础设施提供商。

2. IPv6

作为 IPv4 的"继任者",IPv6 发展计划早在 1994 年就在 IETF 会议上被正式提出。相比 IPv4,IPv6 最显著的变化是地址长度由 32 位增长到了 128 位。假如地球表面(含陆地和水面)都覆盖着计算机,那 IPv6 允许每平方米拥有 7 乘 10 的 23 次方个 IP 地址。这也意味着,IPv6 能为物联网的海量设备提供足够的 IP 地址支持。

IPv6 地址的 128 位(16 字节)可以写成 8 个 16 位的无符号整数,每个整数用 4 个十六进制位表示,这些数之间用冒号(:)分开,例如:

686E:8C64:FFFF:FFFF:0:1180:96A:FFFF

3. 端口号

事实上端口号并不属于 IP,但是通常端口号和 IP 地址是成对出现的。单纯讨论 IP 地址而不讨论端口号是没有实际意义的。

在网络中的主机拥有唯一的 IP 地址,但是一台计算机上可以同时提供很多个服务,如数据库服务、FTP 服务、Web 服务等,我们就通过端口号来区别相同计算机所提供的这些不同的服务,如常见的端口号 21 表示的是 FTP 服务,端口号 23 表示的是 Telnet 服务,端口号 25 指的是 SMTP 服务等。端口号一般习惯使用 4 位整数表示,在同一台计算机上端口号不能重复,否则就会产生端口号冲突这样的情况。

故而在网络通信中,我们不仅需要知道对方主机的 IP 地址,还需要知道对方提供服务的端口号。

6min

3.2.3 TCP 和 UDP

传输控制协议(TCP,Transmission Control Protocol)是一种面向连接的、可靠的、基于字节流的传输层通信协议。

用户数据报协议(UDP,User Datagram Protocol)是一种为应用程序提供无须建立连接就可以发送封装的 IP 数据包的协议。

TCP 和 UDP 是网络通信协议传输层的两种重要协议,互为补充,通常只是用来实现网络数据传输的功能。它们位于 IP 层之上,并利用 IP 实现网络数据传输,同时为应用层的各种协议(HTTP、FTP 等)提供服务。

1. TCP

TCP 是一种面向广域网的通信协议,目的是在跨越多个网络通信时,为两个通信端点提供一条具有下列特点的通信方式:

(1) 基于流的方式。

(2) 面向连接。

(3) 可靠通信方式。

(4) 在网络状况不佳的时候尽量降低系统由于重传带来的带宽开销。

(5) 通信连接维护是面向通信的两个端点的,而不考虑中间网段和节点。

如果希望通过网络传输的数据是可靠的,且发出去的数据能得到对方的应答,那么应该使用 TCP 传输。

TCP 一般分服务器和客户端,通信流程如图 3.4 所示。

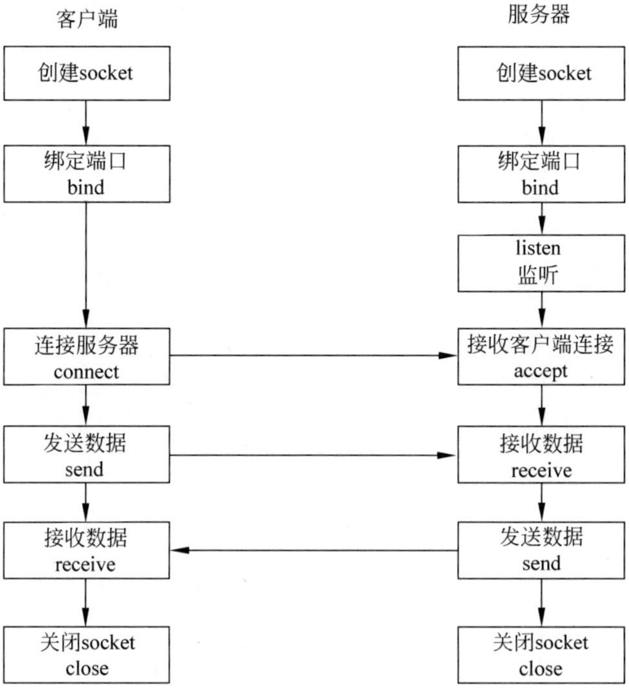

图示内容:

客户端

创建socket
↓
绑定端口
bind
↓
连接服务器
connect
↓
发送数据
send
↓
接收数据
receive
↓
关闭socket
close

服务器

创建socket
↓
绑定端口
bind
↓
listen
监听
↓
接收客户端连接
accept
↓
接收数据
receive
↓
发送数据
send
↓
关闭socket
close

图 3.4　TCP 通信流程

2. UDP

UDP 是一个无连接协议,传输数据之前源端和终端不建立连接,当它想传送时就简单地去抓取来自应用程序的数据,并尽可能快地把它扔到网络上。

在发送端,UDP 传送数据的速度仅仅受应用程序生成数据的速度、计算机的能力和传输带宽的限制;在接收端,UDP 把每个消息段放在队列中,应用程序每次从队列中读一个消息段。

UDP 没有客户端和服务器的概念,两个节点之间通信也不需要建立连接,如图 3.5 所示。

3. TCP 和 UDP 的比较

UDP 和 TCP 的主要区别是两者在如何实现信息的可靠传递方面不同。

TCP 中包含了专门的传递保证机制,当数据接收方收到发送方传来的信息时,会自动向发送方发出确认消息;发送方只有在接收到该确认消息之后才继续传送其他信息,否则将一直等待直到收到确认信息为止。

与 TCP 不同,UDP 并不提供数据传送的保证机制。如果在从发送方到接收方的传递过程中出现数据包丢失,协议本身并不能做出任何检测或提示。因此,通常人们把 UDP 称为不可靠的传输协议。

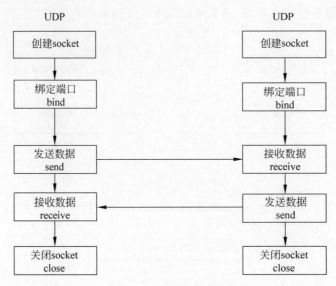

图 3.5 UDP 通信流程

通常 TCP 应用得比较广泛,但是在一些实时性要求比较高的场合,例如视频通话之类,一般使用 UDP。

同时,在物联网应用中,对网络带宽需求较小,而对实时性要求高,大部分应用无须维持连接,需要低功耗,因此更多地选择 UDP。

3.2.4 HTTP

HTTP 位于应用层,是一个简单的请求—响应协议,它通常运行在 TCP 之上。它指定了客户端可能发送给服务器什么样的消息及得到什么样的响应。是用于从 WWW 服务器传输超文本到本地浏览器的传输协议。

HTTP 是典型的 CS 通信模型,由客户端主动发起连接,向服务器请求 XML 或者 JSON 数据,目前在 PC、手机、Pad 等终端上应用广泛。但是 HTTP 并不适用于物联网,主要有三大弊端:

(1) 由于必须由设备主动向服务器发送数据,所以难以主动向设备推送数据。对于频繁操控的场景难以满足需求。

(2) 安全性不高。HTTP 是明文传输,在一些安全性要求高的物联网场景并不适合。

(3) HTTP 需要占用过多的资源,对于一些小型嵌入式设备而言,是难以实现 HTTP 的。

3.2.5 MQTT

9min

MQTT 全称为 Message Queuing Telemetry Transport(消息队列遥测传输)是一种基于发布/订阅范式的二进制"轻量级"消息协议,由 IB 公司发布。针对网络受限和嵌入式设备而设计的一种数据传输协议。MQTT最大优点在于,可以以极少的代码和有限的带宽,为连接远程设备提供实时可靠的消息服务。作为一种低开销、低带宽占用的即时通信协议,其在物联网、小型设备、移动应用等方面有较广泛的应用。MQTT模型如图3.6所示。

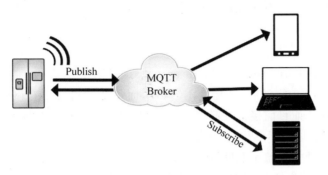

图 3.6 MQTT 发布订阅模型

其中,MQTT 分为服务器和客户端两种角色。

1. MQTT 客户端

发布其他客户端可能会订阅的信息。

订阅其他客户端发布的消息。

退订或删除应用程序的消息。

断开与服务器连接。

2. MQTT 服务器

接受来自客户的网络连接。

接受客户发布的应用信息。

处理来自客户端的订阅和退订请求。

向订阅的客户转发应用程序消息。

3.2.6 MAC 地址

MAC 地址(英语:Media Access Control Address),直译为媒体存取控制地址,也称为局域网地址(LAN Address)、MAC 位址、以太网地址(Ethernet Address)或物理地址(Physical Address),它是一个用来确认网络设备位置的地址。

IP 地址位于网络层,而 MAC 地址位于数据链路层。每个网卡都必须有唯一的 MAC 地址。IP 地址是基于逻辑的,比较灵活,不受硬件的限制,用户可以自由更改。而 MAC 地址是基于物理的,与网卡进行绑定,能够标识具体的网络节点。

如果在互联网通信中,仅仅使用 IP 地址来标识每个主机,就会出现 IP 地址被盗用的问题。由于 IP 地址只是逻辑上的标识,任何人都能随意修改,因此不能用来具体标识一个用户。而 MAC 地址则不然,它是固化在网卡里面的,除非盗取硬件即网卡。

在具体的通信过程中,ARP 把 MAC 地址和 IP 地址一一对应。当有发送给本地局域网内一台主机的数据包时,交换机首先将数据包接收下来,然后把数据包中的 IP 地址按照交换表中的对应关系映射成 MAC 地址,然后将数据包转发到对应的 MAC 地址的主机上去。这样一来,即使某台主机盗用了这个 IP 地址,但由于此主机没有对应的 MAC 地址,因此也不能收到数据包,发送过程和接收过程类似。

3.2.7　NAT

NAT 全称是 Network Address Translation,又叫网络地址转换。

我们前面讲了,IPv4 大约有 43 亿个 IP 地址,而每个主机想要在网络上进行通信就必须有唯一的 IP 地址。而目前接入互联网的主机数量已经远远超过 43 亿个,这其中就是使用 NAT 技术解决 IP 地址不够用的问题。

NAT 的实现原理是把整个互联网划分为公网和局域网两部分。公网上的每一台主机都分配有唯一的 IP 地址,而局域网内的主机想要访问互联网,就必须借用路由器进行地址转换,把局域网的 IP 地址转换成公网 IP 地址,如图 3.7 所示。

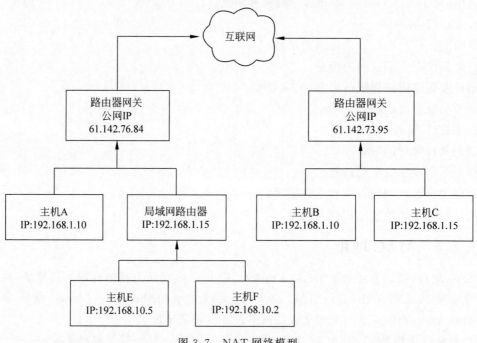

图 3.7　NAT 网络模型

因此,我们只需要保证公网的 IP 地址是唯一的,每个局域网内的 IP 地址也是唯一的即可。而不同局域网之间则可以使用相同的 IP 地址而不互相干扰。例如主机 A 和主机 B 的 IP 地址都是 192.168.1.10。但是由于它们处于各自的局域网中,所以通信的时候不会产生冲突。

但是 NAT 也会带来一些问题,那就是不同局域网内的主机没办法直接通信,必须借由路由器进行转发。

3.3　网络通信过程

3.3.1　发送过程

为了更好地理解 TCP/IP 每一层的作用,我们来看一下网络通信的整个过程。我们假设局域网内有一个主机 A,在上面运行了 QQ 程序。用户通过 QQ 发送一段消息给他的好友。整个数据包在 TCP/IP 栈中的发送过程如下:

(1) 应用层:数据包会先在 QQ 这个应用层进行数据封装。

(2) 传输层:接下来,数据包会经过传输层,一般 QQ 的数据采用 UDP 作为传输层的协议,有时候也使用 TCP。在传输层,QQ 还会使用一个端口号,且每个应用都有自己唯一的端口号,用来区分数据。数据包在传输层会被追加 TCP 头部信息或者 UDP 头部信息,这取决于应用层指定使用哪一种传输协议。

(3) IP 层:数据包在 IP 层会被追加 IP 头部信息。IP 头部信息包含很多控制信息,其中包括源 IP 和目标 IP。源 IP 指计算机本身的 IP 地址,对于有多个网卡的计算机,会利用路由表判断使用哪个网卡进行发送。目标 IP 是指数据要发送到哪个 IP 地址,目标 IP 有应用程序提供。

(4) 数据链路层:数据包在数据链路层会被追加 MAC 头部信息。MAC 头部信息包含一个关键的字段信息——MAC 地址。MAC 地址有源 MAC 地址和目标 MAC 地址两个。源 MAC 指计算机本身的 MAC 地址,由网卡决定,应用程序一般无法更改。目标 MAC 地址指数据包发送的对方的 MAC 地址。一般来说,局域网内的计算机是不知道公网的计算机 MAC 地址,所以计算机发送数据包的时候使用的目标 MAC 一般是路由器的 MAC 地址,由路由器进行转发,而路由器的 MAC 地址可以由 ARP 查询获得。

(5) 物理层:物理层会将数据包转换成比特流电信号在网线或者 WiFi 介质中传输。

整个数据包在 TCP/IP 中的传输过程如图 3.8 所示。

3.3.2　接收过程

网络数据包的接收过程刚好和发送过程相反。

(1) 物理层:将比特流电信号转换成数据包,然后传递到数据链路层。

(2) 数据链路层:根据 MAC 地址进行处理,如果目标 MAC 地址是自己,则去掉 MAC 头部信息,将剩下的数据继续往上传输到 IP 层。

(3) IP 层:由 IP 地址判断数据包是转发还是发送给自己。如果是发送给自己,则去掉 IP 头部信息,继续往上传输到传输层。

(4) 传输层:去掉 TCP 头部信息,并根据 TCP 头部信息中的端口号,区分数据包是发送给具体哪个应用,继续传递到应用层。

(5) 应用层:应用层收到数据包后,根据应用本身的协议再进行解析处理。

整个数据包的接收过程如图 3.9 所示。

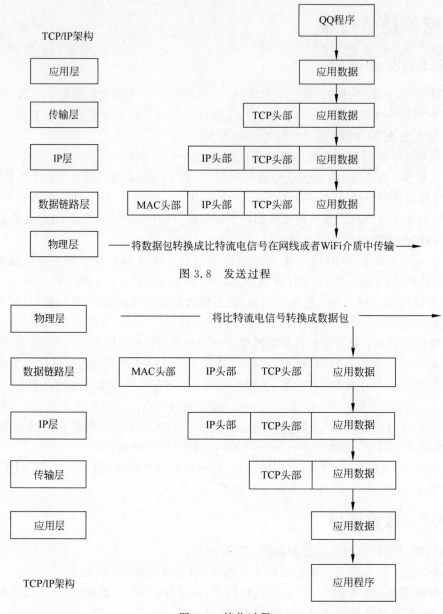

图 3.8 发送过程

图 3.9 接收过程

6min

3.4 socket 套接字

socket 的中文名叫套接字,是 UNIX 系统开发的网络通信接口,也是在 Internet 上进行应用开发时最为通用的 API。

3.4.1　socket 和 TCP/IP 的关系

TCP/IP 属于协议栈,它描述了在网络传输过程中,每一层应该做什么。但是没有说代码具体怎样实现。而 socket 套接字最初是在 UNIX 系统上运行的代码,它实现了 TCP/IP 的功能,使得最初装有 UNIX 系统的计算机能使用 TCP/IP 接入 Internet。

在 UNIX 系统中,socket 位于应用层和传输层之间。socket 提供一个统一的接口,应用程序可以直接通过 socket 进行网络通信,然后由 socket 将数据传递到传输层。这样做的好处是 socket 可以像文件一样,使用打开、读写、关闭等操作去实现网络通信,体现了 UNIX 万物皆文件的思想,同时标准化的 socket 接口使得应用程序有良好的可移植性。socket 在 UNIX 系统的位置如图 3.10 所示。

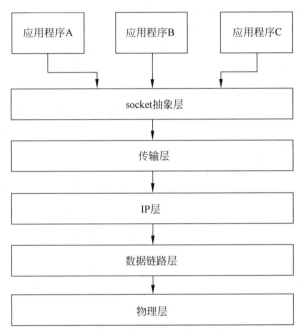

图 3.10　socket 的位置

3.4.2　创建 socket 套接字

socket 提供一套 API 方便应用程序使用。本书这里介绍几个比较重要的函数。

```
int socket( int protofamily, int type, int protocol);
```

函数返回：int 类型的数值,我们通常称之为 socket 描述符。它非常重要,后面所有的 socket 操作要基于 socket 描述符。

参数列表：

（1）protofamily：即协议域，又称为协议簇（family）。常用的协议簇有：AF_INET（IPv4）、AF_INET6（IPv6）、AF_LOCAL（或称 AF_UNIX，UNIX 域 socket）、AF_ROUTE等。协议簇决定了 socket 的地址类型，在通信中必须采用对应的地址，如 AF_INET 决定了要用 IPv4 地址（32 位的）与端口号（16 位的）的组合、AF_UNIX 决定了要用一个绝对路径名作为地址。

（2）type：指定 socket 类型。常用的 socket 类型有：SOCK_STREAM、SOCK_DGRAM、SOCK_RAW、SOCK_PACKET、SOCK_SEQPACKET 等。

（3）protocol：指定协议。常用的协议有：IPPROTO_TCP、IPPROTO_UDP、IPPROTO_SCTP、IPPROTO_TIPC 等，它们分别对应 TCP 传输协议、UDP 传输协议、SCTP 传输协议、TIPC 传输协议。

注意：并不是上面的 type 和 protocol 可以随意组合的，如 SOCK_STREAM 不可以跟 IPPROTO_UDP 组合。当 protocol 为 0 时，会自动选择 type 类型对应的默认协议。当我们调用 socket 创建一个 socket 时，返回的 socket 描述字描述它存在于协议簇（address family，AF_XXX）空间中，但没有一个具体的地址。如果想要给它赋值一个地址，就必须调用 bind() 函数，否则当调用 connect()、listen() 时系统会自动随机分配一个端口。

3.4.3　bind 函数

正如 3.2.2 小节所述，每个应用程序想要使用网络功能，都需要指定唯一的一个端口号。同样，socket 套接字也可以使用 bind 函数来为 socket 套接字绑定一个端口号。需要注意的是，bind 函数不是必需的，当应用程序没有使用 bind 指定端口号时，系统会自动分配一个随机端口号。

```
int bind( int sockfd, const struct sockaddr * addr, socklen_t addrlen);
```

函数返回：int 类型的数值。返回值为 0 则表示 bind 成功。返回 EADDRINUSE 则表示端口号已经被其他应用程序占用。

参数列表：

（1）sockfd：socket 描述符，也就是上文创建 socket 套接字时的返回值。

（2）addr：一个 const struct sockaddr * 指针，指向要绑定给 sockfd 的协议地址。这个地址结构根据地址创建 socket 时的地址协议簇的不同而不同，如 IPv4 对应的是：

```
struct sockaddr_in {
    sa_family_t    sin_family;    /* address family:AF_INET */
    in_port_t      sin_port;      /* port in network byte order */
    struct in_addr  sin_addr;     /* internet address */};
```

```
/* Internet address. */
struct in_addr {
    uint32_t            s_addr; /* address in network byte order */
};
```

IPv6 对应的是：

```
struct sockaddr_in6 {
    sa_family_t     sin6_family;        /* AF_INET6 */
    in_port_t       sin6_port;          /* port number */
    uint32_t        sin6_flowinfo;      /* IPv6 flow information */
    struct in6_addr sin6_addr;          /* IPv6 address */
    uint32_t        sin6_scope_id;      /* Scope ID (new in 2.4) */
};

struct in6_addr {
    unsigned char s6_addr[16];          /* IPv6 address */
};
```

UNIX 域对应的是：

```
#define UNIX_PATH_MAX 108

struct sockaddr_un {
    sa_family_t  sun_family;                /* AF_UNIX */
    char         sun_path[UNIX_PATH_MAX];   /* pathname */
};
```

（3）addrlen：对应的是地址的长度。

3.4.4 connect 函数

通常在使用 TCP 的时候，客户端需要连接到 TCP 服务器，连接成功后才能继续通信。连接函数如下：

```
int connect(int sockfd, const struct sockaddr * addr, socklen_t addrlen);
```

函数返回：int 类型的数值。返回值为 0 则表示 connect 成功，其中错误返回有以下几种情况。

（1）ETIMEDOUT：TCP 客户端没有收到 SYN 分节响应。

（2）ECONNREFUSED：服务器主机在我们指定的端口上没有进程在等待与之连接，属于硬错误（hard error）。

（3）EHOSTUNREACH 或者 ENETUNREACH：客户端发出的 SYN 在中间某个路由器上引发一个"destination unreachable"（目标地不可抵达）ICMP 错误，是一种软错误

(soft error)。

参数列表：

(1) sockfd：socket 描述符。

(2) addr：一个 const struct sockaddr * 指针,指向要绑定给 sockfd 的协议地址。

(3) addrlen：对应的是地址的长度。

3.4.5　listen 函数

作为服务器,在调用 socket()、bind()后,就会调用 listen()来监听这个 socket,如果有客户端调用 connect()发起连接请求,服务器就会接收到这个请求。

```
int listen(int sockfd, int backlog);
```

函数返回：int 类型的数值,0 则表示成功,-1 则表示出错。

参数列表：

(1) sockfd：socket 描述符。

(2) backlog：为了更好地理解 backlog,我们需要知道内核为任何一个给定的监听 socket 套接字维护两个队列。

未完成连接队列：客户端已经发出连接请求,而服务器正在等待完成响应的 TCP 三次握手过程。

已完成连接队列：已经完成了三次握手连接成功了的客户端。

backlog 通常表示这两个队列的总和的最大值。当服务器一天需要处理几百万个连接时,此时 backlog 则需要定义成一个较大的数值。指定一个比内核能够支持的最大值还要大的数值也是允许的,因为内核会自动把指定的偏大值改成自身支持的最大值,而不返回错误。

3.4.6　accept 函数

accept 函数由服务器调用,用于处理从已完成连接队列队头返回下一个已完成连接。如果已完成连接队列为空,则进程会休眠。

```
int accept(int sockfd, struct sockaddr * addr, socklen_t * addrlen);
```

函数返回：int 类型的数值。如果服务器与客户已经正确建立了连接,此时 accept 会返回一个全新的 socket 套接字,服务器通过这个新的套接字来完成与客户的通信。

参数列表：

(1) sockfd：socket 描述符。

(2) addr：一个 const struct sockaddr * 指针,指向要绑定给 sockfd 的协议地址。

(3) addrlen：对应的是地址的长度。

3.4.7 read 和 write 函数

read 函数负责从网络中接收数据,write 负责把数据发送到网络中,通常有下面几组。

```
ssize_t read(int fd,void * buf,size_t count);
ssize_t write(int fd,const void * buf,size_t count);

ssize_t send(int sockfd,const void * buf,size_t len,int flags);
ssize_t recv(int sockfd,void * buf,size_t len,int flags);

ssize_t sendto(int sockfd,const void * buf,size_t len,int flags,
               const struct sockaddr * dest_addr,socklen_t addrlen);
ssize_t recvfrom(int sockfd,void * buf,size_t len,int flags,
                 struct sockaddr * src_addr,socklen_t * addrlen);

ssize_t sendmsg(int sockfd,const struct msghdr * msg,int flags);
ssize_t recvmsg(int sockfd,struct msghdr * msg,int flags);
```

read 函数负责从 fd 中读取内容。当读成功时,read 返回实际所读的字节数,如果返回的值是 0,表示已经读到文件的末尾了,小于 0 表示出现了错误。如果错误为 EINTR,说明读是由中断引起的,如果是 ECONNREST,表示网络连接出了问题。

write 函数将 buf 中的 nbytes 字节内容写入文件描述符 fd。成功时返回写的字节数。失败时返回 −1,并设置 errno 变量。在网络程序中,当我们向套接字文件描述符写时有两种可能。第一种可能,write 的返回值大于 0,表示写了部分或者是全部的数据。第二种可能,返回的值小于 0,此时出现了错误。我们要根据错误类型来处理。如果错误为 EINTR,表示在写的时候出现了中断错误。如果为 EPIPE,表示网络连接出现了问题(对方已经关闭了连接)。

3.4.8 close 函数

通常使用 close 函数来关闭套接字,并终止 TCP 连接。

```
int close(int fd);
```

close 一个 TCP socket 的缺省行为时把该 socket 标记为已关闭,然后立即返回到调用进程。该描述字不能再由调用进程使用,也就是说不能再作为 read 或 write 的第一个参数。

注意:close 操作只是使相应 socket 描述字的引用计数 −1,只有当引用计数为 0 的时候,才会触发 TCP 客户端向服务器发送终止连接请求。

第4章 单片机开发

嵌入式技术是整个物联网系统的关键核心技术之一。它相当于感知层大脑,将感知层的传感器部分统一起来,实现具体的功能,是整个物联网的底层基础部分。

嵌入式的开发,最核心部分是芯片的开发。目前嵌入式开发主要有单片机、嵌入式Linux 等。其中单片机以其功能强大、性价比高,在物联网这一行业中占据了半壁江山。

4.1 初识 STM32F407 芯片

4.1.1 单片机介绍

本节介绍单片机和 STM32F407 芯片。单片机又称单片微控制器,它不是完成某一个逻辑功能的芯片,而是把一个计算机系统集成到一个芯片上。相当于一个微型的计算机,和计算机相比,单片机只缺少了 I/O 设备。概括地讲:一块芯片就成了一台计算机。它的体积小、质量轻、价格便宜,为学习、应用和开发提供了便利条件。

4.1.2 STM32F407 芯片

本书选用 ST(意法半导体)推出的 STM32F407 系列芯片,如图 4.1 所示。它是 ST 推出的基于 ARM Cortex-M4 为内核的高性能微控制器,其采用了 90nm 的 NVM 工艺和ART(自适应实时存储器加速器,Adaptive Real-Time Memory Accelerator)。

根据市场相关统计,2017 年 STM32 系列芯片出货量为 10 亿颗。作为全球最大的半导体公司之一,ST 拥有广泛的产品线,传感器、功率元器件、汽车电子产品和嵌入式处理器解决方案,在物联网生态中起着重要作用。而其中 MCU 是最重要的业务之一,官方数据显示,2017 年 ST 在通用微控制器市场份额约为 19%,公司拥有超过 800 款 STM32 产品,超过 50000 个客户。

使用 STM32F407 作为开发主要是基于以下几点理由。

(1) 性价比高。STM32F407VET6 型号单颗采购价为 13 元左右,批量价格会更低一点。

图 4.1　STM32F407 芯片

（2）市场大，开发资料多：作为全球最受欢迎的芯片，目前市场上绝大部分公司采用基于 STM32 系列的芯片做开发，企业招聘也基本要求会使用 STM32 进行开发。同时网上有很多成熟解决方案，以及相关论坛。

（3）性能强大。STM32F407 提供了工作频率为 168 MHz 的 Cortex-M4 内核（具有浮点单元）的性能。在 Flash 存储器执行时，STM32F407/417 能够提供 210 DMIPS/566 CoreMark 性能，并且利用意法半导体的 ART 加速器实现了 Flash 零等待状态。DSP 指令和浮点单元扩大了产品的应用范围。

（4）外设资源丰富。

2 个 USB OTG（其中一个支持 HS）。

音频：专用音频 PLL 和 2 个全双工 I^2S。

通信接口多达 15 个（包括 6 个速度高达 11.25Mb/s 的 USART、3 个速度高达 45Mb/s 的 SPI，3 个 I^2C，2 个 CAN 和 1 个 SDIO）。

模拟：2 个 12 位 DAC、3 个速度为 2.4 MSPS 或 7.2 MSPS（交错模式）的 12 位 ADC。

定时器多达 17 个：频率高达 168 MHz 的 16 和 32 位定时器。

可以利用支持 Compact Flash、SRAM、PSRAM、NOR 和 NAND 存储器的灵活静态存储器控制器轻松扩展存储容量。

基于模拟电子技术的真随机数发生器。

4.2　搭建开发环境

6min

开发环境主要分为硬件平台和软件开发环境两部分。

4.2.1　硬件平台

9min

开发 STM32F407，我们需要准备如下硬件平台，如图 4.2 所示。

（1）装有 Windows 操作系统的计算机一台。

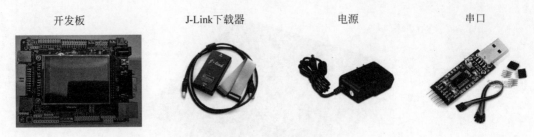

图 4.2　硬件平台

（2）STM32F407ZTG6 开发板一个。本书所有的代码将在 STM32F407 开发板上运行。

（3）J-Link 一个。主要用于下载程序使用。

（4）路由器一个、网线两根。后面网络通信实验需要用到。

（5）电源线和串口各一个，提供供电、串口调试。

4.2.2　软件开发环境

（1）Windows 操作系统。

（2）Keil MDK 软件。用于代码编写、编译、下载、仿真调试等。

（3）J-Link 驱动。用于安装 J-Link 驱动时使用，以便 J-Link 能正常工作。

（4）计算机串口调试软件。用来和开发板进行通信。

（5）TCPUDP 测试工具。用于网络通信调试使用。

以上开发软件的下载可以见附录资料部分，提供本书所有使用到的软件。方便读者安装到自己的计算机上。

4.2.3　Keil MDK 软件的安装

Keil MDK，也称 MDK-ARM、Realview MDK、I-MDK、μVision4 等。Keil MDK 由三家国内代理商提供技术支持和相关服务。

MDK-ARM 软件基于 Cortex-M、Cortex-R4、ARM7、ARM9 处理器设备提供了一个完整的开发环境。MDK-ARM 专为微控制器应用而设计，不仅易学易用，而且功能强大，能够满足大多数苛刻的嵌入式应用。它提供了包括 C 编译器、宏汇编、链接器、库管理和一个功能强大的仿真调试器等在内的完整开发方案，通过一个集成开发环境（μVision）将这些部分集合在一起。

1. 下载

Keil MDK 的下载可以到官网下载：http://www2.keil.com/mdk5/。

2. 安装

下载后，我们会得到一个 mdk514.exe 的可执行文件，其中 514 是版本号。双击该文件，出现如图 4.3 所示的界面，单击 Next 按钮。

进入用户协议界面,勾选 I agree to all the terms of the preceding License Agreement,单击 Next 按钮,如图 4.4 所示。

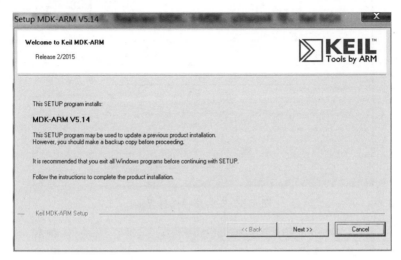

图 4.3 安装引导界面

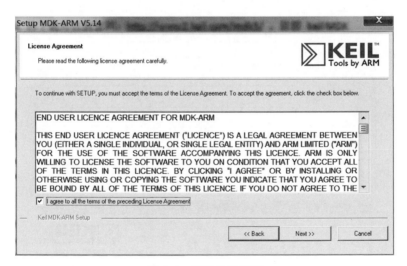

图 4.4 用户协议界面

这里选择好软件的安装路径,单击 Next 按钮,如图 4.5 所示。

输入用户信息,包含 First Name、Last Name、Company Name 和 E-mail,如图 4.6 所示。

输入信息后,单击 Next 按钮进入安装界面,等待安装完成即可,如图 4.7 所示。

安装完成后,会弹出如图 4.8 所示的提示框,不要勾选 Show Release Notes。单击 Finish 按钮即可。

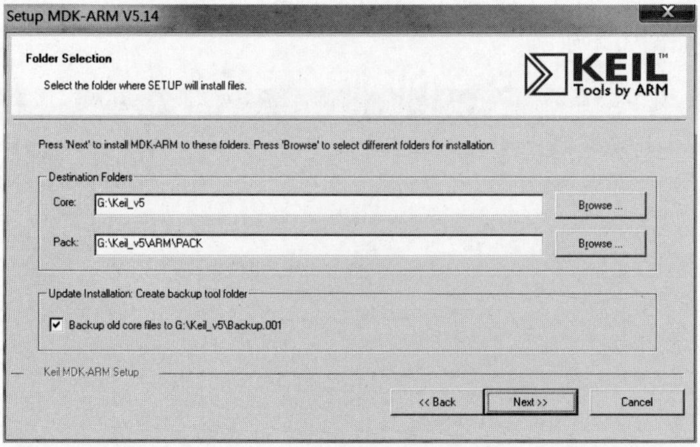

图 4.5　安装路径选择界面

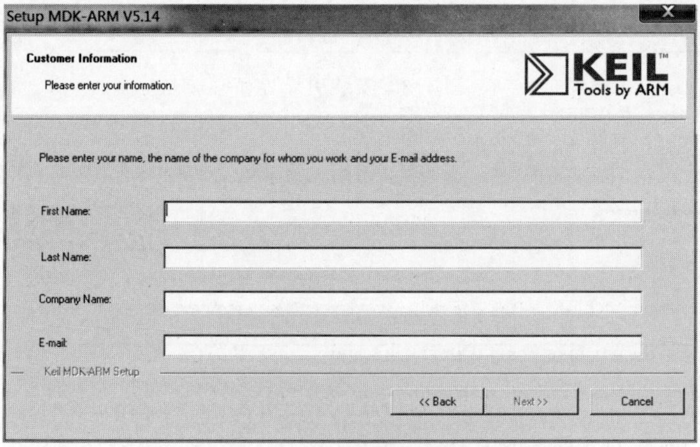

图 4.6　用户信息界面

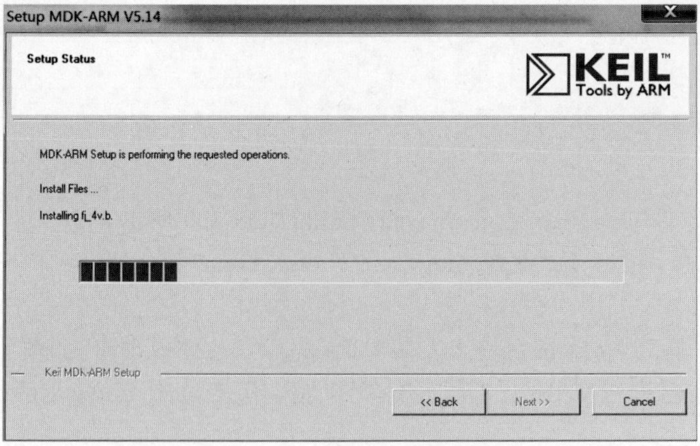

图 4.7　安装过程界面

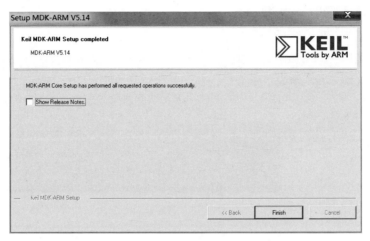

图 4.8 安装完成界面

安装完成后,找到安装路径 G:\Keil_v5\UV4,单击 UV4.exe 运行,启动界面如图 4.9 所示。

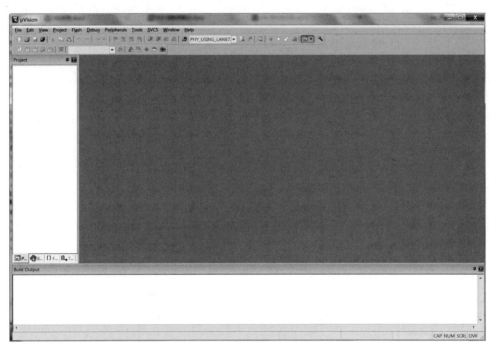

图 4.9 启动界面

4.2.4 Keil MDK 新建工程

安装完 Keil MDK 后,下面来新建一个工程。

1. 安装 STM32F407 pack 包

单击方框内的图标,如图 4.10 所示。

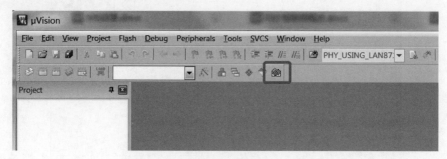

图 4.10 主界面

如图 4.11 所示,选择 File→Import…,导入 Keil.
STM32F4xx_DFP.2.13.0.pack。该文件可以去官
网下载,由于网速较慢,本书附录也会提供国内的下
载链接。

选择该文件,单击"打开"按钮,如图 4.12 所示。

2. 新建工程

单击 Project→New μVision Project,如图 4.13
所示。

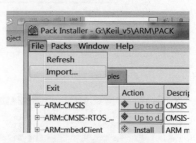

图 4.11 Pack 导入窗口

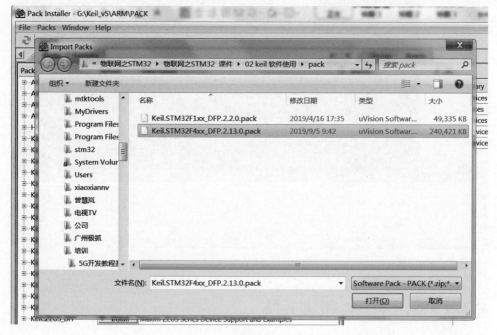

图 4.12 选择 Pack 界面

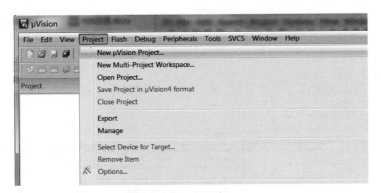

图 4.13　新建工程界面

选择工程路径,然后输入文件名 demo01,单击"保存"按钮,如图 4.14 所示。

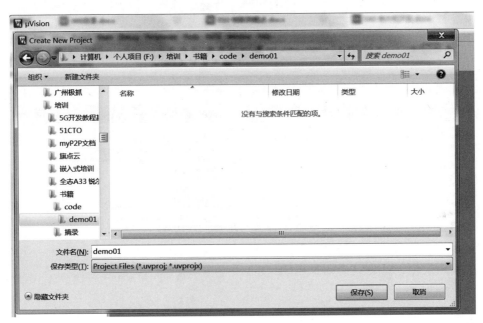

图 4.14　保存工程界面

保存工程后弹出 Select Device for Target 'Target 1'…,由于本书选择的开发板芯片型号是 STM32F407ZGT6,故而我们在 Search 中输入 STM32F407ZGT,如图 4.15 所示。输入芯片型号后,Search 下面的方框会自动展开,单击 STM32F407ZGTx 选项。读者也可根据自己的开发板芯片型号选择。选择好芯片后单击 OK 按钮。

之后弹出 Manage Run-Time Environment(MRTE)界面,单击 OK 按钮,如图 4.16 所示。

至此,我们的工程创建完成。

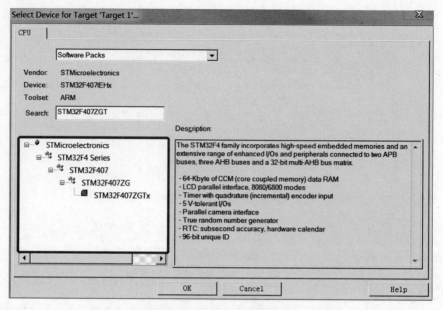

图 4.15 芯片型号选择界面

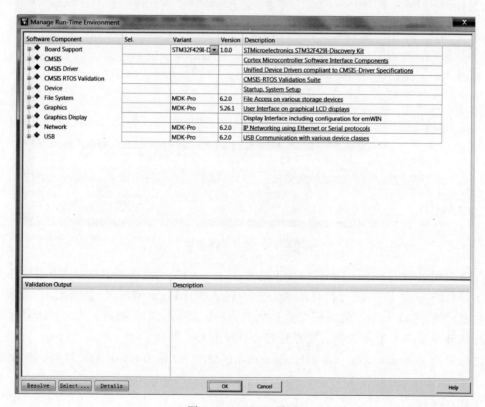

图 4.16 MRTE 界面

4.2.5　J-Link 驱动安装

本书使用的仿真器是 J-Link,需要在计算机上安装 J-Link 驱动。读者可以自己到网上下载相关驱动,也可以直接使用本书附录的驱动文件。

该驱动安装比较简单,运行 Setup_JLinkARM_V434.exe 后直至安装完成。本书在此不做赘述,读者自行安装即可。

4.3　GPIO 口操作

在嵌入式系统中,经常需要控制许多结构简单的外部设备或者电路,这些设备有的需要通过 CPU 控制,有的需要 CPU 提供输入信号。对设备的控制,使用传统的串口或者并口就显得比较复杂,所以,在嵌入式微处理器上通常提供了一种"通用可编程 I/O 端口",也就是 GPIO。

4.3.1　LED 硬件原理图

本节将通过操作 LED 亮灭的方式,来实现对 STM32F407 的 GPIO 口操作。开发板 LED 相关的硬件原理图,如图 4.17 所示。

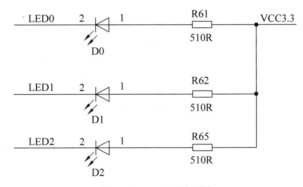

图 4.17　LED 原理图

根据原理图及 LED 的特性,我们可知:当 LED0、LED1、LED2 引脚输出低电平的时候,3 个 LED 将会发光;反之输出高电平的时候,3 个 LED 将熄灭。

而 LED0、LED1、LED2 这 3 个引脚又分别对应到 STM32F407 芯片上的 GPIOE_3、GPIOE_4、GPIOG_9。故而,LED 的亮灭操作可以转化成 STM32F407 的引脚输出操作。

4.3.2　STM32F407 的 GPIO 口介绍

1. 分组

STM32F407 有 7 组 I/O。分别为 GPIOA～GPIOG,每组 I/O 有 16 个 I/O 口,共有

112 个 I/O 口,通常称为 PAx、PBx、PCx、PDx、PEx、PFx、PGx,其中 x 为 0~15。

2. GPIO 的复用

STM32F407 有很多的内置外设,这些外设的外部引脚都与 GPIO 共用。也就是说,一个引脚可以有很多作用,但是默认为 I/O 口,如果想使用一个 GPIO 内置外设的功能引脚,就需要 GPIO 的复用,那么当这个 GPIO 作为内置外设使用的时候,就叫作复用。例如串口就是 GPIO 复用为串口。

3. GPIO 的输入模式

GPIO_Mode_IN_FLOATING 浮空输入

GPIO_Mode_IPU 上拉输入

GPIO_Mode_IPD 下拉输入

GPIO_Mode_AIN 模拟输入

4. GPIO 的输出模式

GPIO_Mode_Out_OD 开漏输出(带上拉或者下拉)

GPIO_Mode_AF_OD 复用开漏输出(带上拉或者下拉)

GPIO_Mode_Out_PP 推挽输出(带上拉或者下拉)

GPIO_Mode_AF_PP 复用推挽输出(带上拉或者下拉)

5. GPIO 的最大输出频率

2MHz(低频)

25MHz(中频)

50MHz(快频)

100MHz(高频)

4.3.3　STM32 标准外设库

STM32 标准外设库是一个固件函数包,它由程序、数据结构和宏组成,包括了微控制器所有外设的性能特征。该函数库还包括每一个外设的驱动描述和应用实例,为开发者访问底层硬件提供了一个中间 API,通过使用固件函数库,无须深入掌握底层硬件细节,开发者就可以轻松应用每一个外设。

因此,使用固态函数库可以大大减少开发者开发使用片内外设的时间,进而降低开发成本。每个外设驱动都由一组函数组成,这组函数覆盖了该外设所有功能。同时,STM32 官方还给出了大量的示例代码以供学习。

STM32 标准外设库可以到 ST 官网下载,也可以直接使用本书附录部分提供的 STM32 标准外设库。

使用 Keil MDK 编写代码时,我们需要将 STM32 标准外设库添加到工程中去。这里推荐读者直接使用附录已经添加好的工程文件。

4.3.4 代码分析

1. 工程文件结构

使用 Keil MDK 的 new project 选项,打开 LED demo 代码的工程文件：Chapter4/01_led/01_demo.uvprojx,如图 4.18 所示。

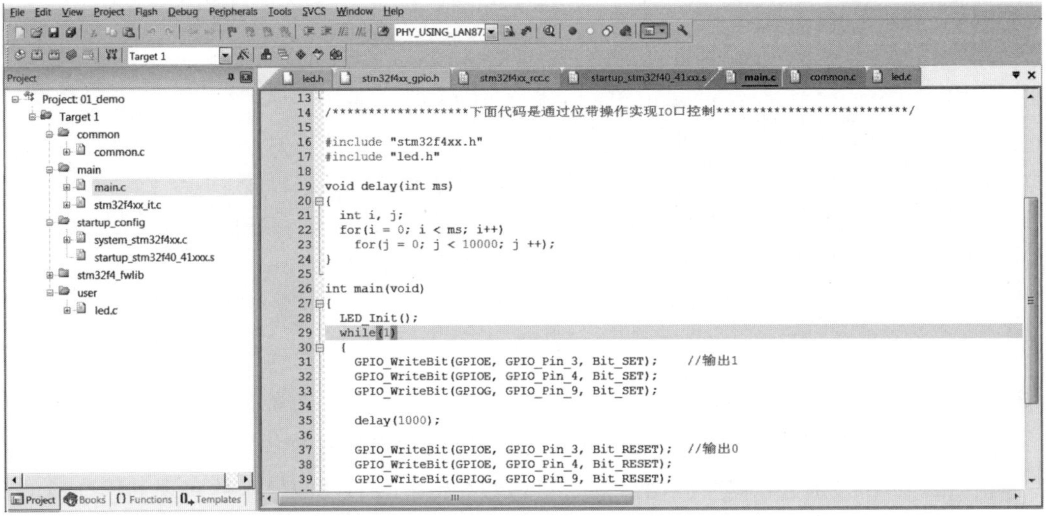

图 4.18 LED 工程代码

图 4.18 左边是工程的代码文件。

common：整个工程的公共代码部分,主要实现 delay 函数等。

main：工程的 main 函数部分,程序启动后的入口函数。我们从 main.c 文件开始分析。

startup_config：汇编启动代码部分,我们后续再讲解。

stm32f4_fwlib：STM32F407 的标准外设库文件部分。

user：用户编写的代码部分。

2. main 函数分析

打开 Chapter4/01_led/Main/main.c 文件,代码如下：

```c
//Chapter4/01_led/Main/main.c

# include "stm32f4xx.h"
# include "led.h"
void delay(int ms)
{
    int i,j;
    for(i = 0;i < ms;i++)
            for(j = 0;j < 10000;j ++);
```

```
}
int main(void)
{
    LED_Init();
while(1)
    {
            GPIO_WriteBit(GPIOE,GPIO_Pin_3,Bit_SET);          //输出 1
            GPIO_WriteBit(GPIOE,GPIO_Pin_4,Bit_SET);
            GPIO_WriteBit(GPIOG,GPIO_Pin_9,Bit_SET);

            delay(1000);

            GPIO_WriteBit(GPIOE,GPIO_Pin_3,Bit_RESET);        //输出 0
            GPIO_WriteBit(GPIOE,GPIO_Pin_4,Bit_RESET);
            GPIO_WriteBit(GPIOG,GPIO_Pin_9,Bit_RESET);

            delay(1000);
    }
}
```

void delay(int ms)函数：通过使用两个 for 循环，实现延时等待。

int main(void)函数：程序启动后的入口函数，调用 LED_Init()函数实现 GPIO 口的初始化。

接下来进入 while 循环，调用 GPIO_WriteBit 使引脚输出高低电平。

其中，GPIO_WriteBit 是 STM32 标准外设库里面的函数，其函数原型如下：

```
void GPIO_WriteBit(GPIO_TypeDef * GPIOx, uint16_t GPIO_Pin, BitAction BitVal)
```

参数列表：

GPIO_TypeDef * GPIOx：对应 STM32F407 的 GPIO 口分组，可填参数有 GPIOA～GPIOG。

uint16_t GPIO_Pin：具体引脚编号，可填参数有 GPIO_Pin_0 ～ GPIO_Pin_15。

BitAction BitVal：控制引脚输出的状态，可填参数有 Bit_SET 表示输出高电平，Bit_RESET 表示输出低电平。

3. LED 初始化部分

打开 Chapter4/01_led/USER/led.c 文件，代码如下：

```
//Chapter4/01_led/USER/led.c

# include "stm32f4xx.h"

void LED_Init(void)
{
```

```
//库函数
GPIO_InitTypeDef GPIO_InitStructure;

//打开 GPIOE、GPIOG 时钟
RCC_AHB1PeriphClockCmd(RCC_AHB1Periph_GPIOE|RCC_AHB1Periph_GPIOG,ENABLE);

GPIO_InitStructure.GPIO_Pin = GPIO_Pin_3 | GPIO_Pin_4;      //LED 0 和 LED 1
GPIO_InitStructure.GPIO_Mode = GPIO_Mode_OUT;               //输出模式
GPIO_InitStructure.GPIO_OType = GPIO_OType_PP;              //推挽输出
GPIO_InitStructure.GPIO_Speed = GPIO_Speed_100MHz;         //100MHz
GPIO_InitStructure.GPIO_PuPd = GPIO_PuPd_UP;                //上拉输出
GPIO_Init(GPIOE,&GPIO_InitStructure);                       //初始化 GPIO

GPIO_SetBits(GPIOE,GPIO_Pin_3 | GPIO_Pin_4);               //设置为高电平

GPIO_InitStructure.GPIO_Pin = GPIO_Pin_9;                  //LED 2
GPIO_Init(GPIOG,&GPIO_InitStructure);

GPIO_SetBits(GPIOG,GPIO_Pin_9);                            //设置为高电平
}
```

该文件直接使用 STM32 标准外设库的函数初始化 GPIO 口。

GPIO_InitTypeDef GPIO_InitStructure；此语句定义 GPIO_InitTypeDef 结构体的局部变量,用于后面初始化 GPIO 引脚。

RCC_AHB1PeriphClockCmd(RCC_AHB1Periph_GPIOE|RCC_AHB1Periph_GPIOG,ENABLE)；此语句打开 GPIOE、GPIOG 时钟。

GPIO_SetBits(GPIOE,GPIO_Pin_3 | GPIO_Pin_4)；此语句表示使用 STM32 标准外设库函数,设置 GPIOE 这一组的 3、4 引脚输出高电平。

4.3.5 代码编译下载

1. 编译

单击方框所标出的 build 工具按钮,开始对代码进行编译,如图 4.19 所示。

图 4.19 编译代码

编译结束后,可以看到 Build Output 的输出信息,如图 4.20 所示,则表示编译成功。

2. 代码下载

代码下载需要使用 J-Link 工具把开发板和计算机连接起来。之后单击 Keil MDK 中

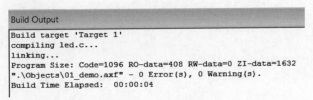

图 4.20 编译成功

的 Options for Target 工具按钮,如图 4.21 所示。

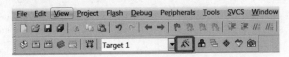

图 4.21 Options for Target 按钮

单击 Debug,在下拉菜单中选择 J-LINK/J-TRACE Cortex。之后单击右边的 Settings
按钮,如图 4.22 所示。

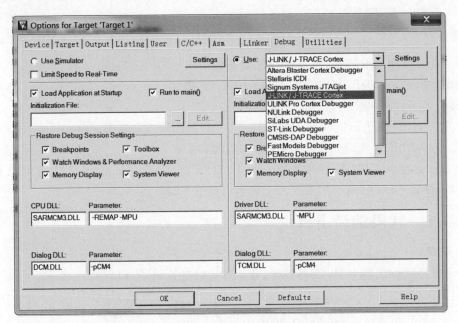

图 4.22 Debug 界面

在弹出的界面中,选择 Flash Download,如果 Programming Algorithm 内容是空的,则
单击 Add 按钮,如图 4.23 所示。

弹出 Add Flash Programming Algorithm 界面后,如图 4.24 所示,选择 STM32F4xx
Flash,单击 Add 按钮。

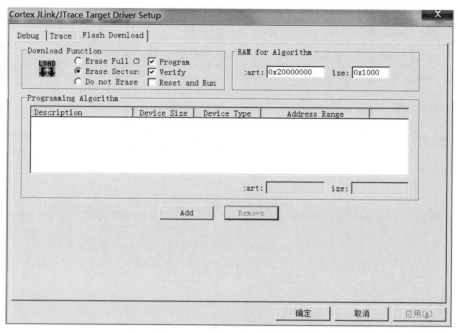

图 4.23 Flash Download 界面

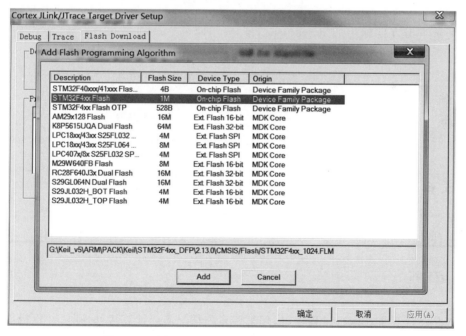

图 4.24 Add Flash Programming Algorithm 界面

之后会自动回到 Flash Download 界面,如图 4.25 所示,在 Programming Algorithm 中会显示一个 STM32F4xx Flash 条目,单击"确定"按钮。

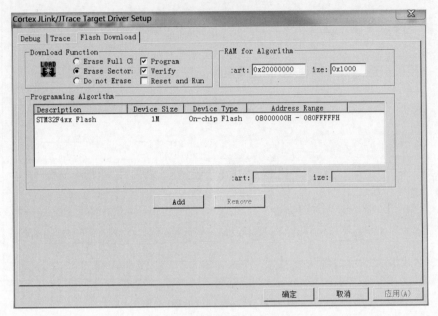

图 4.25　Flash Download 界面

接下来单击方框标出的 download 工具按钮即可下载程序到开发板运行,如图 4.26 所示。

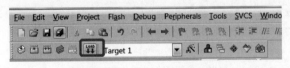

图 4.26　download 按钮

4.3.6　小结

本节通过使用 LED 的例子,讲解了 STM32 的 GPIO 口操作,同时介绍了 STM32 标准外设库文件的使用。让读者第一次接触 STM32 的代码开发和程序下载等操作。

4.4　中断

中断是指计算机在运行过程中,出现某些意外情况需要计算机处理时,计算机能自动暂停正在运行的程序并转入处理新情况的程序,处理完毕后又返回原先被暂停的程序继续运行的功能。

举一个生活中的例子来说明:小明在厨房干活,流程是烧水→洗菜→切菜→煮饭→

煮汤。烧水需要 10min,当小明加完水点火后,需要等 10min 才能烧完水。此时小明为了提高效率,不应该白白地等 10min,于是小明继续洗菜。洗菜的过程中,水烧开了,烧水壶发出了声音,小明停止手里正在洗菜的工作,把烧水的火关了,防止烧干,然后回来继续洗菜。

在这个过程中,小明洗菜等同于计算机正在处理当前程序。水烧开了等同于中断发生了;小明停止洗菜,去把火关了,等同于计算机开始处理新程序。之后小明继续回来洗菜等同于计算机返回原先被暂停的程序继续运行。

通过这个例子,我们可以知道中断有 3 个重要的因素:

(1) 中断源。引发中断发生的原因,例如水烧开了就是一个中断源。

(2) 中断处理函数。当中断发生时,我们必须为计算机指定该中断对应的处理函数,否则计算机不知道如何处理这个中断。例如小明把火关了这个动作就是中断处理函数。

(3) 可返回。中断处理完后必须返回到原先的程序。

中断是计算机系统的关键技术之一,可以有效提高计算机的效率,满足实时性的要求。

4.4.1　STM32 中断向量表

STM32 具有非常强大的中断系统,将中断分为两种类型:内核中断和外部中断,并将所有中断编排起来形成一个表,我们称之为中断向量表。需要注意的是,STM32 系列芯片有很多型号,每种型号的中断向量表都不一样,读者需要根据自己的芯片型号到 ST 官网下载对应的芯片手册查看。本书只列出 STM32F407 系列芯片的中断向量表,如表 4.1 所示。

其中,−3～6 被标黑的这几列属于内核中断。从 7 开始属于外部中断。

内核中断是不能被打断的,也不能设置优先级,它们凌驾于外部中断之上。常见的内核中断有:复位(Reset)、不可屏蔽中断(NMI)、硬中断(HardFault)等。

外部中断是我们学习的重点,可配置优先级。优先级分为两种:抢占优先级和响应优先级。

1. 抢占优先级[2]

抢占优先级高的中断能打断抢占优先级低的中断,当优先级高的任务处理完后,再回来继续处理之前低优先级的中断任务。所以当存在多个抢占优先级不同的任务时,可能会出现抢占优先级的情况。

2. 响应优先级[2]

响应优先级又被称为次优先级,若两个任务的抢占式优先级一样,那么响应优先级较高的任务则先执行,且在执行的同时不能被下一个响应优先级更高的任务打断。

STM32F405xx/07xx 和 STM32F415xx/17xx 具有 82 个可屏蔽中断通道,16 个可编程优先级(使用了 4 位中断优先级),如表 4.1 所示。

表 4.1 STM32F407 中断向量表

位 置	优先级	优先级类型	名　　称	说　　明	地　　址
—	—	—		保留	0x0000 0000
	−3	固定	Reset	复位	0x0000 0004
	−2	固定	NMI	不可屏蔽中断。RCC 时钟安全系统(CSS)连接到 NMI 向量	0x0000 0008
	−1	固定	HardFault	所有类型的错误	0x0000 000C
	0	可设置	MemManage	存储器管理	0x0000 0010
	1	可设置	BusFault	预取指失败,存储器访问失败	0x0000 0014
	2	可设置	UsageFault	未定义的指令或非法状态	0x0000 0018
	—	—	—	保留	0x0000 001C- 0x0000 002B
	3	可设置	SVCall	通过 SWI 指令调用的系统服务	0x0000 002C
	4	可设置	Debug Monitor	调试监控器	0x0000 0030
	—	—	—	保留	0x0000 0034
	5	可设置	PendSV	可挂起的系统服务	0x0000 0038
	6	可设置	SysTick	系统嘀嗒定时器	0x0000 003C
0	7	可设置	WWDG	窗口看门狗中断	0x0000 0040
1	8	可设置	PVD	连接到 EXTI 线的可编程电压检测(PVD)中断	0x0000 0044
2	9	可设置	TAMP_STAMP	连接到 EXTI 线的入侵和时间戳中断	0x0000 0048
3	10	可设置	RTC_WKUP	连接到 EXTI 线的 RTC 唤醒中断	0x0000 004C
4	11	可设置	FLASH	Flash 全局中断	0x0000 0050
5	12	可设置	RCC	RCC 全局中断	0x0000 0054
6	13	可设置	EXTI0	EXTI 线 0 中断	0x0000 0058
7	14	可设置	EXTI1	EXTI 线 1 中断	0x0000 005C
8	15	可设置	EXTI2	EXTI 线 2 中断	0x0000 0060
9	16	可设置	EXTI3	EXTI 线 3 中断	0x0000 0064
10	17	可设置	EXTI4	EXTI 线 4 中断	0x0000 0068
11	18	可设置	DMA1_Stream0	DMA1 流 0 全局中断	0x0000 006C
12	19	可设置	DMA1_Stream1	DMA1 流 1 全局中断	0x0000 0070
13	20	可设置	DMA1_Stream2	DMA1 流 2 全局中断	0x0000 0074
14	21	可设置	DMA1_Stream3	DMA1 流 3 全局中断	0x0000 0078
15	22	可设置	DMA1_Stream4	DMA1 流 4 全局中断	0x0000 007C
16	23	可设置	DMA1_Stream5	DMA1 流 5 全局中断	0x0000 0080
17	24	可设置	DMA1_Stream6	DMA1 流 6 全局中断	0x0000 0084
18	25	可设置	ADC	ADC1,ADC2 和 ADC3 全局中断	0x0000 0088
19	26	可设置	CAN1_TX	CAN1 TX 中断	0x0000 008C

位置	优先级	优先级类型	名　称	说　明	地　址
20	27	可设置	CAN1_RX0	CAN1 RX0 中断	0x0000 0090
21	28	可设置	CAN1_RX1	CAN1 RX1 中断	0x0000 0094
22	29	可设置	CAN1_SCE	CAN1 SCE 中断	0x0000 0098
23	30	可设置	EXTI9_5	EXTI 线［9：5］中断	0x0000 009C
24	31	可设置	TIM1_BRK_TIM9	TIM1 刹车中断和 TIM9 全局中断	0x0000 00A0
25	32	可设置	TIM1_UP_TIM10	TIM1 更新中断和 TIM10 全局中断	0x0000 00A4
26	33	可设置	TIM1 _ TRG _ COM _TIM11	TIM1 触发和换相中断与 TIM11 全局中断	0x0000 00A8
27	34	可设置	TIM1_CC	TIM1 捕获比较中断	0x0000 00AC
28	35	可设置	TIM2	TIM2 全局中断	0x0000 00B0
29	36	可设置	TIM3	TIM3 全局中断	0x0000 00B4
30	37	可设置	TIM4	TIM4 全局中断	0x0000 00B8
31	38	可设置	I2C1_EV	I^2C1 事件中断	0x0000 00BC
32	39	可设置	I2C1_ER	I^2C1 错误中断	0x0000 00C0
33	40	可设置	I2C2_EV	I^2C2 事件中断	0x0000 00C4
34	41	可设置	I2C2_ER	I^2C2 错误中断	0x0000 00C8
35	42	可设置	SPI1	SPI1 全局中断	0x0000 00CC
36	43	可设置	SPI2	SPI2 全局中断	0x0000 00D0
37	44	可设置	USART1	USART1 全局中断	0x0000 00D4
38	45	可设置	USART2	USART2 全局中断	0x0000 00D8
39	46	可设置	USART3	USART3 全局中断	0x0000 00DC
40	47	可设置	EXTI15_10	EXTI 线［15：10］中断	0x0000 00E0
41	48	可设置	RTC_Alarm	连接到 EXTI 线的 RTC 闹钟（A 和 B）中断	0x0000 00E4
42	49	可设置	OTG_FS WKUP	连接到 EXTI 线的 USB On The Go FS 唤醒中断	0x0000 00E8
43	50	可设置	TIM8_BRK_TIM12	TIM8 刹车中断和 TIM12 全局中断	0x0000 00EC
44	51	可设置	TIM8_UP_TIM13	TIM8 更新中断和 TIM13 全局中断	0x0000 00F0
45	52	可设置	TIM8 _ TRG _ COM _TIM14	TIM8 触发和换相中断与 TIM14 全局中断	0x0000 00F4
46	53	可设置	TIM8_CC	TIM8 捕捉比较中断	0x0000 00F8
47	54	可设置	DMA1_Stream7	DMA1 流 7 全局中断	0x0000 00FC
48	55	可设置	FSMC	FSMC 全局中断	0x0000 0100
49	56	可设置	SDIO	SDIO 全局中断	0x0000 0104
50	57	可设置	TIM5	TIM5 全局中断	0x0000 0108

位置	优先级	优先级类型	名　　称	说　　明	地　　址
51	58	可设置	SPI3	SPI3 全局中断	0x0000 010C
52	59	可设置	UART4	UART4 全局中断	0x0000 0110
53	60	可设置	UART5	UART5 全局中断	0x0000 0114
54	61	可设置	TIM6_DAC	TIM6 全局中断，DAC1 和 DAC2 下溢错误中断	0x0000 0118
55	62	可设置	TIM7	TIM7 全局中断	0x0000 011C
56	63	可设置	DMA2_Stream0	DMA2 流 0 全局中断	0x0000 0120
57	64	可设置	DMA2_Stream1	DMA2 流 1 全局中断	0x0000 0124
58	65	可设置	DMA2_Stream2	DMA2 流 2 全局中断	0x0000 0128
59	66	可设置	DMA2_Stream3	DMA2 流 3 全局中断	0x0000 012C
60	67	可设置	DMA2_Stream4	DMA2 流 4 全局中断	0x0000 0130
61	68	可设置	ETH	以太网全局中断	0x0000 0134
62	69	可设置	ETH_WKUP	连接到 EXTI 线的以太网唤醒中断	0x0000 0138
63	70	可设置	CAN2_TX	CAN2 TX 中断	0x0000 013C
64	71	可设置	CAN2_RX0	CAN2 RX0 中断	0x0000 0140
65	72	可设置	CAN2_RX1	CAN2 RX1 中断	0x0000 0144
66	73	可设置	CAN2_SCE	CAN2 SCE 中断	0x0000 0148
67	74	可设置	OTG_FS	USB On The Go FS 全局中断	0x0000 014C
68	75	可设置	DMA2_Stream5	DMA2 流 5 全局中断	0x0000 0150
69	76	可设置	DMA2_Stream6	DMA2 流 6 全局中断	0x0000 0154
70	77	可设置	DMA2_Stream7	DMA2 流 7 全局中断	0x0000 0158
71	78	可设置	USART6	USART6 全局中断	0x0000 015C
72	79	可设置	I2C3_EV	I^2C3 事件中断	0x0000 0160
73	80	可设置	I2C3_ER	I^2C3 错误中断	0x0000 0164
74	81	可设置	OTG_HS_EP1_OUT	USB On The Go HS 端点 1 输出全局中断	0x0000 0168
75	82	可设置	OTG_HS_EP1_IN	USB On The Go HS 端点 1 输入全局中断	0x0000 016C
76	83	可设置	OTG_HS_WKUP	连接到 EXTI 线的 USB On The Go HS 唤醒中断	0x0000 0170
77	84	可设置	OTG_HS	USB On The Go HS 全局中断	0x0000 0174
78	85	可设置	DCM	DCMI 全局中断	0x0000 0178
79	86	可设置	CRYP	CRYP 加密全局中断	0x0000 017C
80	87	可设置	HASH_RNG	哈希和随机数发生器全局中断	0x0000 0180
81	88	可设置	FPU	FPU 全局中断	0x0000 0184

4.4.2 中断控制器

由于 STM32 的中断系统比较复杂,所以内核中有一个专门管理中断的控制器:NVIC。STM32 标准库提供了一套通过 NVIC 来控制中断的 API。我们首先来看一看 NVIC_Init() 函数,这套函数首先要定义并填充一个结构体:NVIC_InitTypeDef,该结构体的定义如下:

NVIC_IRQChannel:需要配置的中断向量。

NVIC_IRQChannelCmd:使能或者关闭相应中断向量的中断响应。

NVIC_IRQChannelPreemptionPriority:配置相应中断向量的抢占优先级。

NVIC_IRQChannelSubPriority:配置相应中断的响应优先级。

不过要注意的一点是,NVIC 只可以配置 16 种中断向量的优先级,其抢占优先级和响应优先级都用一个 4 位的数字来决定。在库函数中,将其分为 5 种不同的分配方式。

第 0 组:所有的 4 位都可表示响应优先级,能够配置 16 种不同的响应优先级。中断优先级则都相同。

第 1 组:最高一位用来配置抢占优先级,剩余三位用来表示响应优先级。那么就有两种不同的抢占优先级(0 和 1)和 8 种不同的响应优先级(0~7)。

第 2 组:高两位用来配置抢占优先级,低两位用来配置响应优先级。那么两种优先级就各有 4 种。

第 3 组:高三位用来配置抢占优先级,低一位用来配置响应优先级。有 8 种抢占优先级和 2 种相应优先级。

第 4 组:所有位都用来配置抢占优先级,即有 16 种抢占优先级,没有响应属性。

这 5 种不同的分配方式,根据项目的实际需求来配置。

配置的 API 如下:

```
NVIC_PriorityGroupConfig();
```

其中括号内可以输入以下任一参数,代表不同的分配方式:

```
NVIC_PriorityGroup_0
NVIC_PriorityGroup_1
NVIC_PriorityGroup_2
NVIC_PriorityGroup_3
NVIC_PriorityGroup_4
```

4.4.3 小结

本节主要讲述中断的作用,以及 STM32F407 的中断向量表、优先级、中断控制器,并简单讲解了 STM32 标准库中与中断控制器相关的 API 说明。下一节将通过一个实例使读者加深中断的理解,并学会使用中断。需要强调的是,中断是计算机、嵌入式最重要的概念之一,本书后面的章节都会涉及中断,希望读者能认真理解中断这一概念。

4.5 EXTI 外部中断

STM32 的所有 GPIO 都引入了 EXTI 的外部中断线上,也就是说,所有的 I/O 口经过配置后都能够触发中断。GPIO 和 EXTI 的连接方式如图 4.27 所示。

从右图可以看出,一共有 16 个中断线:EXTI0 到 EXTI15。

每个中断线都对应了从 PAx 到 PHx 一共 7 个 GPIO。也就是说,在同一时刻每个中断线只能对应一个 GPIO 端口的中断,不能够同时对应所有端口的中断事件,但是可以分时复用。

在 EXTI 中,有三种触发中断的方式。

(1) 上升沿触发。当 GPIO 口的输入电压由低电平变成高电平的瞬间。

(2) 下降沿触发。当 GPIO 口的输入电压由高电平变成低电平的瞬间。

(3) 双边沿触发。即 GPIO 口的输入电压由高电平变成低电平或者由低电平变成高电平时都会触发中断。

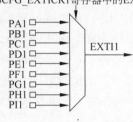

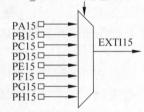

图 4.27 GPIO 和 EXTI 连接方式[2]

根据不同的电路,我们选择不同的触发方式,以确保中断能够被正常触发。

4.5.1 按键功能分析

4.3 小节已经讲了如何操作点亮和熄灭 LED,而本书配套开发板上有 5 个按键。本节将实现以下功能:

(1) 按下 KEY0 时,LED0 灯亮。

(2) 按下 KEY1 时,LED1 灯亮。

(3) 按下 KEY2 时,LED0 灯灭。

(4) 按下 KEY3 时,LED1 灯灭。

18	PF6	KEY3
19	PF7	KEY2
20	PF8	KEY1
21	PF9	KEY0

图 4.28 按键原理图

为了实现这个功能,根据之前讲的中断原理,可以设置中断源为 GPIO 中断,触发方式为下降沿触发。中断处理函数对 LED0、LED1 进行操作,实现亮灭功能。按键的原理图如图 4.28 所示。

KEY0、KEY1、KEY2、KEY3 对应的 GPIO 口分别为 GPIOF_9、GPIOF_8、GPIOF_7、GPIOF_6。根据图 4.28,我们可以得知,我们对应的外部

中断分别为 EXTI9、EXTI8、EXTI7、EXTI6。

综上所述,我们编写代码可以按如下流程。

(1) 设置 GPIOF_9、GPIOF_8、GPIOF_7、GPIOF_6 为输入引脚。

(2) 将 GPIOF_9、GPIOF_8、GPIOF_7、GPIOF_6 和 EXTI9、EXTI8、EXTI7、EXTI6 进行连接,使其 I/O 引脚做中断引脚功能。

(3) 设置 EXTI9、EXTI8、EXTI7、EXTI6 的中断优先级。

(4) 编写中断处理函数,实现 LED 亮灭操作。

4.5.2 代码分析

打开 Chapter4\02_gpio_exti\mdk\02_gpio_exti.uvprojx 工程文件,如图 4.29 所示。

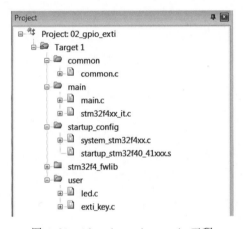

图 4.29 02_gpio_exti.uvprojx 工程

其中,main.c 是整个程序的入口,代码如下:

```
//Chapter4/02_gpio_exti/Main/main.c

# include "stm32f4xx.h"
# include "led.h"
# include "exti_key.h"

void delay(int ms)
{
    int i,j;
    for(i = 0;i < ms;i++)
            for(j = 0;j < 10000;j ++);
}
int main(void)
{
    //1. LED I/O 口初始化
```

```
    LED_Init();

    //2. 按键 IO 初始化
    KEY_IO_Init();
    //3. 将按键 I/O 设置为 EXTI 外部中断引脚
    KEY_EXTI_Config();
    //4. 设置中断优先级
    KEY_NVIC_Config();

    while(1)
    {
    }
}
```

main 函数通过调用 KEY_IO_Init()、KEY_EXTI_Config()、KEY_NVIC_Config()三个函数去实现按键引脚相关的初始化。它们的源码部分在 exti_key.c 文件。代码如下：

```
/Chapter4/02_gpio_exti/USER/exti_key.c

# include "stm32f4xx.h"

//按键 I/O 口初始化函数,设置为输入模式
void KEY_IO_Init(void)
{
    GPIO_InitTypeDef GPIO_InitStructure;
    //打开 GPIOF 系统时钟
    RCC_AHB1PeriphClockCmd(RCC_AHB1Periph_GPIOF,ENABLE);

    //KEY0 KEY1 KEY2 KEY3 对应的引脚
    GPIO_InitStructure.GPIO_Pin = GPIO_Pin_6|GPIO_Pin_7|GPIO_Pin_8|GPIO_Pin_9;
    GPIO_InitStructure.GPIO_Mode = GPIO_Mode_IN;          //普通输入模式
    GPIO_InitStructure.GPIO_Speed = GPIO_Speed_100MHz;    //100MHz
    GPIO_InitStructure.GPIO_PuPd = GPIO_PuPd_UP;          //上拉
    GPIO_Init(GPIOF,&GPIO_InitStructure);                 //初始化
}

//设置按键对应的引脚为外部中断引脚函数
void KEY_EXTI_Config(void)
{
    EXTI_InitTypeDef EXTI_InitStructure;

    //如果使用外部中断,就需要使能 RCC_APB2Periph_SYSCFG 系统时钟
    RCC_APB2PeriphClockCmd(RCC_APB2Periph_SYSCFG,ENABLE);

    //配置 GPIOF Pin6 为外部中断引脚
```

```
    SYSCFG_EXTILineConfig(EXTI_PortSourceGPIOF,EXTI_PinSource6);
    //外部中断源为 6 号中断线
    EXTI_InitStructure.EXTI_Line = EXTI_Line6;
    //选择产生中断
    EXTI_InitStructure.EXTI_Mode = EXTI_Mode_Interrupt;
    //中断触发方式为下降沿
    EXTI_InitStructure.EXTI_Trigger = EXTI_Trigger_Falling;
    //使能中断
    EXTI_InitStructure.EXTI_LineCmd = ENABLE;
    //初始化,使上面的配置生效
    EXTI_Init(&EXTI_InitStructure);

    //下面对 pin7、pin8、pin9 做相同的操作
    SYSCFG_EXTILineConfig(EXTI_PortSourceGPIOF,EXTI_PinSource7);

    EXTI_InitStructure.EXTI_Line = EXTI_Line7;
    EXTI_InitStructure.EXTI_Mode = EXTI_Mode_Interrupt;
    EXTI_InitStructure.EXTI_Trigger = EXTI_Trigger_Falling;
    EXTI_InitStructure.EXTI_LineCmd = ENABLE;
    EXTI_Init(&EXTI_InitStructure);

    SYSCFG_EXTILineConfig(EXTI_PortSourceGPIOF,EXTI_PinSource8);

    EXTI_InitStructure.EXTI_Line = EXTI_Line8;
    EXTI_InitStructure.EXTI_Mode = EXTI_Mode_Interrupt;
    EXTI_InitStructure.EXTI_Trigger = EXTI_Trigger_Falling;
    EXTI_InitStructure.EXTI_LineCmd = ENABLE;
    EXTI_Init(&EXTI_InitStructure);

    SYSCFG_EXTILineConfig(EXTI_PortSourceGPIOF,EXTI_PinSource9);

    EXTI_InitStructure.EXTI_Line = EXTI_Line9;
    EXTI_InitStructure.EXTI_Mode = EXTI_Mode_Interrupt;
    EXTI_InitStructure.EXTI_Trigger = EXTI_Trigger_Falling;
    EXTI_InitStructure.EXTI_LineCmd = ENABLE;
    EXTI_Init(&EXTI_InitStructure);
}

//配置按键引脚中断的优先级,并使能中断
void KEY_NVIC_Config(void)
{
    NVIC_InitTypeDef NVIC_InitStructure;

    //中断向量表为 EXTI9_5_IRQn
    NVIC_InitStructure.NVIC_IRQChannel = EXTI9_5_IRQn;
    //抢占优先级为 0
```

```
    NVIC_InitStructure.NVIC_IRQChannelPreemptionPriority = 0;
    //响应优先级为 0
    NVIC_InitStructure.NVIC_IRQChannelSubPriority = 0;
    //中断使能
    NVIC_InitStructure.NVIC_IRQChannelCmd = ENABLE;
    //初始化,使配置生效
    NVIC_Init(&NVIC_InitStructure);
}
```

代码中比较重要的部分是 NVIC_InitStructure. NVIC_IRQChannel ＝ EXTI9_5_
IRQn。在 STM32 中,EXTI5、EXTI6、EXTI7、EXTI8、EXTI9 这几个中断都连接到同一个
中断源中。这几个中断共用一个中断处理函数,我们需要在中断处理函数中判断具体哪个
中断是 EXTI 中断。

STM32 的中断向量表在 startup_stm32f40_41xxx.s 文件 69 行处,代码如下:

```
//Chapter4\02_gpio_exti\Startup_config\startup_stm32f40_41xxx.s

__Vectors       DCD         __initial_sp            ;Top of Stack
                DCD         Reset_Handler           ;Reset Handler
                DCD         NMI_Handler             ;NMI Handler
                DCD         HardFault_Handler       ;Hard Fault Handler
                DCD         MemManage_Handler       ;MPU Fault Handler
                DCD         BusFault_Handler        ;Bus Fault Handler
                DCD         UsageFault_Handler      ;Usage Fault Handler
                DCD         0                       ;Reserved
                DCD         0                       ;Reserved
                DCD         0                       ;Reserved
                DCD         0                       ;Reserved
                DCD         SVC_Handler             ;SVCall Handler
                DCD         DebugMon_Handler        ;Debug Monitor Handler
                DCD         0                       ;Reserved
                DCD         PendSV_Handler          ;PendSV Handler
                DCD         SysTick_Handler         ;SysTick Handler

                ;External Interrupts
                DCD         WWDG_IRQHandler         ;Window WatchDog
                DCD         PVD_IRQHandler          ;PVD through EXTI Line detection
                DCD         TAMP_STAMP_IRQHandler   ;Tamper and TimeStamps through the EXTI line
                DCD         RTC_WKUP_IRQHandler     ;RTC Wakeup through the EXTI line
                DCD         FLASH_IRQHandler        ;FLASH
                DCD         RCC_IRQHandler          ;RCC
                DCD         EXTI0_IRQHandler        ;EXTI Line0
                DCD         EXTI1_IRQHandler        ;EXTI Line1
                DCD         EXTI2_IRQHandler        ;EXTI Line2
```

往下 110 行左右可以看到 EXTI9_5 的中断处理函数,代码如下:

```
DCD     EXTI9_5_IRQHandler                      ;External Line[9:5]s
```

同样地,读者后续需要使用到哪种中断,都可以通过 startup_stm32f40_41xxx.s 文件的中断向量表找到中断处理函数名。

上面我们设置好 EXTI9_5 中断源,并使能中断,接下来需要在 EXTI9_5_IRQHandler 函数中实现对 LED 的操作。

EXTI9_5_IRQHandler 函数原型在 exti_key.c 文件 80 行处,代码如下:

```
//Chapter4/02_gpio_exti/USER/exti_key.c 80 行

//中断处理函数
void EXTI9_5_IRQHandler(void)
{
    //判断是否属于 EXTI6 中断
    if(EXTI_GetITStatus(EXTI_Line6) != RESET)
    {
        //LED0 亮
        GPIO_WriteBit(GPIOE,GPIO_Pin_3,Bit_RESET);

        //清除 EXTI_Line6 中断标志
        EXTI_ClearITPendingBit(EXTI_Line6);
    }

    //判断是否属于 EXTI7 中断
    if(EXTI_GetITStatus(EXTI_Line7) != RESET)
    {
        //LED1 亮
        GPIO_WriteBit(GPIOE,GPIO_Pin_4,Bit_RESET);

        //清除 EXTI_Line7 中断标志
        EXTI_ClearITPendingBit(EXTI_Line7);
    }

    //判断是否属于 EXTI8 中断
    if(EXTI_GetITStatus(EXTI_Line8) != RESET)
    {
        //LED0 灭
        GPIO_WriteBit(GPIOE,GPIO_Pin_3,Bit_SET);

        //清除 EXTI_Line8 中断标志
        EXTI_ClearITPendingBit(EXTI_Line8);
    }
```

```
//判断是否属于 EXTI9 中断
if(EXTI_GetITStatus(EXTI_Line9) != RESET)
{
        //LED1 灭
        GPIO_WriteBit(GPIOE,GPIO_Pin_4,Bit_SET);

        //清除 EXTI_Line9 中断标志
        EXTI_ClearITPendingBit(EXTI_Line9);
}
}
```

其中有两个比较重要的函数。

1. 判断中断源函数

```
ITStatus EXTI_GetITStatus(uint32_t EXTI_Line)
```

作用：判断是不是 EXTI_Line 中断触发。

返回值：RESET 表示不是 EXTI_Line 中断触发；SET 表示是 EXTI_Line 中断触发。

参数：EXTI_Line。外部中断号，取值从 EXTI_Line0～EXTI_Line22。

2. 清除中断源标志函数

```
void EXTI_ClearITPendingBit(uint32_t EXTI_Line)
```

注意事项：中断发生并进入中断处理函数，处理完后，需要把对应的中断标志位清零，否则该中断会一直发生并一直产生该中断，导致系统一直重复处理中断。这一点非常重要，后面读者在处理其中的中断的时候，最后一定要清除中断标志位。

4.5.3 小结

本节主要讲解如何使用 EXTI 外部中断，并初步从源码上分析了 STM32 中断向量表。同时还实现了 EXTI 中断处理函数，其中比较重要的是中断清除标志位的操作。本节内容虽然不多，但可以通过本节学会如何使用中断，为后续的章节打下基础。本节有两个重要的知识点：

（1）中断处理函数最后一点要清除中断标志位。

（2）中断处理函数的处理时间一定要短，速度要够快，避免长时间处于中断状态中。

12min

4.6 定时器

定时器的本质就是一个加 1 计数器。它随着计数器的输入脉冲进行自加 1，当计数器加到各位全为 1 时，或者加到一个事先预设好的数值时，再输入一个脉冲就会使计数器回零,且计数器的溢出使响应的中断标志位置1,向CPU发出中断请求。

定时器通常用于事先某些需要延迟操作的任务,例如几秒后LED亮。另外还可以用于PWM输出、输入捕获等。本书在此列出几种常见的用法,读者可以自己举一反三。

(1) 定时功能。实现精确的定时功能,也可以实现delay函数精确延时。

(2) PWM输出。在定时器中断处理函数中控制GPIO引脚的输出电平,从而实现输出一个PWM波形。适用于电机控制、电流控制等。

(3) 输入捕获。对于某些作为输入的引脚,可以使用定时器中断精确地获取波形的变化时间间隔。适用于一些传感器、红外遥控器波形检测等。

4.6.1　STM32定时器

STM32拥有14个定时器,分为高级控制定时器(TIM1和TIM8)、32位通用定时器(TIM2和TIM5)、16位通用定时器(TIM3、TIM4、TIM9~TIM14)、基本定时器(TIM6、TIM7)。

这些定时器都有如下几个重要的寄存器。

(1) 计数器当前值寄存器(TIMx_CNT),存放计数器的当前值。

(2) 递增、递减、递增/递减自动重载计数器(TIMx_ARR),当计数等于自动重载计数器的数值时,再输入一个脉冲就会使计数器回零,并向STM32发出中断请求。

(3) 预分频寄存器(TIMx_PSC),对定时器的输入脉冲做预分频。

定时器中断时间的计算公式(4-1):

$$T_{\text{out}} = ((\text{TIM}x\_\text{ARR} + 1) \times (\text{TIM}x\_\text{PSC} + 1))/T_{\text{clk}} \qquad (4\text{-}1)$$

其中,T_{out}是定时器中断时间,单位是s。T_{clk}是定时器的输入脉冲频率,也叫作定时器时钟源。在STM32F407中,TIM1~TIM14的时钟源如下。

(1) 高级定时器TIM1、TIM8及通用定时器TIM9、TIM10、TIM11的时钟来源是APB2总线。

(2) 通用定时器TIM2~TIM5,通用定时器TIM12~TIM14及基本定时器TIM6、TIM7的时钟来源是APB1总线。

因为系统初始化SystemInit函数里初始化APB1总线时钟为4分频即42MHz,APB2总线时钟为2分频即84MHz,所以可以得到如下数据:

(1) TIM1、TIM8~TIM11的时钟为APB2时钟的两倍即168MHz。

(2) TIM2~TIM7、TIM12~TIM14的时钟为APB1的时钟的两倍即84MHz。

有了以上资料,计算定时器的中断时间就比较简单了。例如设置TIM2的TIMx_ARR等于8399,设置TIMx_ARR等于4999,而TIM2的时钟是84MHz。代入公式(4-1)得到:

$$T_{\text{out}} = ((4999 + 1) \times (8399 + 1))/84000000 = 0.5\text{s}。$$

所以TIM2每隔0.5s中断一次。

4.6.2　代码分析

打开Chapter4\03_timer\mdk\TIMER.uvprojx工程文件,如图4.30所示。

图 4.30　TIMER.uvprojx 工程

打开 main.c 文件，代码如下：

```
//Chapter4\03_timer\Main\main.c

# include "led.h"
# include "timer.h"

int main(void)
{
    //设置中断优先级分组 2
    NVIC_PriorityGroupConfig(NVIC_PriorityGroup_2);
    delay_init();           //初始化延时函数
    LED_Init();             //初始化 LED I/O 口

    //定时器 2 时钟为 84MHz,分频系数为 8399,重装寄存器数值为 4999
    //计算可得知定时器 2 的中断时间是 0.5s
    TIM2_Init(4999,8399);

    while(1)
    {
            delay_ms(300);
    }
}
```

打开 timer.c 文件，主要是定时器的初始化和定时器中断处理函数部分，代码如下：

```
/Chapter4\03_timer\USER\TIMER\timer.c

# include "timer.h"
# include "led.h"
# include "beep.h"
```

```
/ ************************************************************************
 * 名称：TIM2_Init(u16 auto_data,u16 fractional)
 * 入口参数：auto_data:自动重装值
 *          fractional:时钟分频系数
 * 返回参数：无
 * 说明：定时器溢出时间计算方法:Tout = ((auto_data + 1) * (fractional + 1))/Ft(us)   Ft 为定
时器时钟
 ************************************************************************ /
void TIM2_Init(u16 auto_data,u16 fractional)
{
    TIM_TimeBaseInitTypeDef TIM_TimeBaseInitStructure;
    NVIC_InitTypeDef NVIC_InitStructure;

    //使能 TIM2 时钟
    RCC_APB1PeriphClockCmd(RCC_APB1Periph_TIM2,ENABLE);

    //自动重装值
    TIM_TimeBaseInitStructure.TIM_Period = auto_data;
    //定时器分频
    TIM_TimeBaseInitStructure.TIM_Prescaler = fractional;
    //向上计数
    TIM_TimeBaseInitStructure.TIM_CounterMode = TIM_CounterMode_Up;
    TIM_TimeBaseInitStructure.TIM_ClockDivision = TIM_CKD_DIV1;

    //初始化 TIM2
    TIM_TimeBaseInit(TIM2,&TIM_TimeBaseInitStructure);

    //允许 TIM2 更新中断
    TIM_ITConfig(TIM2,TIM_IT_Update,ENABLE);
    //使能定时器
    TIM_Cmd(TIM2,ENABLE);

    //TIM2 中断
    NVIC_InitStructure.NVIC_IRQChannel = TIM2_IRQn;
    //抢占优先级 1
    NVIC_InitStructure.NVIC_IRQChannelPreemptionPriority = 0x01;
    //响应优先级 3
    NVIC_InitStructure.NVIC_IRQChannelSubPriority = 0x03;
    //使能中断
    NVIC_InitStructure.NVIC_IRQChannelCmd = ENABLE;
    //初始化
    NVIC_Init(&NVIC_InitStructure);
}
```

TIM2 中断处理函数在 timer.c 文件的 43 行处，代码如下：

```
//Chapter4\03_timer\USER\TIMER\timer.c 43 行

//定义变量
int flg = 0;

//TIM2 中断处理函数
void TIM2_IRQHandler(void)
{
    //判断是否溢出中断,这个判断是必需的
    if(TIM_GetITStatus(TIM2,TIM_IT_Update) == SET)
    {
        //判断 flg 是否等于 0
        if(flg == 0)
        {
            //LED0 亮
            GPIO_WriteBit(GPIOE,GPIO_Pin_3,Bit_RESET);
            //flg 置为1,这样下次就不会运行 if 了,下一次运行 else
            flg = 1;
        }else{
            //LED0 灭
            GPIO_WriteBit(GPIOE,GPIO_Pin_3,Bit_SET);
            //flg 置为 0,这样下次就不会运行 else,而是运行 if
            flg = 0;
        }
    }
    //清楚 TIM2 中断标志位,正如之前所说,中断处理完后要清除对应的中断标志位
    TIM_ClearITPendingBit(TIM2,TIM_IT_Update);
}
```

整体代码就是这 3 部分,实现了 LED0 每隔 0.5s 亮灭的功能。读者可以编译并下载到开发板进行测试。

4.6.3 SysTick 定时器

SysTick 定时器被捆绑在 NVIC 中,用于产生 SysTick 异常(异常号：15)。它可以节省 MCU 资源,不需要浪费一个定时器,只要不清除 SysTick 使能位,就不会停止,即使在睡眠模式下也能工作。捆绑在 NVIC 中断优先级管理,能产生 SysTick 异常(中断),可设置中断优先级。

通常我们都是用 SysTick 定时来做精确的延时功能。例如 Chapter4\03_timer\Main\main.c 文件中的第 10 行所调用的 delay_init(),事实上就是初始化 SysTick 定时器。打开 Chapter4\03_timer\Common\common.c 文件,代码如下：

```
//Chapter4\03_timer\Common\common.c

#include "common.h"
```

```
//利用 SysTick 定时器编写的延时函数

static u8 fac_us = 0;//us 延时倍乘数①
static u16 fac_ms = 0;//ms 延时倍乘数

//delay初始化函数
void delay_init()
{
    //设置为 8 分频,也就是 72/8 = 9MHz
    SysTick_CLKSourceConfig(SysTick_CLKSource_HCLK_Div8);
    //SYSCLK 在 common.h 文件中被定义为 164
    //为系统时钟的1/8,实际上也就是在计算 1us SysTick 的 VAL 减的数目
    fac_us = SYSCLK/8;
    //代表每个 ms 需要的 SysTick 时钟数,即每毫秒 SysTick 的 VAL 减的数目
    fac_ms = (u16)fac_us * 1000;
}

//us 级别的延时函数,参数 nus 表示要延时多少微秒
void delay_us(u32 nus)
{
    u32 midtime;
    SysTick->LOAD = nus * fac_us;               //时间加载
    SysTick->VAL = 0x00;                        //清空计数器
    SysTick->CTRL| = SysTick_CTRL_ENABLE_Msk ;  //开始倒计时
    do
    {
        midtime = SysTick->CTRL;
    }
    while((midtime&0x01)&&!(midtime&(1<<16)));   //等待时间到
    SysTick->CTRL& = ~SysTick_CTRL_ENABLE_Msk;   //关闭定时器
    SysTick->VAL = 0X00;                         //清空计数器
}

//ms 级别的延时函数,参数 nus 表示要延时多少毫秒,最大不能超过 798ms
//通常不调用这个函数,而是调用 delay_ms
void delay_xms(u16 nms)
{
    u32 midtime;
    SysTick->LOAD = (u32)nms * fac_ms;          //时间加载
    SysTick->VAL  = 0x00;                       //清空计数器
    SysTick->CTRL| = SysTick_CTRL_ENABLE_Msk ;  //开始倒计时
    do
    {
        midtime = SysTick->CTRL;
    }
```

---

① 代码中的 us 为 μs,由于代码中无法录入 μ,故用 u 代替。

```
        while((midtime&0x01)&&!(midtime&(1<<16)));          //等待时间到
        SysTick->CTRL& = ~SysTick_CTRL_ENABLE_Msk;          //关闭定时器
        SysTick->VAL = 0X00;                                 //清空计数器
    }


// ms 级别的延时函数,参数 nus 表示要延时多少毫秒
void delay_ms(u16 nms)
{
    //除 540,等到多少个 540
    u8 repeat = nms/540;                                     //用 540 是考虑有时候需要延时超过 798ms

    //取余 540
    u16 remain = nms % 540;
    //重复 delay repeat 个 540s
    while(repeat)
    {
        delay_xms(540);
        repeat--;
    }
    //再延时余下的 remain 秒
    if(remain)delay_xms(remain);
}
```

SysTick 定时器的中断处理函数是 SysTick_Handler(),我们暂时不需要在中断里面处理事情,故而函数内容为空即可。

通常这几个 delay 函数是通用的模板,读者在需要使用精确 delay 功能时,可以直接使用本书的模板。

4.6.4 小结

本节讲解了定时器的原理和 STM32 定时器的计算公式,同时介绍了 TIM2 和 SysTick 定时器的用法。希望读者通过本节能自己尝试把其他定时器的操作代码写出来并实现对应的功能。定时器在后面的开发过程中属于最常见的基础知识,希望读者能举一反三。

10min

4.7 USART 串口

UART(Universal Asynchronous Receiver/Transmitter)全称叫作通用异步串行接收发送器。

USART(Universal Synchronous/Asynchronous Receiver/Transmitter)全称叫作通用同步异步串行接收发送器。

它们之间的区别是 USART 比 UART 多了同步功能,通常来说,我们在大多数情况下

使用异步通信功能,所以它们两者没有区别。有些书籍、代码有时使用 UART 这个名词,有时使用 USART 名词,读者在一般情况下可以认为两者是同一个概念。本书统称 USART 或者串口。

串口最重要的参数是波特率,每秒钟传送的码元符号的个数。因此波特率越大,则数据传输速度越快。常见的波特率有 9600、19200、38400、115200 等。

任何 USART 通信均需要两个引脚:接收数据输入引脚(RX)和发送数据输出引脚(TX)。

4.7.1 数据格式

USART 数据格式一般分为启动位、数据帧、可能的奇偶校验位、停止位,如图 4.31 所示。

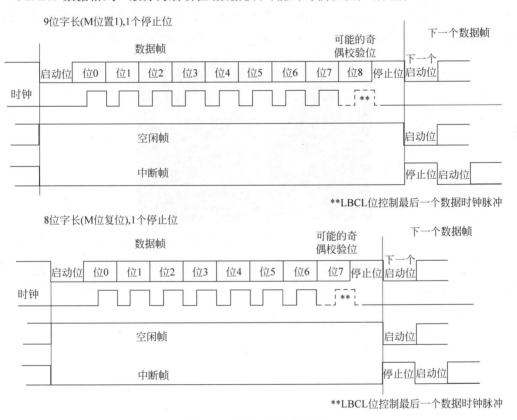

图 4.31 USART 数据格式

启动位:发送方想要发送串口数据时,必须先发送启动位。

数据帧:发送的数据内容,数据的位。有 8 位数据字长和 9 位数据字长两种。

可能的奇偶校验位:在串口通信中一种简单的检错方式,没有校验位也是可以的。对于偶和奇校验的情况,串口会设置校验位(数据位后面的一位),用一个值确保传输的数据有偶个或者奇个逻辑高位。

停止位:停止位不仅仅表示传输的结束,并且提供计算机校正时钟同步的机会。

通常情况下,我们默认选择的 USART 数据格式为:8 位数据字长、无奇偶校验位、1 位停止位。

4.7.2 串口实验

STM32F407 有 6 个 USART,本文将选用 USART3 作为代码测试串口。实现功能:计算机可以通过串口工具发送"SLight_led1E"点亮开发板的 LED1;发送"SClose_led1E"熄灭开发板的 LED1。

这个实验需要读者使用串口工具把开发板和计算机连接起来,开发板的 RX 连接串口工具的 TX、开发板的 TX 连接串口工具的 RX,GND 接 GND,VCC 不用接。开发板的 USART3 的 RX 和 TX 引脚是 GPIOB_10 和 GPIOB_11,如图 4.32 所示。如果实验过程中发现开发板没有接收到串口数据,可以尝试把 RX、TX 两个线交换一下。

图 4.32 串口连接计算机

此外读者还需要一个串口调试软件,可以使用本书提供的"附录 A\软件\串口工具\sscom5.13.1.exe",也可以自己在网上下载其他串口调试软件。运行 sscom5.13.1.exe,如图 4.33 所示。

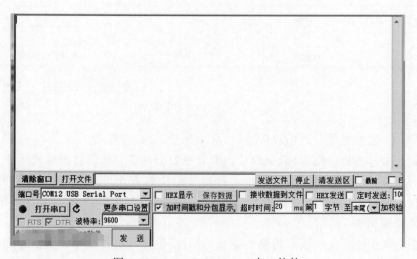

图 4.33 sscom5.13.1.exe 串口软件

"波特率"下拉菜单中选择 9600,单击"打开串口"按钮,在输入框输入 SLight_led1E,单击"发送"按钮,可以观察到开发板的 LED1 点亮;输入 SClose_ledE,单击"发送"按钮,可以观察到开发板的 LED1 熄灭。说明实验成功。

4.7.3　代码分析

使用 STM32 标准库,我们只需要简单的几段代码即可实现 USART 的控制。代码编写思路:初始化 USART3、编写中断处理函数、编写 USART 发送函数。

1. 初始化 USART

打开 Chapter4\04_usart\mdk\UAST3.uvprojx 工程文件。USART3 初始化、中断处理函数等相关在 Chapter4\04_usart\USER\usart3\usart3.c 文件中。

USART3 初始化包含:

(1) GPIO 口初始化,需要将 USART3 对应的引脚复用成 USART 功能。

(2) USART3 控制器初始化,以及主要设置。

(3) 中断优先级设置。

代码如下:

```
//Chapter4\04_usart\USER\usart3\usart3.c 17 行

void uart3_init(u32 bound)
{
    //GPIO 端口初始化
    GPIO_InitTypeDef GPIO_InitStructure;
    //USART3 控制器初始化
    USART_InitTypeDef USART_InitStructure;
    //中断设置
    NVIC_InitTypeDef NVIC_InitStructure;

    //使能 GPIOB
    RCC_AHB1PeriphClockCmd(RCC_AHB1Periph_GPIOB,ENABLE);
    //使能 USART3 时钟,这一点很重要,否则 USART3 无法工作
    RCC_APB1PeriphClockCmd(RCC_APB1Periph_USART3,ENABLE);
    //将 GPIO B 10 引脚复用成 USART3 引脚
    GPIO_PinAFConfig(GPIOB,GPIO_PinSource10,GPIO_AF_USART3);
    //将 GPIO B 11 引脚复用成 USART3 引脚
    GPIO_PinAFConfig(GPIOB,GPIO_PinSource11,GPIO_AF_USART3);

    GPIO_InitStructure.GPIO_Pin = GPIO_Pin_10 | GPIO_Pin_11;
    GPIO_InitStructure.GPIO_Mode = GPIO_Mode_AF;          //复用功能
    GPIO_InitStructure.GPIO_Speed = GPIO_Speed_50MHz;     // 50MHz
    GPIO_InitStructure.GPIO_OType = GPIO_OType_PP;        //推挽复用输出
    GPIO_InitStructure.GPIO_PuPd = GPIO_PuPd_UP;          //上拉
    GPIO_Init(GPIOB,&GPIO_InitStructure);                 //初始化 PB10 - PB11
```

```
//USART3 设置
//设置波特率
USART_InitStructure.USART_BaudRate = bound;
//8 位数据
USART_InitStructure.USART_WordLength = USART_WordLength_8b;
//1 位停止位
USART_InitStructure.USART_StopBits = USART_StopBits_1;
//没有校验位
USART_InitStructure.USART_Parity = USART_Parity_No;
//无硬件数据流控制
USART_InitStructure.USART_HardwareFlowControl = USART_HardwareFlowControl_None;
//收发模式
USART_InitStructure.USART_Mode = USART_Mode_Rx | USART_Mode_Tx;
//初始化 USART3
USART_Init(USART3,&USART_InitStructure);
//使能 USART3
USART_Cmd(USART3,ENABLE);

USART_ClearFlag(USART3,USART_FLAG_TC);

//开启 USART3 接收中断
USART_ITConfig(USART3,USART_IT_RXNE,ENABLE);
//Usart3 NVIC 中断优先级、中断源设置
NVIC_InitStructure.NVIC_IRQChannel = USART3_IRQn;
//抢占优先级
NVIC_InitStructure.NVIC_IRQChannelPreemptionPriority = 3;
//子优先级
NVIC_InitStructure.NVIC_IRQChannelSubPriority = 3;
//使能
NVIC_InitStructure.NVIC_IRQChannelCmd = ENABLE;
NVIC_Init(&NVIC_InitStructure);
}
```

2. USART3 中断处理函数

USART 中断处理函数主要是接收中断,当 USART3 完整接收一个数据后,将触发响应的中断,读者需要在中断处理函数中把数据放到自己的缓冲区,并做相应的处理。

我们约定计算机发送的串口数据的格式为 SXXXXXE,其中:

S 是命令的头部,用来告诉开发板这是一条命令的起始。

XXXXX 是命令的具体内容,我们只实现 SLight_led1E 和 SClose_ledE。

E 是命令的结束符,告诉开发板命令已经发送完整,可以开始处理。

代码如下:

```
//Chapter4\04_usart\USER\usart3\usart3.c 77 行

//USART3 中断处理函数
void USART3_IRQHandler(void)
{
    u8 rec_data;
    //判断是否接收中断
    if(USART_GetITStatus(USART3,USART_IT_RXNE) != RESET)
    {
        //获取 USART3 接收的数据
        rec_data = (u8)USART_ReceiveData(USART3);
        //判断数据是不是 S，如果是，则认为收到了计算机的串口命令开始的命令
        if(rec_data == 'S')
        {
            //记录 USART3 总共接收到 1 个数据
            uart_byte_count = 0x01;
        }
        //判断是不是结束符
        else if(rec_data == 'E')
        {
            //使用 strcmp 函数比较命令是不是 Light_led1
            if(strcmp("Light_led1",(char * )receive_str) == 0)
            {
                //点亮 LED1
                GPIO_WriteBit(GPIOE,GPIO_Pin_3,Bit_RESET);
            }
            else if(strcmp("Close_led1",(char * )receive_str) == 0)
            {
                //熄灭 LED1
                GPIO_WriteBit(GPIOE,GPIO_Pin_3,Bit_SET);
            }
            //处理完命令后把缓冲区的数据都清零
            for(uart_byte_count = 0;uart_byte_count<32;uart_byte_count++)
            {
                receive_str[uart_byte_count] = 0x00;
            }
            uart_byte_count = 0;
        }
        //既不是 S 也不是 E，那就是命令的内容了，我们用 receive_str 缓冲区存储
        else if((uart_byte_count>0)&&(uart_byte_count< = USART3_REC_NUM))
        {
            receive_str[uart_byte_count - 1] = rec_data;
            uart_byte_count++;
        }
    }


}
```

4.7.4 小结

本节主要讲解了串口的相关概念,并在开发板上使用 USART3 实现一个简单的计算机控制开发板的功能。读者可以在此基础上扩展出更多的功能,也可以使用其他 USART 实现相同的功能。

4.8 I²C 总线

I²C 总线(Inter-Integrated Circuit Bus)是由 Philips 公司开发的一种简单、双向二线制同步串行总线。它只需要两根线即可在连接于总线上的元器件之间传送信息。某些书籍或者文档中也写作 IIC,读作"I 方 C"。

I²C 是嵌入式中最常见的总线,也是最重要的总线通信协议之一。很多传感器、外围芯片使用 I²C 协议。它具有如下特点:

(1) 硬件线路简单:I²C 总线只需要一根数据线和一根时钟线共两根线。

(2) 灵活:数据传输和地址设定由软件设定,非常灵活。总线上的元器件增加和删除不影响其他元器件正常工作。

(3) 可以连接设备数量多:连接到相同总线上的 IC 数量只受总线最大电容的限制。

4.8.1 I²C 元器件地址

I²C 总线是一个主从结构的总线,所有的数据传输都必须由主机发起,通常单片机做主机,其他连接在 I²C 总线的设备称之为从机或者元器件。

I²C 还有一个重要的概念:元器件地址。连接在 I²C 总线上的设备,除了主机之外,每个元器件都有自己的地址。主机想要和某个元器件通信时,先往 I²C 总线发送元器件地址。

I²C 元器件地址一般为 8 位,最后一位是读写标志位。0 表示主机要读取元器件的数据;1 表示主机要往元器件写数据。

4.8.2 I²C 时序

I²C 总线只需要两根线,分别是时钟线(SCL)、数据线(SDA)。其中时钟线提供时间周期,时间周期越短则数据传输速率越快。数据线用来传输起始位、应答位和数据等。时序如图 4.34 所示。

数据格式主要有起始位、停止位、数据位、应答位(ACK)、NACK。

1. 起始位

当主机想要启动 I²C 数据传输时,需要先往 I²C 总线发送起始位。起始位的条件是 SCL 线为高电平时,SDA 线从高电平向低电平切换。

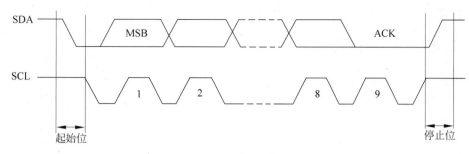

图 4.34 I^2C 时序图

2. 停止位

当主机想要终止 I^2C 数据传输时,需要往 I^2C 总线发送停止位,释放 I^2C 总线的占用。停止位的条件是 SCL 线为高电平时,SDA 线从低电平向高电平切换。

3. 数据位

SDA 数据线上的每字节必须是 8 位,每次传输的字节数量没有限制。每字节后必须跟一个响应位(ACK)。首先传输的数据是最高位(MSB),SDA 上的数据必须在 SCL 高电平周期时保持稳定,数据的高低电平翻转变化发生在 SCL 低电平时期。

4. 应答位

每字节传输必须带响应位,相关的响应时钟也由主机产生,在响应的时钟脉冲期间(第9 个时钟周期),发送端释放 SDA 线,接收端把 SDA 拉低。

5. NACK 位

以下情况会导致出现 NACK 位:

(1) 接收机没有发送机响应的地址,接收端没有任何 ACK 发送给发射机。

(2) 由于接收机正在忙碌处理实时程序导致接收机无法接收或者发送。

(3) 传输过程中,接收机识别不了发送机的数据或命令。

(4) 接收机无法接收。

(5) 主机接收完成读取数据后,要发送 NACK 告知从机结束。

4.8.3 模拟 I^2C

I^2C 属于比较简单的总线,完全可以根据 I^2C 的时序,使用 I/O 模拟 I^2C。本文将使用 STM32 的 GPIO 口实现模拟 I^2C 的功能,帮助读者理解 I^2C 的时序控制。

打开 Chapter4\05_I2C_24c02\mdk\IIC24c02.uvproj 工程文件,接着打开 24c02.c 文件,模拟 I^2C 的代码都在这个文件中。

1. I^2C 初始化

I^2C 的初始化部分代码主要是对 STM32 的 GPIO 进行初始化。GPIOB_9 作为数据引脚(SDA),GPIOB_8 作为时钟引脚(SCL),代码如下:

```
//Chapter4\05_I2C_24c02\USER\24C02\24c02.c      5 行

//I²C 初始化
void IIC_Init(void)
{
  GPIO_InitTypeDef GPIO_InitStructure;
  RCC_AHB1PeriphClockCmd(RCC_AHB1Periph_GPIOB,ENABLE);   //打开 GPIOB 时钟
  //GPIOB8,B9
  GPIO_InitStructure.GPIO_Pin = GPIO_Pin_8 | GPIO_Pin_9;
  GPIO_InitStructure.GPIO_Mode = GPIO_Mode_OUT;          //输出模式
  GPIO_InitStructure.GPIO_OType = GPIO_OType_OD;         //开漏输出
  GPIO_InitStructure.GPIO_Speed = GPIO_Speed_100MHz;     //100MHz
  GPIO_InitStructure.GPIO_PuPd = GPIO_PuPd_UP;           //上拉
  GPIO_Init(GPIOB,&GPIO_InitStructure);                  //初始化

  IIC_Stop();    //先停止信号,复位 I²C 总线上所有的设备
}
```

2. 起始信号

当 SCL 为高电平时,SDA 出现一个下降沿表示 I²C 总线启动信号,代码如下:

```
//Chapter4\05_I2C_24c02\USER\24C02\24c02.c       23 行

//I²C 启动信号
void IIC_Start(void)
{
    //先把 SDA 输出引脚置高
    IIC_SDAOUT = 1;
    //SCL 引脚置高
    IIC_SCL = 1;
    //等待 4us
    delay_us(4);
    //SDA 引脚拉低
    IIC_SDAOUT = 0;
    //等待 4us
    delay_us(4);
    //SCL 引脚拉低
    IIC_SCL = 0;     //准备发送数据或者接收数据
}
```

IIC_SCL 指 I²C 的 SCL 引脚,IIC_SDAOUT 指 I²C 的 SDA 引脚输出,在 24c02.h 文件中分别被定义成 PBout(8) 和 PBout(9),代码如下:

```
//Chapter4\05_I2C_24c02\USER\24C02\24c02.h     8 行

#define IIC_SCL PBout(8)      //SCL
#define IIC_SDAOUT PBout(9)  //SDA
```

IIC_SDAOUT＝1 表示 SDA 引脚输出高电平。这里是
GPIO 输出高低电平的另外一种写法,等价于之前的 GPIO_
WriteBit(GPIOB,GPIO_Pin_9,Bit_SET)。

IIC_Start 函数使用 SDA、SCL 引脚,通过输出高低电平和
延时的操作,模拟了 I^2C 启动信号。其时序如图 4.35 所示。

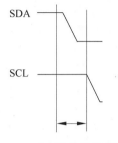

图 4.35 I^2C 启动信号时序

3. 停止信号

当 SCL 为高电平时,SDA 出现一个上升沿表示 I^2C 总线停
止信号,代码如下:

```
//Chapter4\05_I2C_24c02\USER\24C02\24c02.c     34 行

void IIC_Stop(void)
{
    //SDA 先低电平,这样才能出现上升沿
    IIC_SDAOUT = 0;
    delay_us(4);
    //SCL 高电平
    IIC_SCL = 1;
    delay_us(4);
    //SDA 由低电平变高电平,此时出现一个上升沿
    IIC_SDAOUT = 1;
}
```

4. 应答信号

I^2C 总线上的所有数据都是以 8 位字节传送的,发送器每发送一字节,在响应的时钟脉
冲期间(第 9 个时钟周期),由接收器反馈一个应答信号。应答信号为低电平时,规定为有效
应答位(ACK 简称应答位),表示接收器已经成功地接收了该字节;应答信号为高电平时,规定
为非应答位(NACK)。主机等待从机应答信号的相关代码如下:

```
//Chapter4\05_I2C_24c02\USER\24C02\24c02.c     50 行

//返回值:1 表示 NACK, 0 表示 ACK
u8 MCU_Wait_Ack(void)
{
    u8 ack;

    IIC_SDAOUT = 1;
```

```
        delay_us(1);
        IIC_SCL = 1;
        delay_us(1);
        //读取 SDA 总线电平
        if (IIC_SDAIN)
        {
                ack = 1; //高电平则表示 NACK 应答
        }
        else
        {
                ack = 0; //低电平则表示 ACK 应答

        }
        IIC_SCL = 0;
        delay_us(1);
        return ack;
}
```

5. 数据位发送

在 I^2C 总线上传送的每一位数据都有一个时钟脉冲相对应。在 SCL 呈现高电平期间，SDA 上的电平必须保持稳定，低电平为数据 0，高电平为数据 1。只有在 SCL 为低电平期间，才允许 SDA 上的电平改变状态。逻辑 0 的电平为低电平，而逻辑 1 则为高电平。时序如图 4.36 所示。

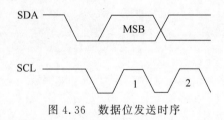

图 4.36　数据位发送时序

6. 发送一字节

I^2C 写一字节相当于往 I^2C 总线发送了 8 个数据位，根据图 4.39 数据位发送时序，我们可以用 I/O 模拟，代码如下：

```
//Chapter4\05_I2C_24c02\USER\24C02\24c02.c    113 行

//参数:Senddata 要发送的数据
void IIC_write_OneByte(u8 Senddata)
{
    u8 t;

    IIC_SCL = 0;
```

```
for(t = 0;t<8;t++)
{
        //先发送高位
        IIC_SDAOUT = (Senddata&0x80)>>7;
        //左移 1 位
        Senddata = (Senddata<<1);
        delay_us(2);
        IIC_SCL = 1;
        delay_us(2);
        IIC_SCL = 0;
        delay_us(2);
    }
}
```

其中比较关键的代码是 Senddata 的移位操作。

根据 & 和 >> 的特性,(Senddata&0x80)>>7 相当于保留 Senddata 的最高位,其他位清零,同时再把最高位右移到最低位。相当于把 Senddata 最高位的数值赋给 IIC_SDAOUT,从而实现 SDA 引脚根据 Senddata 的最高位输出响应的高低电平。

之后 Senddata=(Senddata<<1),把 Senddata 的第 2 高位通过左移 1 位的方式,使 Senddata 的第 2 高位变成最高位。

再通过 for 循环,重复这两步操作,把 Senddata 的每一位都发送出去。为了方便理解,我们假设 Senddata 等于 170,十六进制为:0xAA,二进制为:10101010。整个 for 循环的移位操作可以用图 4.37 直观地表示出来。

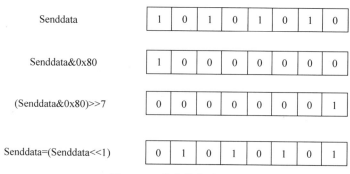

图 4.37 移位操作流程图

7. 读一字节

读时序和发送时序相同,不同的是发送时需要在 SCL 低电平的时候更改 SDA 数据位,而读时需要在 SCL 高电平的时候读取 SDA 数据位。同时,每读取一位数据,都需要左移 1 位,保证高位在前。读完数据后需要发送 ACK 或者 NACK 应答信号。代码如下:

```
//Chapter4\05_I2C_24c02\USER\24C02\24c02.c   137 行

u8 IIC_Read_OneByte(u8 ack)
{
    u8 i, receivedata = 0;

    for(i = 0; i<8; i++)
    {
        IIC_SCL = 0;
        delay_us(2);
        IIC_SCL = 1;
        receivedata<< = 1;
        if(IIC_SDAIN)
        {
                receivedata++;
        }
        delay_us(1);
    }
    if (!ack)
        MCU_NOAck();
    else
        MCU_Send_Ack();
    return receivedata;
}
```

4.8.4 小结

I^2C 是嵌入式中最常见的总线通信协议,读者需要熟练掌握,了解 I^2C 的时序,并能使用 I/O 模拟 I^2C 操作。

4.9 SPI 总线

SPI(Serial Peripheral Interface,串行外围设备接口)总线技术是 Motorola 公司推出的一种同步串行接口。它用于 CPU 与各种外围元器件进行全双工、同步串行通信。

它只需四条线就可以完成 MCU 与各种外围元器件的通信,这四条线是:串行时钟线(CSK)、主机输入/从机输出数据线(MISO)、主机输出/从机输入数据线(MOSI)、低电平有效从机选择线 CS。

SPI 总线支持多个从设备,通信时由 CS 片选硬件决定哪个从设备工作。硬件连线如图 4.38 所示。

4.9.1 SPI 4 种工作模式

SPI 通信有 4 种不同的模式,通信双方必须工作在同一模式下。一般来说从设备的通信方式在出厂时就设置好了,无法改变。我们主设备(单片机)可以通过 CPOL(时钟极性)和 CPHA(时钟相位)来选择和从设备相同的通信模式,具体如下:

Mode0:CPOL=0,CPHA=0

Mode1:CPOL=0,CPHA=1

Mode2:CPOL=1,CPHA=0

Mode3:CPOL=1,CPHA=1

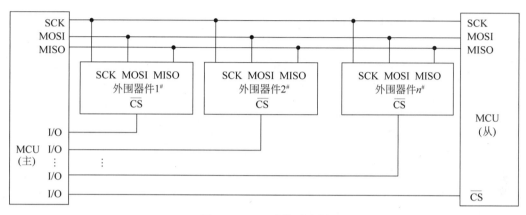

图 4.38 SPI 连接示意图

时钟极性 CPOL 是用来配置 SCLK 的电平处于哪种状态时是空闲态或者有效态,时钟相位 CPHA 是用来配置数据采样在第几个边沿:

CPOL=0,表示当 SCLK=0 时处于空闲态,所以有效状态就是 SCLK 处于高电平时;

CPOL=1,表示当 SCLK=1 时处于空闲态,所以有效状态就是 SCLK 处于低电平时;

CPHA=0,表示数据采样在第 1 个边沿,数据发送在第 2 个边沿;

CPHA=1,表示数据采样在第 2 个边沿,数据发送在第 1 个边沿。

通常使用得比较广泛的方式是 Mode0 和 Mode3 这两种方式。

4.9.2 STM32 的 SPI 配置

STM32 提供 SPI 控制器,我们只需要设置好相关参数即可进行 SPI 通信,读者不需要照着时序图用 I/O 模拟,可以缩短开发时间。STM32 的 SPI 配置主要有以下 5 步。

1. 初始化 CS 片选引脚

CS 片选引脚一般要根据主板的引脚原理图去配置对应的引脚为输出功能。CS 引脚输出高电平表示对应的元器件不工作。CS 引脚输出低电平表示与对应的元器件进行 SPI 通信。代码如下:

```
//Chapter4\06 SPI_W25Qxx\USER\W25QXX\w25qxx.c 12 行

RCC_AHB1PeriphClockCmd(RCC_AHB1Periph_GPIOG,ENABLE);  //打开 GPIOG 时钟
```

```
GPIO_InitStructure.GPIO_Pin = GPIO_Pin_8;            //CS 片选引脚是 GPIOG_8
GPIO_InitStructure.GPIO_Mode = GPIO_Mode_OUT;        //输出
GPIO_InitStructure.GPIO_OType = GPIO_OType_PP;       //推挽输出
GPIO_InitStructure.GPIO_Speed = GPIO_Speed_100MHz;   //100MHz
GPIO_InitStructure.GPIO_PuPd = GPIO_PuPd_UP;         //上拉
GPIO_Init(GPIOG,&GPIO_InitStructure);                //初始化
```

2. 初始化 CSK、MISO、MOSI 引脚

需要将 STM32F407 的 SPI 引脚设置为复用 SPI 功能,并初始化对应的引脚。本节将展示如何初始化 SPI1,对应的引脚是 GPIOB_3、GPIOB_4、GPIOB_5。其他 SPI 对应引脚读者可以查看"附录 A\STM32F407 开发板原理图.pdf"文件。SPI1 引脚初始化代码如下:

```
//Chapter4\06 SPI_W25Qxx\USER\SPI\spi.c  14 行

GPIO_InitTypeDef GPIO_InitStructure;
SPI_InitTypeDef SPI_InitStructure;

//打开 GPIOB 时钟
RCC_AHB1PeriphClockCmd(RCC_AHB1Periph_GPIOB,ENABLE);
//打开 SPI1 时钟
RCC_APB2PeriphClockCmd(RCC_APB2Periph_SPI1,ENABLE);

//GPIOB3,4,5
GPIO_InitStructure.GPIO_Pin = GPIO_Pin_3|GPIO_Pin_4|GPIO_Pin_5;
GPIO_InitStructure.GPIO_Mode = GPIO_Mode_AF;           //复用功能
GPIO_InitStructure.GPIO_OType = GPIO_OType_PP;         //推挽输出
GPIO_InitStructure.GPIO_Speed = GPIO_Speed_100MHz;     //100MHz
GPIO_InitStructure.GPIO_PuPd = GPIO_PuPd_UP;           //上拉
GPIO_Init(GPIOB,&GPIO_InitStructure);                  //初始化 IO 口

GPIO_PinAFConfig(GPIOB,GPIO_PinSource3,GPIO_AF_SPI1);  //PB3 复用成 SPI1
GPIO_PinAFConfig(GPIOB,GPIO_PinSource4,GPIO_AF_SPI1);  //PB4 复用 SPI1
GPIO_PinAFConfig(GPIOB,GPIO_PinSource5,GPIO_AF_SPI1);  //PB5 复用 SPI1
```

3. 配置 SPI 控制器

配置 SPI 控制器部分的代码,最重要的是 CPOL、CPHA 的设置。即配置对应的 SPI 工作模式,一般我们要根据从设备的 SPI 工作模式配置。代码如下:

```
//Chapter4\06 SPI_W25Qxx\USER\SPI\spi.c  36 行

//设置为双向双线全双工方式
SPI_InitStructure.SPI_Direction = SPI_Direction_2Lines_FullDuplex;
//主机模式
```

```
SPI_InitStructure.SPI_Mode = SPI_Mode_Master;
//8 位数据
SPI_InitStructure.SPI_DataSize = SPI_DataSize_8b;
// CPOL = 1 :串行同步时钟的空闲状态为高电平.
SPI_InitStructure.SPI_CPOL = SPI_CPOL_High;
// CPHA = 1 :数据采样是在第 2 个边沿,数据发送在第 1 个边沿
SPI_InitStructure.SPI_CPHA = SPI_CPHA_2Edge;
//CS 片选由软件控制
SPI_InitStructure.SPI_NSS = SPI_NSS_Soft;
//波特率预分频为 256
SPI_InitStructure.SPI_BaudRatePrescaler = SPI_BaudRatePrescaler_256;
//数据传输高位在前
SPI_InitStructure.SPI_FirstBit = SPI_FirstBit_MSB;
//CRC 计算的多项式
SPI_InitStructure.SPI_CRCPolynomial = 7;

//初始化 SPI1
SPI_Init(SPI1,&SPI_InitStructure);
//使能 SPI1
SPI_Cmd(SPI1,ENABLE);
```

4. SPI 发送数据

STM32 标准库提供了 SPI 发送的函数,我们只需要调用该函数即可,代码如下:

```
void SPI_I2S_SendData(SPI_TypeDef * SPIx, uint16_t Data)
```

参数:

SPI_TypeDef * SPIx:具体哪个 SPI 控制器,可填参数有:SPI1、SPI2、SPI3 等。
uint16_t Data:发送的数据。

5. SPI 接收数据

STM32 标准库提供了 SPI 接收的函数,我们只需要调用该函数即可,代码如下:

```
uint16_t SPI_I2S_ReceiveData(SPI_TypeDef * SPIx)
```

参数:

SPI_TypeDef * SPIx:具体哪个 SPI 控制器,可填参数有:SPI1、SPI2、SPI3 等。
返回:函数将返回从 SPI 总线上接收的数据。

4.9.3　小结

本节主要讲述了 SPI 总线的通信原理及 STM32 如何配置使用 SPI 控制器。读者在使用 SPI 的过程中一定要确认好从设备的 SPI 工作模式。

本节所有代码保存在 Chapter4\06 SPI_W25Qxx\mdk\SPI.uvprojx。

4.10 LCD 显示屏

LCD(Liquid Crystal Display)液晶显示器是在两片平行的玻璃基板当中放置液晶盒,下基板玻璃上设置 TFT(薄膜晶体管),上基板玻璃上设置彩色滤光片,通过 TFT 上的信号与电压改变来控制液晶分子的转动方向,从而达到控制每个像素点偏振光出射与否而达到显示目的。

在嵌入式产品中,LCD 已成为主流,许多需要人机交互的产品通常使用 LCD。

4.10.1 LCD 分类

目前嵌入式使用的 LCD 有很多种,本文根据驱动方式、显示方式大致分为如下几种,读者可以根据自己的实际应用场景选择合适的 LCD。

1. TFT 液晶屏

TFT(Thin Film Transistor)即薄膜场效应晶体管,属于有源矩阵液晶显示器中的一种。TFT 液晶显示屏的优点是亮度好、对比度高、层次感强、颜色鲜艳,但也存在着比较耗电和成本较高的缺点。通常 TFT 液晶屏采用并口方式驱动。常见的 TFT 液晶屏如图 4.39 所示。

2. 段码屏

段码屏支持定制,并在屏幕上固定好几种图像、文字等。开发人员可以通过编程显示对应的图案。段码屏开发周期短,成本低。常见的段码屏如图 4.40 所示。

图 4.39 TFT 液晶屏

图 4.40 段码屏

3. 串口屏

串口屏指带串口控制的屏幕,例如串口彩屏、TFT 串口屏。串口屏的应用推广就是因为简单、好用、方便。使用者不需要再去关心底层、图片、图标、字库、英文、中文、动画及各种显示内容包括触控等驱动的编写。

厂商把彩屏的驱动全部做好,并且增加了大多数基本显示的功能和相对应的上位机开发软件以供串口屏开发人员去使用,加速彩屏人机交互的上线速度和实现各种交互的上线速度,加快整个产品的上线速度。

本质上,串口屏只是在 TFT 液晶屏的基础上封装成串口驱动,减少开发工作。

4. 其他液晶屏

除了以上 3 种常见的液晶屏,还有其他驱动方式的液晶屏,例如 LCD5110 采用 SPI 方式驱动显示;部分 OLED 液晶屏采用 I^2C 方式驱动。

4.10.2 LCD 接口类型

目前 LCD 的接口类型有 MCU、RGB、SPI、VSYNC、DSI 等,但应用比较多的是 MCU 接口和 RGB 接口。

1. MCU 接口

MCU 接口因为主要针对单片机领域而得名,标准术语是 Intel 提出的 8080 总线标准。MCU 接口的 LCD 的 Driver IC 都带 GRAM,Driver IC 作为 MCU 的一片协处理器,接收 MCU 发出的命令或者数据,可以独立工作。MCU 只需要发送命令或者数据,Driver IC 对其进行变换,变成像素的 RGB 数据,并在屏上显示出来。这个过程不需要点、行、帧时钟。

MCU 接口的 LCD 会解码命令,由 Timing Generator 产生时序信号,驱动 COM 和 SEG 驱动器。用 MCU 接口时,数据可以先写到 IC 内部 GRAM 后再往屏写,所以 MCU 接口的 LCD 可以直接挂在 MEMORY 总线上。

2. RGB 接口

对于 RGB 接口的 LCD,主机直接输出每个像素的 RGB 数据,不需要进行变换,对于这种接口,需要主机有一个 LCD 控制器,以产生 RGB 数据和点、行、帧同步信号。

RGB 接口的 LCD 又分为 TTL 接口(RGB 颜色接口)、LVDS 接口(将 RGB 颜色打包成差分信号传输)。TTL 主要用于 12 英寸以下的小尺寸 TFT 屏,LVDS 接口主要用于 8 英寸以上的大尺寸 TFT 屏。

4.10.3 MCU 接口驱动原理

1. 硬件原理图

打开附录 A\STM32F407 开发板原理图.pdf 文件,查看 TFT 液晶屏原理图,如图 4.41 所示。

引脚说明:

(1) LCD_CS:LCD 片选引脚。

(2) WR/CLK:LCD 写信号引脚。

(3) RD:LCD 读信号引脚。

(4) RST:LCD 复位引脚。

(5) BL:LCD 背光控制引脚。

(6) RS:命令/数据标志(0:命令,1:数据)。

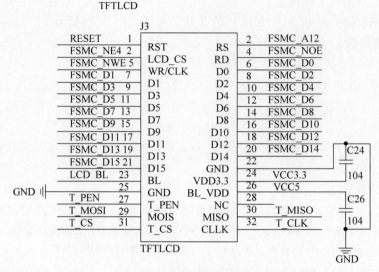

图 4.41 TFT 液晶屏原理图

(7) T_PEN、T_MOSI、T_MISO、T_CS、T_CLK：触摸屏接口信号。

(8) D0～D15：并口数据信号引脚。

2. 并口驱动

TFT 液晶屏的并口读写过程：

先根据读/写的数据类型,设置 RS 电平(高电平：数据；低电平：命令),然后设置 LCD_CS 片选引脚为低电平,接着我们要根据是读数据还是写数据分别操作：

(1) 读数据：置 RD 引脚为低电平,在 RD 引脚的上升沿,读取数据线上的数据(D0～ D15),如图 4.42 所示。

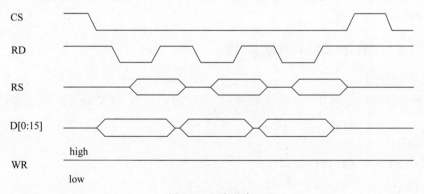

图 4.42 读时序

(2) 写数据：置 WR/CLK 引脚为低电平,在 WR/CLK 引脚的上升沿,将数据写到数据线上(D0～D15),如图 4.43 所示。

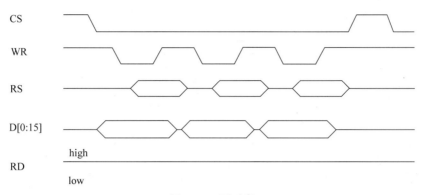

图 4.43　写时序

3. RGB565 格式

TFT 液晶屏大部分是 16 位数据线,格式为 RGB565,其中 R 为红色、G 为绿色、B 为蓝色,如图 4.44 所示。

数据线	D15	D14	D13	D12	D11	D10	D9	D8	D7	D6	D5	D4	D3	D2	D1	D0
LCD RGB565	R[4]	R[3]	R[2]	R[1]	R[0]	G[5]	G[4]	G[3]	G[2]	G[1]	G[0]	B[4]	B[3]	B[2]	B[1]	B[0]

图 4.44　RGB 数据格式

4. STM32 FSMC

FSMC 是灵活的静态存储控制器,能够与同步或异步存储器和 16 位 PC 存储器卡连接。FSMC 可以驱动 LCD 的主要原因是因为 FSMC 的读写时序和 LCD 的读写时序相似,于是把 LCD 当成一个外部存储器来用。利用 FSMC 在相应的地址读或写相关数值时,STM32 的 FSMC 会在硬件上自动完成时序上的控制,所以我们只要设置好读写相关时序寄存器后,FSMC 就可以帮我们完成时序上的控制了。

4.10.4　代码分析

打开 Chapter4\07_lcd\mdk\lcd.uvprojx,LCD 所有相关代码都在 lcd.c 文件中。

1. 初始化 LCD

LCD 初始化代码主要完成 FSMC 初始化、LCD Driver IC 的 ID 获取、LCD 寄存器初始化、点亮背光等操作,代码如下:

```
//Chapter4\07_lcd\USER\LCD\lcd.c   509 行

//初始化 LCD
void LCD_Init(void)
{
    // 配置好 FSMC 就可以驱动 LCD 液晶屏了
```

```
    LCD_FSMC_Config();

    //读取 LCD 的 ID
    lcd_id = ILI9341_Read_id();

    //如果是 9341 芯片,则设置如下参数.本书配套的开发板正是 9341 芯片
    if(lcd_id == 0X9341)
    {
      //建立地址时间清零
      FSMC_Bank1E->BWTR[6]&= ~(0XF<<0);
      //地址保存时间清零
      FSMC_Bank1E->BWTR[6]&= ~(0XF<<8);
      //地址建立时间为 3 个 HCLK = 18ns
      FSMC_Bank1E->BWTR[6]| = 3<<0;
      //数据保存时间为 3 个 HCLK = 18ns
      FSMC_Bank1E->BWTR[6]| = 2<<8;
    }

    //如果是 9341 芯片,则根据芯片手册初始化芯片,数据由芯片手册而来
    if(lcd_id == 0X9341)
    {
      //写入命令
      LCD_CMD = 0xCF;
      //写入数据
      LCD_DATA = 0x00;
      LCD_DATA = 0xC1;
      LCD_DATA = 0X30;
      LCD_CMD = 0xED;
      ……

      LCD_BACK = 1;          //点亮背光
    }
```

2. 初始化 FSMC

FSMC 初始化包含 GPIO 口初始化、I/O 复用设置、FSMC 参数设置三大部分,代码如下:

```
//Chapter4\07_lcd\USER\LCD\lcd.c  390 行

void LCD_FSMC_Config()
{
  GPIO_InitTypeDef GPIO_InitStructure;
  FSMC_NORSRAMInitTypeDef FSMC_NORSRAMInitStructure;
  FSMC_NORSRAMTimingInitTypeDef readWriteTiming;
  FSMC_NORSRAMTimingInitTypeDef writeTiming;
```

```
//打开对应的 GPIO 口时钟
RCC_AHB1PeriphClockCmd(RCC_AHB1Periph_GPIOD|RCC_AHB1Periph_GPIOE|RCC_AHB1Periph_GPIOF|
RCC_AHB1Periph_GPIOG,ENABLE);
//打开 FSMC 时钟
RCC_AHB3PeriphClockCmd(RCC_AHB3Periph_FSMC,ENABLE);

//这里主要对 I/O 口初始化
GPIO_InitStructure.GPIO_Pin = GPIO_Pin_10; //PF10
GPIO_InitStructure.GPIO_Mode = GPIO_Mode_OUT;
GPIO_InitStructure.GPIO_OType = GPIO_OType_PP;
GPIO_InitStructure.GPIO_Speed = GPIO_Speed_50MHz;
GPIO_InitStructure.GPIO_PuPd = GPIO_PuPd_UP;
GPIO_Init(GPIOF,&GPIO_InitStructure);

GPIO_InitStructure.GPIO_Pin = (3<<0)|(3<<4)|(7<<8)|(3<<14);
GPIO_InitStructure.GPIO_Mode = GPIO_Mode_AF;
GPIO_InitStructure.GPIO_OType = GPIO_OType_PP;
GPIO_InitStructure.GPIO_Speed = GPIO_Speed_100MHz;
GPIO_InitStructure.GPIO_PuPd = GPIO_PuPd_UP;
GPIO_Init(GPIOD,&GPIO_InitStructure);

GPIO_InitStructure.GPIO_Pin = (0X1FF<<7); //PE7～15,AF OUT
GPIO_InitStructure.GPIO_Mode = GPIO_Mode_AF;
GPIO_InitStructure.GPIO_OType = GPIO_OType_PP;
GPIO_InitStructure.GPIO_Speed = GPIO_Speed_100MHz;
GPIO_InitStructure.GPIO_PuPd = GPIO_PuPd_UP;
GPIO_Init(GPIOE,&GPIO_InitStructure);

GPIO_InitStructure.GPIO_Pin = GPIO_Pin_2; //PG2
GPIO_InitStructure.GPIO_Mode = GPIO_Mode_AF;
GPIO_InitStructure.GPIO_OType = GPIO_OType_PP;
GPIO_InitStructure.GPIO_Speed = GPIO_Speed_100MHz;
GPIO_InitStructure.GPIO_PuPd = GPIO_PuPd_UP;
GPIO_Init(GPIOG,&GPIO_InitStructure);

GPIO_InitStructure.GPIO_Pin = GPIO_Pin_12; //PG12
GPIO_InitStructure.GPIO_Mode = GPIO_Mode_AF;
GPIO_InitStructure.GPIO_OType = GPIO_OType_PP;
GPIO_InitStructure.GPIO_Speed = GPIO_Speed_100MHz;
GPIO_InitStructure.GPIO_PuPd = GPIO_PuPd_UP;
GPIO_Init(GPIOG,&GPIO_InitStructure);

//将 I/O 口复用成 FSMC 功能
GPIO_PinAFConfig(GPIOD,GPIO_PinSource0,GPIO_AF_FSMC);
GPIO_PinAFConfig(GPIOD,GPIO_PinSource1,GPIO_AF_FSMC);
```

```
GPIO_PinAFConfig(GPIOD,GPIO_PinSource4,GPIO_AF_FSMC);
GPIO_PinAFConfig(GPIOD,GPIO_PinSource5,GPIO_AF_FSMC);
GPIO_PinAFConfig(GPIOD,GPIO_PinSource8,GPIO_AF_FSMC);
GPIO_PinAFConfig(GPIOD,GPIO_PinSource9,GPIO_AF_FSMC);
GPIO_PinAFConfig(GPIOD,GPIO_PinSource10,GPIO_AF_FSMC);
GPIO_PinAFConfig(GPIOD,GPIO_PinSource14,GPIO_AF_FSMC);
GPIO_PinAFConfig(GPIOD,GPIO_PinSource15,GPIO_AF_FSMC);

GPIO_PinAFConfig(GPIOE,GPIO_PinSource7,GPIO_AF_FSMC);
GPIO_PinAFConfig(GPIOE,GPIO_PinSource8,GPIO_AF_FSMC);
GPIO_PinAFConfig(GPIOE,GPIO_PinSource9,GPIO_AF_FSMC);
GPIO_PinAFConfig(GPIOE,GPIO_PinSource10,GPIO_AF_FSMC);
GPIO_PinAFConfig(GPIOE,GPIO_PinSource11,GPIO_AF_FSMC);
GPIO_PinAFConfig(GPIOE,GPIO_PinSource12,GPIO_AF_FSMC);
GPIO_PinAFConfig(GPIOE,GPIO_PinSource13,GPIO_AF_FSMC);
GPIO_PinAFConfig(GPIOE,GPIO_PinSource14,GPIO_AF_FSMC);
GPIO_PinAFConfig(GPIOE,GPIO_PinSource15,GPIO_AF_FSMC);

GPIO_PinAFConfig(GPIOG,GPIO_PinSource2,GPIO_AF_FSMC);
GPIO_PinAFConfig(GPIOG,GPIO_PinSource12,GPIO_AF_FSMC);

//读地址建立时间 16 个 HCLK = 6ns * 16 = 96ns
readWriteTiming.FSMC_AddressSetupTime = 0XF;
//读地址保存时间
readWriteTiming.FSMC_AddressHoldTime = 0x00;
//读数据保存时间 60 个 HCLK = 6 * 60 = 360ns
readWriteTiming.FSMC_DataSetupTime = 60;
readWriteTiming.FSMC_BusTurnAroundDuration = 0x00;
readWriteTiming.FSMC_CLKDivision = 0x00;
readWriteTiming.FSMC_DataLatency = 0x00;
readWriteTiming.FSMC_AccessMode = FSMC_AccessMode_A;

//写地址建立时间 9 个 HCLK = 54ns
writeTiming.FSMC_AddressSetupTime = 8;
//写地址保存时间
writeTiming.FSMC_AddressHoldTime = 0x00;
//写数据保存时间 6ns * 9 个 HCLK = 54ns
writeTiming.FSMC_DataSetupTime = 7;
writeTiming.FSMC_BusTurnAroundDuration = 0x00;
writeTiming.FSMC_CLKDivision = 0x00;
writeTiming.FSMC_DataLatency = 0x00;
writeTiming.FSMC_AccessMode = FSMC_AccessMode_A;

FSMC_NORSRAMInitStructure.FSMC_Bank = FSMC_Bank1_NORSRAM4;
FSMC_NORSRAMInitStructure.FSMC_DataAddressMux = FSMC_DataAddressMux_Disable;
FSMC_NORSRAMInitStructure.FSMC_MemoryType = FSMC_MemoryType_SRAM;
```

```
//数据宽度为16位
FSMC_NORSRAMInitStructure.FSMC_MemoryDataWidth = FSMC_MemoryDataWidth_16b;
FSMC_NORSRAMInitStructure.FSMC_BurstAccessMode = FSMC_BurstAccessMode_Disable;
FSMC_NORSRAMInitStructure.FSMC_WaitSignalPolarity = FSMC_WaitSignalPolarity_Low;
FSMC_NORSRAMInitStructure.FSMC_AsynchronousWait = FSMC_AsynchronousWait_Disable;
FSMC_NORSRAMInitStructure.FSMC_WrapMode = FSMC_WrapMode_Disable;
FSMC_NORSRAMInitStructure.FSMC_WaitSignalActive = FSMC_WaitSignalActive_BeforeWaitState;
//写使能
FSMC_NORSRAMInitStructure.FSMC_WriteOperation = FSMC_WriteOperation_Enable;
FSMC_NORSRAMInitStructure.FSMC_WaitSignal = FSMC_WaitSignal_Disable;
//读写使用不同的时序
FSMC_NORSRAMInitStructure.FSMC_ExtendedMode = FSMC_ExtendedMode_Enable;
FSMC_NORSRAMInitStructure.FSMC_WriteBurst = FSMC_WriteBurst_Disable;
//读时序
FSMC_NORSRAMInitStructure.FSMC_ReadWriteTimingStruct = &readWriteTiming;
//写时序
FSMC_NORSRAMInitStructure.FSMC_WriteTimingStruct = &writeTiming;
FSMC_NORSRAMInit(&FSMC_NORSRAMInitStructure);
FSMC_NORSRAMCmd(FSMC_Bank1_NORSRAM4,ENABLE);
delay_ms(50);
}
```

3. 写 LCD 寄存器

写 LCD 寄存器函数比较简单,只需要发送要写入的寄存器序号,接着写入数据即可,代码如下:

```
// Chapter4\07_lcd\USER\LCD\lcd.c  40行

void LCD_WriteReg(u16 LCD_Reg,u16 LCD_Value)
{
    LCD_CMD = LCD_Reg;      //要写入的寄存器序号
    LCD_DATA = LCD_Value;  //要写入的数据
}
```

4. 读 LCD 寄存器

读 LCD 寄存器只需要发送寄存器地址,然后等待 $4\mu s$,从数据总线中读取数据即可,代码如下:

```
// Chapter4\07_lcd\USER\LCD\lcd.c  54行

u16 LCD_ReadReg(u16 LCD_Reg)
{
    LCD_CMD = LCD_Reg; //要读取的寄存器地址
```

```
        delay_us(4); //等待 4us
        return LCD_DATA; //返回数据
}
```

5. 在 LCD 上画一个点

(1) 先设置 LCD 的 x、y 坐标,确定画哪个点,设置光标位置的代码如下:

```
// Chapter4\07_lcd\USER\LCD\lcd.c  251 行

void LCD_SetCursor(u16 Xaddr,u16 Yaddr)
{
    if(lcd_id == 0X9341)
    {
            //发送设置 x 坐标的命令
            LCD_CMD = setxcmd;
            //传入 x 坐标的数值
            LCD_DATA = (Xaddr>>8);
            LCD_DATA = (Xaddr&0XFF);
            //发送设置 y 坐标的命令
            LCD_CMD = setycmd;
            //传入 y 坐标的数值
            LCD_DATA = (Yaddr>>8);
            LCD_DATA = (Yaddr&0XFF);
    }
}
```

(2) 发送写入 gram 命令,然后把要写入的 RGB 值通过数据总线发送出去,代码如下:

```
// Chapter4\07_lcd\USER\LCD\lcd.c 343 行

void LCD_Color_DrawPoint(u16 x,u16 y,u16 color)
{
    //设置 x、y 坐标
    LCD_DrawPoint(x,y);
    //发送写入 gram 命令
    LCD_CMD = write_gramcmd;
    //写入 RGB 数值
    LCD_DATA = color;
}
```

6. 在 LCD 上显示字符串

显示字符串可以分解成在 LCD 上画不同的点,所以可以使用 LCD_Color_DrawPoint 函数计算好坐标,画不同颜色的点,从而组成字符串。同理,也可以使用 LCD_Color_DrawPoint 函数画出各种图像。在 LCD 上显示字符串的函数原型如下:

```
// Chapter4\07_lcd\USER\LCD\lcd.c 822 行

void LCD_DisplayString_color(u16 x,u16 y,u8 size,u8 * p,u16 brushcolor,u16 backcolor)
```

参数列表：

x：x 起始坐标。

y：y 起始坐标。

size：字体大小，支持 12、16、24 三种字体大小。

* p：要显示的字符串。

brushcolor：字体颜色。

backcolor：背景色。

4.10.5　小结

本节介绍了 LCD 不同类型和接口，并重点讲述了 MCU 接口的 LCD 工作原理。从代码中分析 STM32F407 是如何驱动 MCU 接口的 LCD 工作的。这一部分的代码比较多，读者看完本节后，需要自己打开 LCD 工程，详细查看代码，并多做实验。

第 5 章

LwIP

在嵌入式开发中,如果设备需要联网,通常需要实现 TCP/IP 的整个功能代码模块。但是 TCP/IP 非常复杂、庞大,自己独立去实现非常困难。幸运的是,现在有很多开源并免费的 TCP/IP 帮我们实现了 TCP/IP 功能。例如嵌入式 Linux 本身就自带了 TCP/IP,而在单片机领域,通常使用 LwIP。

12min

5.1 初识 LwIP

5.1.1 LwIP 介绍

LwIP 全称是 Light Weight(轻型)IP,有无操作系统的支持都可以运行。只需十几千字节的 RAM 和 40KB 左右的 ROM 即可运行,非常适合在低端嵌入式系统中使用。

LwIP 是瑞典计算机科学院(SICS)的 Adam Dunkels 开发的一个小型开源的 TCP/IP,目前在嵌入式领域应用广泛。主要特性如下:

(1)支持多网络接口的 IP 转发功能。

(2)支持 ICMP、DHCP。

(3)支持扩展 UDP。

(4)支持阻塞控制、RTT 估算和快速转发的 TCP。

(5)提供回调接口(RAW API)。

(6)支持可选择的 Berkeley 接口 API。

5.1.2 源码简析

LwIP 的源码可以到官网下载,链接:http://download.savannah.gnu.org/releases/lwip/。读者也可以直接使用本书提供的代码。

1. 代码主目录

本文提供的代码是 1.3.2 版本,打开 Chapter5\01 TCP 服务器数据收发实验\lwip_v1.3.2 文件夹,可以看到如图 5.1 的代码主目录。

doc:LwIP 的说明文档。

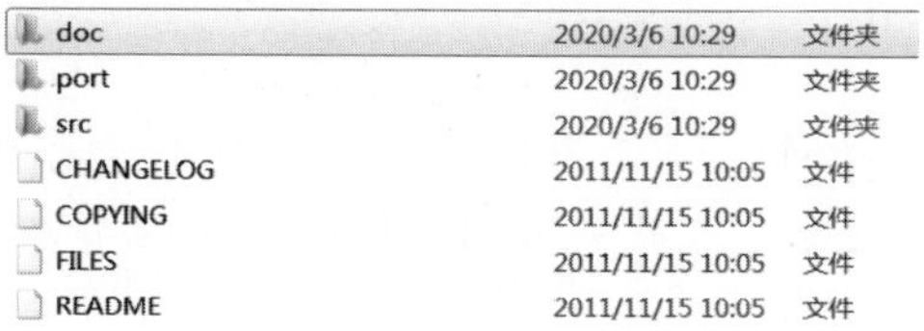

📁 doc	2020/3/6 10:29	文件夹	
📁 port	2020/3/6 10:29	文件夹	
📁 src	2020/3/6 10:29	文件夹	
📄 CHANGELOG	2011/11/15 10:05	文件	
📄 COPYING	2011/11/15 10:05	文件	
📄 FILES	2011/11/15 10:05	文件	
📄 README	2011/11/15 10:05	文件	

图 5.1　代码主目录

port：跟芯片架构相关的文件配置,移植 LwIP 的部分。通常,每个芯片架构都需要去修改这个文件夹里面的相关代码。

src：LwIP 的核心代码部分。

2. port 目录

port 文件夹存放的主要是跟芯片架构相关的代码,目录结构如图 5.2 所示。

arch：这个目录下存放的主要是跟芯片架构相关的文件,通常不需要修改。

Standalone：这个目录下的 ethernetif.c 文件是整个 LwIP 移植的重点。

3. src 目录

src 目录里面存放的是 LwIP 的关键源码部分,通常我们不需要修改这个 src 目录下的文件。整个目录主要包含 4 个文件夹,如图 5.3 所示。

api：提供了两种简单的 API：sequential API 和 socket API。要使用这两个 API 需要底层操作系统的支持。

```
└─STM32F4x7
   ├─arch
   │    bpstruct.h
   │    cc.h
   │    cpu.h
   │    epstruct.h
   │    init.h
   │    lib.h
   │    perf.h
   │    sys_arch.h
   │
   └─Standalone
        ethernetif.c
        ethernetif.h
```

图 5.2　port 目录树

core：LwIP 的核心代码,包括 IP、ICMP、TCP、UDP、DHCP、DNS 等核心协议。核心代码可以独立运行,且不需要操作系统支持。

include：各种头文件,与源码目录对应。

netif：包括底层网络接口的相关文件,其中部分有效文件已经移到 port 文件夹中。

📁 api	2020/3/6 10:29	
📁 core	2020/3/6 16:12	
📁 include	2020/3/6 10:29	
📁 netif	2020/3/6 10:32	

图 5.3　src 目录

LwIP 源码是非常庞大的,里面有很多细节,本书后面将重点讲驱动和应用部分。其他部分读者可以阅读本书提供的附录 A\学习资料\3,LWIP 学习资料\LwIP 源码详解.pdf 文件。

5.1.3 系统框架

本文使用的硬件平台 STM32F407 搭配 DP83848 芯片与 LwIP 配合使用,从而实现嵌入式网络通信功能。整个系统的框架和 TCP/IP 可以对应上,如图 5.4 所示。本书将从 MAC 层开始分析源码。

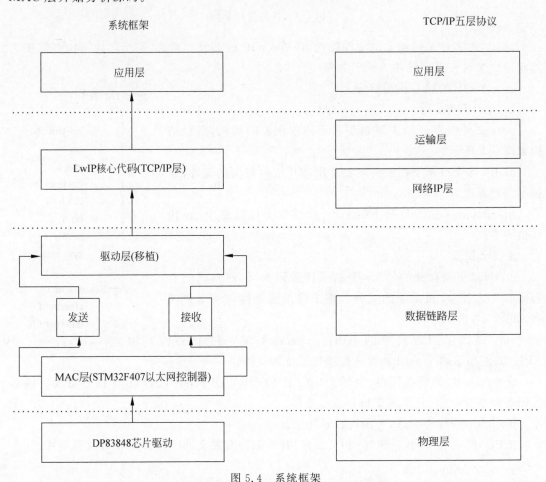

图 5.4　系统框架

5.2　网卡驱动

5.2.1　STM32F407 以太网控制器

STM32F407 自带以太网控制器,提供了可配置、灵活的外设,用以满足客户的各种应用需求。它支持与外部物理层(PHY)相连的两个工业标准接口:默认情况下使用的是介质独立接口(MII,在 IEEE 802.3 规范中定义)和简化介质独立接口(RMII)。它有多种应

用领域,例如交换机、网络接口卡等。遵守以下标准:

(1) 支持 IEEE 802.3—2002。

(2) 支持 IEEE 1588—2008 标准。

(3) AMBA 2.0,用于 AHB 主/从端口。

(4) RMII 联盟的 RMII 规范。

(5) 支持外部 PHY 接口实现 10/100 Mb/s 数据传输速率。

(6) 通过符合 IEEE802.3 的 MII 接口与外部快速以太网 PHY 进行通信。

(7) 支持全双工和半双工操作。

(8) 报头和帧起始数据(SFD)在发送路径中插入、在接收路径中删除。

(9) 可逐帧控制 CRC 和 pad 自动生成。

(10) 接收帧时可自动去除 pad/CRC。

(11) 可编程帧长度,支持高达 16KB 的巨型帧。

(12) 可编程帧间隔(40~96 位时间,以 8 为步长)。

STM32F407 以太网功能如图 5.5 所示。

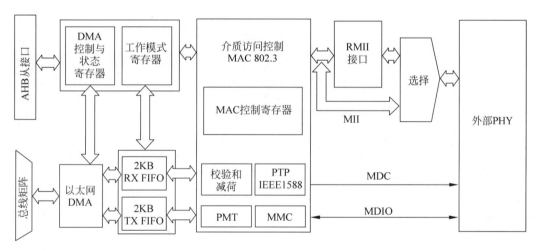

图 5.5　STM32F407 以太网

通常 STM32F407 以太网控制器需要外接 PHY 芯片,本书配套的开发板使用的是 DP83848 芯片。

DP83848 芯片是美国国家半导体公司生产的一款鲁棒性好、功能全、功耗低的 10/100Mb/s 单路物理层(PHY)元器件。

5.2.2　网卡驱动流程

本书使用 STM32F407 的以太网控制器、DP83848 芯片实现有线网卡网络通信功能。打开本书提供的 Chapter5\01_TCP_Server\mdk\LWIP.uvprojx 工程文件,网络驱动部分的代码基本在 stm32f4x7_eth_bsp.c 和 stm32f4x7_eth.c 两个文件中,整个驱动流程可分为 3 大部分。

1. 以太网控制器初始化

初始化 STM32F407 的以太网控制器,初始化 DP83848 芯片的相关 GPIO,设置 DMA、网口中断等,入口是 ETH_BSP_Config(),代码如下:

```
//Chapter5\01_TCP_Server\USER\DP83848\stm32f4x7_eth_bsp.c    21 行

void ETH_BSP_Config(void)
{
  RCC_ClocksTypeDef RCC_Clocks;

  //DP83848 芯片相关的 GPIO 初始化,复用成以太网引脚功能
  ETH_GPIO_Config();

  //配置以太网接收中断
  ETH_NVIC_Config(); // Config NVIC for Ethernet

  //以太网 DMA 配置
  ETH_MACDMA_Config(); // Configure the Ethernet MAC/DMA

  //设置 SysTick 时钟 10ms 中断
  RCC_GetClocksFreq(&RCC_Clocks); SysTick_Config(RCC_Clocks.SYSCLK_Frequency / 100);

  /* 更新 SysTick IRQ 优先级应高于以太网 IRQ */
  /* 应该在处理以太网数据包时更新本地时间 */
  NVIC_SetPriority (SysTick_IRQn,1);
}
```

DP83848 芯片相关的 GPIO 初始化和以太网中断设置部分的代码比较简单,读者可以自行查阅代码。本书重点分析 DMA 配置函数 static void ETH_MACDMA_Config(void),代码位于 Chapter5\01_TCP_Server\USER\DP83848\stm32f4x7_eth_bsp.c 第 46 行,代码如下:

```
static void ETH_MACDMA_Config(void)
{
  ETH_InitTypeDef ETH_InitStructure;

  /* 使能 ETHERNET 时钟 */
  RCC_AHB1PeriphClockCmd(RCC_AHB1Periph_ETH_MAC │ RCC_AHB1Periph_ETH_MAC_Tx │
                         RCC_AHB1Periph_ETH_MAC_Rx,ENABLE);

  ETH_DeInit();/* 复位 AHB Bus 的 ETHERNET */
```

```
ETH_SoftwareReset(); /* ETH 软件复位 */

while (ETH_GetSoftwareResetStatus() == SET); /* 等待软件复位成功 */

/* ETHERNET 配置 */

ETH_StructInit(&ETH_InitStructure);

/*
中间有一段 MAC 和 DMA 设置的代码,很长且比较简单,建议读者自行阅读源码
*/

/* 这是最重要的函数,用于初始化以太网和 DP83848 */
ETH_Init(&ETH_InitStructure,DP83848_PHY_ADDRESS);

/* Enable the Ethernet Rx Interrupt */
ETH_DMAITConfig(ETH_DMA_IT_NIS | ETH_DMA_IT_R,ENABLE);
}
```

2. DP83848 芯片初始化和配置

ETH_MACDMA_Config 最后会调用 ETH_Init 函数实现以太网和 DP83848 芯片的相关初始化,代码已经添加注释,位于 Chapter5\01_TCP_Server\STM32F4x7_ETH_Driver\src\stm32f4x7_eth.c,读者可以阅读全部源码,这里仅列出关键代码部分,代码如下:

```
//Chapter5\01_TCP_Server\STM32F4x7_ETH_Driver\src\stm32f4x7_eth.c        274 行

uint32_t ETH_Init(ETH_InitTypeDef * ETH_InitStruct,uint16_t PHYAddress)
{
…
  /* 1.参数校验 */
  assert_param(IS_ETH_WATCHDOG(ETH_InitStruct->ETH_Watchdog));
  assert_param(IS_ETH_JABBER(ETH_InitStruct->ETH_Jabber));

  …

  //368 行
/* 2.DP83848 芯片初始化和配置 */

  /* 3.先复位 DP83848 芯片 */
  if(!(ETH_WritePHYRegister(PHYAddress,PHY_BCR,PHY_Reset)))
  {
    /* 操作超时,返回错误 */
    return ETH_ERROR;
  }
```

```
/* 等待 DP83848 芯片复位 */
_eth_delay_(PHY_RESET_DELAY);

//如果不是自动协商
if(ETH_InitStruct->ETH_AutoNegotiation != ETH_AutoNegotiation_Disable)
{
  /* 等待 linked 状态... */
  do
  {
    timeout++;
  } while (!(ETH_ReadPHYRegister(PHYAddress,PHY_BSR) & PHY_Linked_Status) && (timeout < PHY
_READ_TO));

  /* 如果超时,则返回错误 */
  if(timeout == PHY_READ_TO)
  {
    return ETH_ERROR;
  }

  timeout = 0;
  /* 使能自动协商 */
  if(!(ETH_WritePHYRegister(PHYAddress,PHY_BCR,PHY_AutoNegotiation)))
  {
    /* 超时则返回错误 */
    return ETH_ERROR;
  }

  /* 等待,直到网络自动协商完成 */
  do
  {
    timeout++;
  } while (!(ETH_ReadPHYRegister(PHYAddress,PHY_BSR) & PHY_AutoNego_Complete) && (timeout
<(uint32_t)PHY_READ_TO));

  /* 超时则返回错误 */
  if(timeout == PHY_READ_TO)
  {
    return ETH_ERROR;
  }

  timeout = 0;

  /* 读取自动协商的结果 */
  RegValue = ETH_ReadPHYRegister(PHYAddress,PHY_SR);

  /* 使用自动协商过程固定的双工模式配置 MAC */
```

```
        if((RegValue & PHY_DUPLEX_STATUS) != (uint32_t)RESET)
        {
          / * 自动协商后,将以太网双工模式设置为全双工 * /
          ETH_InitStruct - >ETH_Mode = ETH_Mode_FullDuplex;
        }
        else
        {
          / * 自动协商后,将以太网双工模式设置为半双工 * /
          ETH_InitStruct - >ETH_Mode = ETH_Mode_HalfDuplex;
        }

        / * 以自动协商过程确定的速度配置 MAC * /
        if(RegValue & PHY_SPEED_STATUS)
        {
          / * 自动协商后将以太网速度设置为10Mb/s * /
          ETH_InitStruct - >ETH_Speed = ETH_Speed_10M;
        }
        else
        {
          / * 自动协商后将以太网速度设置为100Mb/s * /
          ETH_InitStruct - >ETH_Speed = ETH_Speed_100M;
        }

        / *
        当代码运行到这里的时候,DP83848 芯片已经可以正常工作,并能和路由器互发数据
        * /

    }

...

    return ETH_SUCCESS;
}
```

3. 中断接收函数

当网卡接收到数据后,会触发 ETH 中断,我们需要在中断函数中处理数据,代码如下:

```
//Chapter5\01_TCP_Server\Main\stm32f4xx_it.c      163 行

void ETH_IRQHandler(void)
{
  / * 处理所有收到的 frames * /
    / * 检查是否收到任何数据包 * /
    while(ETH_CheckFrameReceived())
    {
```

```
        /* 处理收到的以太网数据包 */
        LwIP_Pkt_Handle();
    }
        /* Clear the Eth DMA Rx IT pending bits */
        ETH_DMAClearITPendingBit(ETH_DMA_IT_R);
        ETH_DMAClearITPendingBit(ETH_DMA_IT_NIS);
}
```

其中 LwIP_Pkt_Handle 函数将网络数据包传递到 LwIP,代码如下:

```
//Chapter5\01_TCP_Server\USER\LWIP_APP\netconf.c        127 行

void LwIP_Pkt_Handle(void)
{
    /* 从以太网缓冲区读取收到的数据包,并将其发送到 LwIP 进行处理 */
    ethernetif_input(&netif);
}
```

5.3 LwIP 初始化

▶ 28min

DP83848 芯片初始化并配置成功后,STM32F407 已经可以通过 DP83848 芯片和路由器进行数据收发,但是还不能实现网络通信,因为还要初始化 LwIP,代码如下:

```
//
void LwIP_Init(void)
{

    /* 初始化动态内存堆 */
    mem_init();

    /* 初始化内存池 */
    memp_init();

    //如果已经定义 USE_DHCP,则使用动态分配 IP 的方式,本代码暂时使用静态分配 IP 的方式
# ifdef USE_DHCP
    ipaddr.addr = 0;
    netmask.addr = 0;
    gw.addr = 0;
# else
    /* 静态 IP 地址在\Chapter5\01_TCP_Server\USER\LWIP_APP\ TCP_SERVER.h
        读者可以自行修改 */
    Set_IP4_ADDR(&ipaddr, IMT407G_IP);
    Set_IP4_ADDR(&netmask, IMT407G_NETMASK);
```

```
            Set_IP4_ADDR(&gw,IMT407G_WG);

    #endif

        /* netif_add(struct netif * netif,struct ip_addr * ipaddr,
                struct ip_addr * netmask,struct ip_addr * gw,
                void * state,err_t ( * init)(struct netif * netif),
                err_t ( * input)(struct pbuf * p,struct netif * netif))

        将网络接口添加到 netif_list.分配结构 netif,并将指向此结构的指针作为第一个参数传递.
        使用 DHCP 时,提供指向已清除的 ip_addr 结构的指针,或用理智的数字填充它们,否则状态指针
        可以为 NULL

        初始化函数指针必须指向用于以太网的 netif 接口.以下代码说明了它的用法. */
        netif_add(&netif,&ipaddr,&netmask,&gw,NULL,&ethernetif_init,&ethernet_input);

        /* 注册默认的网络接口 */
        netif_set_default(&netif);

        /* 完全配置 netif 后,必须调用此函数 */
        netif_set_up(&netif);
    }
```

5.4　API

28min

LwIP 提供 3 种 API:

(1) RAW API:可以不需要操作系统,该接口把协议栈和应用程序放到一个进程里,基于函数回调技术,使用该接口的应用程序可以不用进行连续操作。

(2) NETCONN API:需要操作系统支持,该接口把接收与处理放在一个线程里。

(3) BSD API:基于 open-read-write-close 模型的 UNIX 标准 API,它的最大特点是使应用程序移植到其他系统时比较容易,但用在嵌入式系统中效率比较低,并且占用资源多。

5.4.1　RAW API

LwIP 提供 RAW API,可以把协议栈和应用程序放到一个进程里,该接口基于函数回调机制,适用于没有运行操作系统的场合,但是编程难度较高,需要读者熟悉函数回调机制原理。

1. PCB

PCB 全称 Protocol Control Block,中文名为协议控制块。RAW API 的所有函数都基于 PCB,通过 PCB 进行网络通信,在功能上类似于 socket 套接字。

根据传输协议,PCB 又可分为 TCP PCB 和 UDP PCB 两种。

2. tcp_new

用户可以使用 tcp_new 函数创建一个 TCP PCB,函数将返回一个 struct tcp_pcb 接口体指针。

函数代码如下:

```
// Chapter5\01_TCP_Server\lwip_v1.3.2\src\core\ tcp.c    1090 行

struct tcp_pcb * tcp_new(void)
{
  return tcp_alloc(TCP_PRIO_NORMAL);
}
```

3. tcp_bind

tcp_bind 将 TCP PCB 绑定到本地端口号和 IP 地址。函数代码如下:

```
// Chapter5\01_TCP_Server\lwip_v1.3.2\src\core\ tcp.c    276 行

err_t tcp_bind(struct tcp_pcb * pcb,struct ip_addr * ipaddr,u16_t port)
```

参数:

struct tcp_pcb * pcb:需要绑定的 TCP PCB,由 tcp_new 函数创建。tcp_bind 不检查此 pcb 是否已绑定。

struct ip_addr * ipaddr:绑定到本地 IP 地址,使用 IP_ADDR_ANY 绑定到任何本地地址。

u16_t port:本地端口。

返回值:

ERR_USE:端口已被占用。

ERR_OK:绑定成功。

4. tcp_listen

tcp_listen 用于设置 TCP PCB 为可连接状态,通常作为服务器的一方需要调用此函数,一旦调用,则意味着客户端已经可以开始使用 TCP 连接服务器了。

tcp_listen 函数的定义如下:

```
//Chapter5\01_TCP_Server\lwip_v1.3.2\src\include\lwip\tcp.h    100 行

#define tcp_listen(pcb) tcp_listen_with_backlog(pcb,TCP_DEFAULT_LISTEN_BACKLOG)
```

可以看到,tcp_listen 函数最后调用的是 tcp_listen_with_backlog 函数,它的函数代码如下:

```
// Chapter5\01_TCP_Server\lwip_v1.3.2\src\core\ tcp.c   366 行

struct tcp_pcb * tcp_listen_with_backlog(struct tcp_pcb * pcb,u8_t backlog)
```

参数：

（1）struct tcp_pcb * pcb：原始的 tcp_pcb。

（2）u8_t backlog：连接队列最大限制。

返回值：

struct tcp_pcb *：返回一个新的已处于监听状态的 TCP PCB。需要注意的是，原始的 tcp_pcb 将会被释放。因此，必须这样使用该函数：tpcb = tcp_listen(tpcb)。

5. tcp_connect

tcp_connect 函数用于连接到服务器，并设置连接成功时的回调函数，通常客户端调用此函数，其函数定义如下：

```
// Chapter5\01_TCP_Server\lwip_v1.3.2\src\core\ tcp.c   513 行

err_ttcp_connect(struct tcp_pcb * pcb,struct ip_addr * ipaddr,u16_t port,
     err_t ( * connected)(void * arg,struct tcp_pcb * tpcb,err_t err))
```

参数：

（1）struct tcp_pcb * pcb：需要设置的 TCP PCB。

（2）struct ip_addr * ipaddr：服务器的 IP 地址。可以定义一个 struct ip_addr 结构体，然后使用 IP4_ADDR(&ipaddr,a,b,c,d)函数设置 IP，例如服务器的 IP 是 192.168.1.100，可以使用 IP4_ADDR(&ipaddr，192，168，1，100)进行设置。

（3）u16_t port：服务器端口号。

（4）err_t (* connected)(void * arg,struct tcp_pcb * tpcb,err_t err)：连接成功时的回调函数。读者需要自己实现该函数，本书提供了一个简单的 TCP_Connected 函数供参考，其函数代码如下：

```
// Chapter5\03 TCP_Client\USER\LWIP_APP\TCP_CLIENT.C   66 行

err_t TCP_Connected(void * arg,struct tcp_pcb * pcb,err_t err)
{
    //tcp_client_pcb = pcb;
    return ERR_OK;
}
```

6. tcp_accept

tcp_accept 用于设置有连接请求时的回调函数，通常服务器调用此函数。其函数定义如下：

```
// Chapter5\01_TCP_Server\lwip_v1.3.2\src\core\ tcp.c    1160 行

voidtcp_accept(struct tcp_pcb * pcb,
      err_t { * accept)(void * arg, struct tcp_pcb * newpcb, err_t err))
{
    pcb - >accept = accept;
}
```

参数：

（1）struct tcp_pcb * pcb：需要设置的 TCP PCB。

（2）err_t { * accept)(void * arg，struct tcp_pcb * newpcb，err_t err))回调函数，用户必须自己实现该函数。当有连接请求时，LwIP 会调用该回调函数，处理连接请求。

本书提供了一个 tcp_server_accept 回调函数，读者可以参考，其函数代码如下：

```
//Chapter5\01_TCP_Server\USER\LWIP_APP\TCP_SERVER.C      47 行

/ ******************************************************************************
名称：tcp_server_accept(void * arg,struct tcp_pcb * pcb,struct pbuf * p,err_t err)
功能：回调函数。
说明：这是一个回调函数,当一个连接已经接受时会被调用
 ****************************************************************************** /
static err_t tcp_server_accept(void * arg,struct tcp_pcb * pcb,err_t err)
{
      //设置回调函数的优先级,当存在几个连接时特别重要,此函数必须被调用
      tcp_setprio(pcb,TCP_PRIO_MIN);
      //设置 TCP 数据接收回调函数,当有网络数据时,tcp_server_recv 会被调用
      tcp_recv(pcb,tcp_server_recv);
      err = ERR_OK;
      return err;
}
```

7. tcp_recv

tcp_recv 用于设置 TCP 数据接收回调函数，其函数代码如下：

```
//Chapter5\01_TCP_Server\lwip_v1.3.2\src\core\tcp.c       1116 行

void tcp_recv(struct tcp_pcb * pcb,
    err_t ( * recv)(void * arg,struct tcp_pcb * tpcb,struct pbuf * p,err_t err))
{
    pcb - >recv = recv;
}
```

参数：

（1）struct tcp_pcb * pcb：需要设置的 TCP PCB。

（2）err_t（ * recv）（void * arg,struct tcp_pcb * tpcb,struct pbuf * p,err_t err)：接收回调函数,用户必须自己实现该函数,当有网络数据时,接收回调函数被调用。

本书提供了一个 tcp_server_recv 回调函数例程,读者可以参考,其函数代码如下：

```
//Chapter5\01_TCP_Server\USER\LWIP_APP\TCP_SERVER.C        17 行

static err_t tcp_server_recv(void * arg,struct tcp_pcb * pcb,struct pbuf * p,err_t err)
{
  //定义一个 pbuf 指针变量,指向传入的参数 p.p 接收网络数据并缓存
  struct pbuf * p_temp = p;

  //如果数据不为空
  if(p_temp != NULL)
  {
    //读取数据
    tcp_recved(pcb,p_temp->tot_len);
    //如果数据不为空
    while(p_temp != NULL)
    {
      //把收到的数据重新发送给客户端
      tcp_write(pcb,p_temp->payload,p_temp->len,TCP_WRITE_FLAG_COPY);
      //启动发送
      tcp_output(pcb);
      //获取下一个数据包
      p_temp = p_temp->next;
    }
  }
  else //数据为空,说明接收失败,可能网络异常或者客户端已断开连接
  {
    //关闭连接
    tcp_close(pcb);
  }
  //释放内存
  pbuf_free(p);
  //返回 OK
  err = ERR_OK;
  return err;
}
```

8. RAW API 流程图

将 LwIP 的 RAW API 和 socket 接口做比较,可以看到两者在编程方式上非常接近,其流程如图 5.6 所示。

读者可以使用本书提供的 01_TCP_Server 工程文件,根据自己的需求修改 tcp_server_recv 回调函数内容。

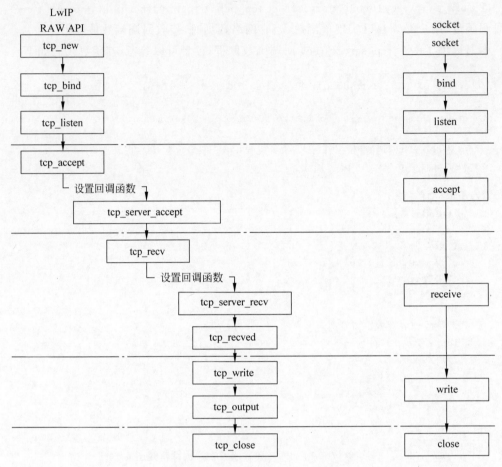

图 5.6 RAW API 和 socket 流程

5.4.2 NETCONN API

在 NETCONN 接口中,无论 UDP 还是 TCP 都统一使用一个连接结构 netconn,这样应用程序就可以使用统一的连接结构和编程函数。

1. netconn_new

netconn 又称为连接结构体。一个连接结构体中包含的成员变量很多,如连接的类型和连接的状态,对应的控制块及一些记录的信息。netconn 结构体的定义位于 api.h 文件。代码如下:

```
struct netconn {

  / ** netconn 类型(TCP,UDP or RAW) * /
  enum netconn_type type;
```

```
 /** netconn 当前状态 */
 enum netconn_state state;

 /** LwIP 内部协议控制块 */
 union {
   struct ip_pcb * ip;
   struct tcp_pcb * tcp;
   struct udp_pcb * udp;
   struct raw_pcb * raw;
 } pcb;

 /** netconn 最后一个错误 */
 err_t last_err;

#if !LWIP_NETCONN_SEM_PER_THREAD
 /** 用于在内核上下文中同步执行功能 */
 sys_sem_t op_completed;
#endif

 /** mbox:接收包的 mbox,直到它们被 netconn 应用程序线程获取(可以变得非常大) */
 sys_mbox_t recvmbox;

#if LWIP_TCP
 /** mbox 在应用程序线程处理之前,将新连接存储在这个 mbox */
 sys_mbox_t acceptmbox;
#endif /* LWIP_TCP */

 /** 仅用于套接字层,通常不使用 */
#if LWIP_SOCKET
 int socket;
#endif /* LWIP_SOCKET */
#if LWIP_SO_SNDTIMEO
 /** 超时等待发送数据,以毫秒为间隔(这意味着将数据以内部缓冲区的形式发送) */
 s32_t send_timeout;
#endif /* LWIP_SO_RCVTIMEO */

#if LWIP_SO_RCVTIMEO
 /** 超时等待接收新数据,以毫秒为间隔(或连接到侦听 netconns 的连接) */
 int recv_timeout;
#endif /* LWIP_SO_RCVTIMEO */

#if LWIP_SO_RCVBUF
 /** recvmbox 中排队的最大字节数
      未用于 TCP:请改为调整 TCP_WND */
 int recv_bufsize;
```

```
    /** 当前在 recvmbox 中要接收的字节数,
         针对 recv_bufsize 测试以限制 recvmbox 上的字节
         用于 UDP 和 RAW,用于 FIONREAD */
   int recv_avail;
# endif /* LWIP_SO_RCVBUF */

# if LWIP_SO_LINGER
  /** 值<0 表示禁用延迟,值>0 表示延迟数秒 */
  s16_t linger;
# endif /* LWIP_SO_LINGER */

  /** 更多 netconn 内部状态的标志,请参见 NETCONN_FLAG_ * 定义 */
  u8_t flags;
# if LWIP_TCP

  /** TCP:当传递给 netconn_write 的数据不适合发送缓冲区时,
        暂时存储已发送的数量 */
  size_t write_offset;

  /** TCP:当传递给 netconn_write 的数据不适合发送缓冲区时,
        此时暂时存储消息。
        在连接和关闭期间也使用 */
  struct api_msg * current_msg;

# endif /* LWIP_TCP */
  /** 通知此 netconn 事件的回调函数 */
  netconn_callback callback;

};
```

用户可以使用 netconn_new 函数创建一个 netconn 结构体,其函数代码如下:

```
//Chapter5\02_rt－thread3.1.1－lwip2.0.2\components\net\lwip－2.0.2\src\include\lwip\
//api.h    293 行

# define netconn_new(t) netconn_new_with_proto_and_callback(t,0,NULL)
```

可以看到,netconn_new 是一个宏,最终调用的是 netconn_new_with_proto_and_callback 函数,其函数代码如下:

```
//Chapter5\02_rt－thread3.1.1－lwip2.0.2\components\net\lwip－2.0.2\src\api\api_lib.c
//68 行

struct netconn * netconn_new_with_proto_and_callback(enum netconn_type t,u8_t proto,netconn_
callback callback)
```

参数：

（1）enum netconn_type t：创建的连接类型，通常的连接类型是 TCP 或者 UDP，其取值可以是 netconn_type 枚举中的任何一个。netconn_type 枚举代码如下：

```
//Chapter5\02_rt-thread3.1.1-lwip2.0.2\components\net\lwip-2.0.2\src\include\lwip\
//api.h    83 行

/** Protocol family and type of the netconn */
enum netconn_type {
  NETCONN_INVALID = 0,
  /* NETCONN_TCP Group */
  NETCONN_TCP = 0x10,
  /* NETCONN_UDP Group */
  NETCONN_UDP = 0x20,
  NETCONN_UDPLITE = 0x21,
  NETCONN_UDPNOCHKSUM = 0x22,
  /* NETCONN_RAW Group */
  NETCONN_RAW = 0x40
};
```

（2）u8_t proto：原始 RAW IP pcb 的 IP，通常写 0 即可。

（3）netconn_callback callback：设置状态发生改变时的回调函数，通常不需要设置。

返回：

struct netconn *：返回创建的 netconn 结构体。

通常我们只需要使用 netconn_new 函数即可，传入的参数为创建的连接类型。

2. netconn_delete

netconn_delete 用于删除 netconn 结构体，并释放内存。当客户端断开连接后，用户一定要调用该函数删除并释放 netconn 资源，否则会引起内存泄漏。netconn_delete 函数的代码如下：

```
//Chapter5\02_rt-thread3.1.1-lwip2.0.2\components\net\lwip-2.0.2\src\api\api_lib.c
//103 行

err_tnetconn_delete(struct netconn * conn)
```

参数：

struct netconn * conn：需要删除并释放资源的 netconn 结构体。

返回：

如果删除成功，返回 ERR_OK。

3. netconn_bind

netconn_bind 用于绑定 netconn 结构体的 IP 地址和端口号，其函数代码如下：

```
//Chapter5\02_rt-thread3.1.1-lwip2.0.2\components\net\lwip-2.0.2\src\api\api_lib.c
//166 行

err_tnetconn_bind(struct netconn * conn, ip_addr_t * addr, u16_t port)
```

参数：

（1）struct netconn * conn：需要绑定的 netconn 结构体。

（2）ip_addr_t * addr：需要绑定的 IP 地址。可以使用 IP_ADDR_ANY 绑定本机的所有 IP 地址。

（3）u16_t port：需要绑定的端口号。

返回：

err_t：返回 ERR_OK 则表示绑定成功。

4. netconn_listen

netconn_listen 函数用于开始监听客户端连接，通常服务器才会使用该函数，其函数实际上是一个宏定义，代码如下：

```
//Chapter5\02_rt-thread3.1.1-lwip2.0.2\components\net\lwip-2.0.2\src\include\lwip\
//api.h    313 行

#define netconn_listen(conn) netconn_listen_with_backlog(conn, TCP_DEFAULT_LISTEN_BACKLOG)
```

最终调用的是 netconn_listen_with_backlog 函数，该函数代码如下：

```
//Chapter5\02_rt-thread3.1.1-lwip2.0.2\components\net\lwip-2.0.2\src\api\api_lib.c
//351 行

err_tnetconn_listen_with_backlog(struct netconn * conn, u8_t backlog)
```

参数：

（1）struct netconn * conn：需要监听的 netconn 结构体。

（2）u8_t backlog：连接队列最大限制。

返回：

err_t：返回 ERR_OK 则表示成功设置为监听状态。

5. netconn_connect

netconn_connect 函数用于连接到服务器，通常客户端使用该函数，其函数代码如下：

```
//Chapter5\02_rt-thread3.1.1-lwip2.0.2\components\net\lwip-2.0.2\src\api\api_lib.c
//294 行

err_tnetconn_connect(struct netconn * conn, const ip_addr_t * addr, u16_t port)
```

参数：

（1）struct netconn ＊ conn：netconn 结构体指针。

（2）const ip_addr_t ＊ addr：服务器的 IP 地址。可以定义一个 struct ip_addr 结构体，使用 IP4_ADDR(&ipaddr,a,b,c,d)函数设置 IP，例如服务器的 IP 是 192.168.1.100，可以使用 IP4_ADDR(&ipaddr,192,168,1,100)进行设置。

（3）u16_t port：服务器端口号。

返回：

err_t：返回 ERR_OK 则表示成功连接到服务器。

6. netconn_accept

netconn_accept 通常由服务器使用，当有新的客户端发起连接请求时，netconn_accept 将会返回，其函数代码如下：

```
//Chapter5\02_rt-thread3.1.1-lwip2.0.2\components\net\lwip-2.0.2\src\api\api_lib.c
//388 行


err_tnetconn_accept(struct netconn ＊ conn, struct netconn ＊＊ new_conn)
```

参数：

（1）struct netconn ＊ conn：服务器最初通过 netconn_new 创建 netconn 结构体指针。

（2）struct netconn ＊＊ new_conn：新的客户端连接时，将产生一个新的 netconn 结构体指针，后续该客户端的数据发送和接收都必须使用新的 netconn 结构体指针。

返回：

err_t：返回 ERR_OK 则表示有新的客户端连接。

7. netconn_recv

netconn_recv 用于从网络中接收数据，其函数代码如下：

```
//Chapter5\02_rt-thread3.1.1-lwip2.0.2\components\net\lwip-2.0.2\src\api\api_lib.c
//620 行

err_tnetconn_recv(struct netconn ＊ conn, struct netbuf ＊＊ new_buf)
```

参数：

（1）struct netconn ＊ conn：必须在新的客户端连接时产生一个新的 netconn 结构体指针。

（2）struct netbuf ＊＊ new_buf：struct netbuf 结构体指针的指针，用来指向接收到的数据。

返回：

err_t：返回 ERR_OK 则表示接收数据成功。

8. netbuf_dat

Anetbuf_data 函数用来从 netbuf 结构体中获取指定长度的数据,通常 netconn_recv 函数只是获取 netbuf 结构体指针,具体的数据内容需要再次使用 netbuf_data 函数获取,其函数代码如下:

```
//Chapter5\02_rt-thread3.1.1-lwip2.0.2\components\net\lwip-2.0.2\src\api\netbuf.c
//192 行

err_tnetbuf_data(struct netbuf * buf, void ** dataptr, u16_t * len)
```

参数:

(1) struct netbuf * buf:指定要获取数据的 netbuf。

(2) void ** dataptr:获取数据后存放的缓存。

(3) u16_t * len:要获取的数据长度。

返回:

err_t:返回 ERR_OK 则表示获取数据成功。

9. netconn_write

netconn_write 函数用于向网络发送数据,其代码如下:

```
//Chapter5\02_rt-thread3.1.1-lwip2.0.2\components\net\lwip-2.0.2\src\include\lwip\
//api.h    323 行

#define netconn_write(conn, dataptr, size, apiflags) \
      netconn_write_partly(conn, dataptr, size, apiflags, NULL)
```

最终会调用 netconn_write_partly 函数,netconn_write_partly 函数代码如下:

```
//Chapter5\02_rt-thread3.1.1-lwip2.0.2\components\net\lwip-2.0.2\src\api\api_lib.c
//734 行

err_tnetconn_write_partly(struct netconn * conn, const void * dataptr, size_t size, u8_t apiflags,
size_t * bytes_written)
```

参数:

(1) struct netconn * conn:必须在新的客户端连接时所产生一个新的 netconn 结构体指针。

(2) const void * dataptr:要发送的数据缓存。

(3) size_t size:发送的数据长度。

(4) u8_t apiflags:此参数可使用以下数值。

NETCONN_COPY:数据将被复制到属于堆栈的内存中。

NETCONN_MORE：对于 TCP 连接，将在发送的最后一个数据段上设置 PSH 标志。

NETCONN_DONTBLOCK：仅在可以一次写入所有数据时才写入数据。

（5）bytes_writing：指向接收写入字节数的位置的指针，通常我们置 NULL 即可。

返回：

err_t：返回 ERR_OK 则表示发送数据成功。

10. netconn_close

netconn_close 用于关闭连接，其函数代码如下：

```
//Chapter5\02_rt-thread3.1.1-lwip2.0.2\components\net\lwip-2.0.2\src\api\api_lib.c
//837 行

err_tnetconn_close(struct netconn * conn)
```

参数：

struct netconn * conn：需要关闭连接的 netconn 结构体指针。

返回：

err_t：返回 ERR_OK 则表示关闭成功。

5.4.3　BSD API

LwIP 还提供一套基于 open-read-write-close 模型的 UNIX 标准 API。其函数有 socket、bind、recv、send 等。但是由于 BSD API 接口需要占用过多的资源，在嵌入式中基本不使用，故而本书不介绍 BSD API 的各类函数，如果读者有兴趣可以自行翻看 socket 相关的 UNIX 标准 API。

5.5　LwIP 实验

本节将分别介绍基于 RAW API 和 NETCONN API 的服务器、客户端的代码实现。

5.5.1　RAW API TCP 服务器实验

打开 Chapter5\01_TCP_Server\mdk\LWIP.uvprojx 工程文件，与服务器相关的代码位于 TCP_SERVER.C 文件中。

1. 初始化 TCP 服务器

```
void TCP_server_init(void)
{
    struct tcp_pcb * pcb;

    //创建新的 tcp pcb
    pcb = tcp_new();
```

```
//绑定本机所有 IP 和 TCP_Server_PORT 端口,TCP_Server_PORT 定义值为 2040
tcp_bind(pcb,IP_ADDR_ANY,TCP_Server_PORT);
//开始监听
pcb = tcp_listen(pcb);
//设置连接回调函数
tcp_accept(pcb,tcp_server_accept);
}
```

2. tcp_server_accept 回调函数

```
//Chapter5\01_TCP_Server\USER\LWIP_APP\TCP_SERVER.C        47 行

/ **********************************************************************************
名称:tcp_server_accept(void * arg,struct tcp_pcb * pcb,struct pbuf * p,err_t err)
功能:回调函数
说明:这是一个回调函数,当一个连接已经接受时会被调用
   ********************************************************************************** /
static err_t tcp_server_accept(void * arg,struct tcp_pcb * pcb,err_t err)
{
    //设置回调函数的优先级,当存在几个连接特别重要,此函数必须被调用
    tcp_setprio(pcb,TCP_PRIO_MIN);
    //设置 TCP 数据接收回调函数,当有网络数据时,tcp_server_recv 会被调用
    tcp_recv(pcb,tcp_server_recv);
    err = ERR_OK;
    return err;
}
```

3. tcp_server_recv 回调函数

```
//Chapter5\01_TCP_Server\USER\LWIP_APP\TCP_SERVER.C        17 行

static err_t tcp_server_recv(void * arg,struct tcp_pcb * pcb,struct pbuf * p,err_t err)
{
  //定义一个 pbuf 指针变量,指向传入的参数 p。p 接收网络数据并缓存
  struct pbuf * p_temp = p;

  //如果数据不为空
  if(p_temp != NULL)
  {
  //读取数据
  tcp_recved(pcb,p_temp->tot_len);
  //如果数据不为空
  while(p_temp != NULL)
  {
    //把收到的数据重新发送给客户端
```

```
        tcp_write(pcb,p_temp->payload,p_temp->len,TCP_WRITE_FLAG_COPY);
        //启动发送
        tcp_output(pcb);
        //获取下一个数据包
        p_temp = p_temp->next;
      }
    }
    else  //数据为空,说明接收失败,可能网络异常或者客户端已断开连接
    {
      //关闭连接
      tcp_close(pcb);
    }
    //释放内存
    pbuf_free(p);
    //返回 OK
    err = ERR_OK;
    return err;
}
```

4. 开发板 IP 和 MAC 设置

本书提供的例程采用静态 IP 地址设置,读者需要根据自己的实际情况修改,其代码
如下:

```
//Chapter5\01_TCP_Server\USER\LWIP_APP\TCP_SERVER.h    7 行


/ ******************** ***************************** /
//开发板的 IP 地址
#define IMT407G_IP          192,168,0,107
//子网掩码
#define IMT407G_NETMASK     255,255,255,0
//网关的 IP 地址
#define IMT407G_WG          192,168,0,1
//开发板的 MAC 地址
#define IMT407G_MAC_ADDR    0XD8,0XCB,0X8A,0X82,0X50,0XD1

//服务器端口号
#define TCP_Server_PORT                2040
```

5. 测试

(1) 确保开发板和计算机使用网线都连接到同一个路由器,确保计算机可以 ping 通开
发板 IP。

（2）打开 Chapter5\01_TCP_Server\mdk\LWIP.uvprojx 工程文件，编译并下载程序。

（3）打开附录 A\软件\串口工具\scom5.13.1.exe 程序，端口号选择 TCPClient，远程输入开发板的 IP 地址，本书测试环境的 IP 地址是 192.168.0.107，读者需要根据 TCP_SERVER.h 中填写的开发板 IP 地址填写。IP 地址后面的方框内填写 2040，单击"连接"按钮，计算机此时与开发板建立起 TCP 连接，如图 5.7 所示。

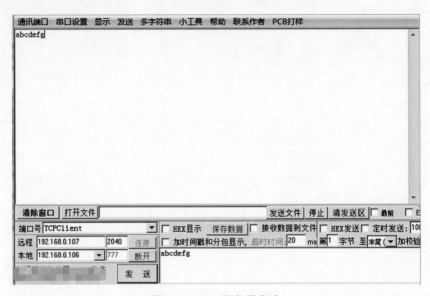

图 5.7　TCP 服务器实验

（4）此时在输入框输入任意字符串，单击"发送"按钮，可以看到接收框收到相同的字符串，通信成功。

5.5.2　RAW API TCP 客户端实验

打开 Chapter5\03 TCP_Client\mdk\LWIP.uvprojx 工程文件，客户端相关的代码位于TCP_CLIENT.C 文件中。

1. 初始化 TCP 客户端

```
//Chapter5\03 TCP_Client\USER\LWIP_APP            111 行

void TCP_Client_Init(u16_t local_port, u16_t remote_port, unsigned char a, unsigned char b,
unsigned char c, unsigned char d)
{

    struct ip_addr ipaddr;
    err_t err;
    //a b c d代表了服务器 IP 地址，这里使用 IP4_ADDR 构造服务器 IP 的结构体
    IP4_ADDR(&ipaddr, a, b, c, d);
```

```
    //获取一个新的 tcp pcb
    tcp_client_pcb = tcp_new();
    if (!tcp_client_pcb)
    {
            return ;
    }
    //绑定开发板的 IP 地址、端口号
    err = tcp_bind(tcp_client_pcb,IP_ADDR_ANY,local_port);
    //如果绑定失败则退出
    if(err != ERR_OK)
    {
            return ;
    }
    //连接到服务器,并设置连接成功的回调函数

    tcp_connect(tcp_client_pcb,&ipaddr,remote_port,TCP_Connected);
    //设置接收网络数据的回调函数
    tcp_recv(tcp_client_pcb,TCP_Client_Recv);
}
```

2. 客户端连接成功的回调函数

```
//Chapter5\03 TCP_Client\USER\LWIP_APP            65 行

err_t TCP_Connected(void * arg,struct tcp_pcb * pcb,err_t err)
{
    //tcp_client_pcb = pcb;
    return ERR_OK;
}
```

3. 客户端发送数据

```
//Chapter5\03 TCP_Client\USER\LWIP_APP            20 行

err_t TCP_Client_Send_Data(struct tcp_pcb * cpcb,unsigned char * buff,unsigned int length)
{
    err_t err;

    err = tcp_write(cpcb,buff,length,TCP_WRITE_FLAG_COPY);
    tcp_output(cpcb);
    return err;
}
```

4. 开发板 IP 和 MAC 设置

本书提供的例程采用静态 IP 地址设置,读者需要根据自己的实际情况修改,其代码如下:

```
//Chapter5\03 TCP_Client\USER\LWIP_APP\TCP_CLIENT.h          7 行

/ ********************************** /
//开发板 IP 地址
#define IMT407G_IP              192,168,0,107
//子网掩码
#define IMT407G_NETMASK         255,255,255,0
//网关
#define IMT407G_WG              192,168,0,1
//开发板 MAC 地址
#define IMT407G_MAC_ADDR        0XD8,0XCB,0X8A,0X82,0X50,0XD1
//开发板的端口号
#define TCP_LOCAL_PORT          2040

//服务器端口号
#define TCP_Server_PORT         2041
//服务器(计算机)IP 地址
#define TCP_Server_IP           192,168,0,106
```

5. 测试

(1) 确保开发板和计算机使用网线都连接到同一个路由器,确保计算机可以 ping 通开发板 IP。

(2) 打开附录 A\软件\串口工具\scom5.13.1.exe 程序,端口号选择 TCPServer,本地一栏选择计算机对应的 IP 地址,后面的方框内填写 2041,单击"侦听"按钮。

(3) 打开 Chapter5\03 TCP_Client\mdk\LWIP.uvprojx 工程文件,编译并下载。

(4) 此时可以看到接收框收到客户端发送过来的数据"\0TCP 客户端实验!",通信成功,如图 5.8 所示。

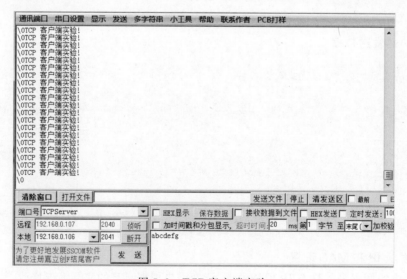

图 5.8 TCP 客户端实验

5.5.3　RAW API UDP 服务器实验

打开 Chapter5\04 UDP_server\mdk\LWIP. uvprojx 工程文件,服务器相关的代码位于 UDP_SERVER. C 文件中。

1. UDP 服务器初始化

```
//Chapter5\04 UDP_server\USER\LWIP_APP\UDP_SERVER.C        37 行

void UDP_server_init(void)
{
    struct udp_pcb * pcb;

    //获取一个 udp pcb
    pcb = udp_new();
    //绑定服务器端口号
    udp_bind(pcb,IP_ADDR_ANY,UDP_LOCAL_PORT);
    //设置接收回调函数
    udp_recv(pcb,udp_server_recv,NULL);
}
```

2. 接收回调函数

```
//Chapter5\04 UDP_server\USER\LWIP_APP\UDP_SERVER.C        18 行

void udp_server_recv(void * arg,struct udp_pcb * pcb,struct pbuf * p,struct ip_addr * addr,
u16_t port)
{
    //获取客户端的 IP 地址
    struct ip_addr destAddr = * addr;
    struct pbuf * p_temp = p;
    //while(p_temp != NULL)
//  {
            //把收到的数据重新发送给客户端
            udp_sendto(pcb,p_temp,&destAddr,port);
            p_temp = p_temp - >next;
//  }

    //释放内存
    pbuf_free(p);
}
```

3. 开发板 IP 地址设置

```
//Chapter5\01_TCP_Server\USER\LWIP_APP\UDP_SERVER.h    7 行

/ ********************** *********************** /
//开发板的 IP 地址
#define IMT407G_IP            192,168,0,107
//子网掩码
#define IMT407G_NETMASK       255,255,255,0
//网关的 IP 地址
#define IMT407G_WG            192,168,0,1
//开发板的 MAC 地址
#define IMT407G_MAC_ADDR      0XD8,0XCB,0X8A,0X82,0X50,0XD1


//服务器端口号
#define TCP_Server_PORT                   2040
```

4. 实验

（1）确保开发板和计算机使用网线都连接到同一个路由器，确保计算机可以 ping 通开发板 IP。

（2）打开 Chapter5\04 UDP_server\mdk\LWIP. uvprojx 工程文件，编译并下载程序。

（3）打开附录 A\软件\串口工具\scom5.13.1.exe 程序，端口号选择 UDP。远程一栏填写开发板 IP 地址和端口号，本地一栏选择计算机对应的 IP 地址和端口号，单击"连接"按钮。

（4）此时在输入框输入任意字符串，单击"发送"按钮，可以看到接收框收到相同的字符串，通信成功，如图 5.9 所示。

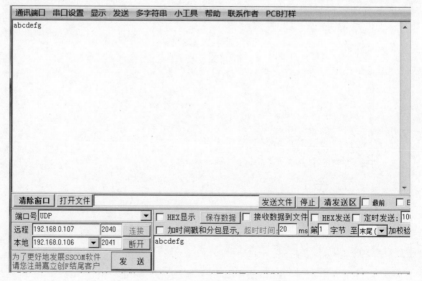

图 5.9　UDP 服务器实验

5.5.4　RAW API UDP 客户端实验

打开 Chapter5\05_UDP_client\mdk\LWIP.uvprojx 工程文件,客户端相关的代码位于 UDP_CLIENT.C 文件中。

1. UDP 客户端初始化

```
//Chapter5\05_UDP_client\USER\LWIP_APP\UDP_CLIENT.C     10 行

//客户端要发送的数据内容
const static unsigned char UDPData[] = "UDP 客户端实验\r\n";
//相关变量定义
struct udp_pcb * udp_pcb;
struct ip_addr ipaddr;
struct pbuf * udp_p;


//Chapter5\05_UDP_client\USER\LWIP_APP\UDP_CLIENT.C     23 行

//客户端初始化
void UDP_client_init(void)
{
    //分配一个 pbuf
    udp_p = pbuf_alloc(PBUF_RAW,sizeof(UDPData),PBUF_RAM);
    //设置要发送的数据为 UDPData
    udp_p -> payload = (void * )UDPData;
    //设置服务器 IP 地址
    Set_IP4_ADDR(&ipaddr,UDP_REMOTE_IP);
    //创建一个 udp pcb
    udp_pcb = udp_new();
    //绑定开发的 IP 和开发板(客户端)端口号
    udp_bind(udp_pcb,IP_ADDR_ANY,UDP_Client_PORT);
    //连接到服务器
    udp_connect(udp_pcb,&ipaddr,UDP_REMOTE_PORT);
}
```

2. 客户端发送函数

```
//Chapter5\05_UDP_client\USER\LWIP_APP\UDP_CLIENT.C     40 行

void UDP_Send_Data(struct udp_pcb * pcb,struct pbuf * p)
{
    //将参数传进来的 pcb 和 pbuf,通过 udp_send 发送出去
    udp_send(pcb,p);
    //需要延时,不要发得太快
    delay_ms(100);
}
```

3. main 函数

```
//Chapter5\05_UDP_client\Main\main.c  51 行


    //循环发送
    while (1)
    {
            //循环将 UDP_client_init 初始化好的 udp pcb 和 udp_p 发送出去
            UDP_Send_Data(udp_pcb,udp_p);
            LwIP_Periodic_Handle(LocalTime);
    }
```

4. 开发板 IP 地址设置

```
//Chapter5\05_UDP_client\USER\LWIP_APP\UDP_CLIENT.h    7 行

/ ******************************************** /
//开发板的 IP 地址
#define IMT407G_IP              192,168,0,107
//子网掩码
#define IMT407G_NETMASK         255,255,255,0
//网关的 IP 地址
#define IMT407G_WG              192,168,0,1
//开发板的 MAC 地址
#define IMT407G_MAC_ADDR        0XD8,0XCB,0X8A,0X82,0X50,0XD1


//客户端端口号
#define UDP_Client_PORT                         2040
//服务器端口号
#define UDP_REMOTE_PORT                         2041
//服务器 IP 地址
#define UDP_REMOTE_IP           192,168,0,101
```

5. 实验

(1) 确保开发板和计算机使用网线都连接到同一个路由器,确保计算机可以 ping 通开发板 IP。

(2) 打开附录 A\软件\串口工具\scom5.13.1.exe 程序,端口号选择 UDP,本地一栏选择计算机对应的 IP 地址,后面的方框内填写 2041,单击"连接"按钮。

(3) 打开 Chapter5\05_UDP_client\mdk\LWIP.uvprojx 工程文件,编译并下载。

(4) 此时可以看到接收框收到客户端发送过来的数据"\0UDP 客户端实验例程!",通信成功,如图 5.10 所示。

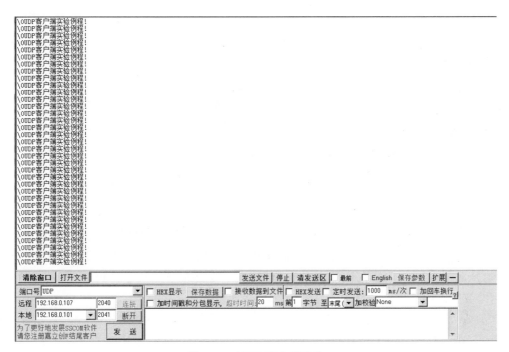

图 5.10 UDP 客户端实验

5.5.5 NETCONN API 实验

NETCONN API 需要操作系统支持,本书将在第 6 章讲到 RTOS 实时操作系统时再介绍 NETCONN API 的用法,本小节不做介绍。

第6章

RT-Thread 开发

RTOS 是嵌入式的一个重要领域,特别是一些对实时要求非常高的场合,传统的裸机开发无法满足系统的实时性要求。本章主要讲 RT-Thread 的开发技巧。

与其他 RTOS 相比,RT-Thread 遵循 Apache 许可证 2.0 版本协议,实时操作系统内核及所有开源组件可以免费在商业产品中使用,不需要公布应用程序源码,没有潜在商业风险,是学习和商用的最佳选择。

27min

6.1 初识 RT-Thread

6.1.1 RT-Thread 介绍

1. RT-Thread 概述

RT-Thread 全称是 Real Time-Thread,顾名思义,它是一个嵌入式实时多线程操作系统。它是一款完全由国内团队开发并维护的嵌入式实时操作系统(RTOS),具有完全的自主知识产权。经过近 12 年的沉淀,伴随着物联网的兴起,它正演变成一个功能强大、组件丰富的物联网操作系统。

RT-Thread 的官网:https://www.rt-thread.org/。读者可以在官网上看到许多 RT-Thread 的相关介绍。

RT-Thread 主要采用 C 语言编写,浅显易懂,方便移植。它把面向对象的设计方法应用到实时系统设计中,使得代码风格优雅、架构清晰、系统模块化并且其可裁剪性非常好。

相较于 Linux 操作系统,RT-Thread 体积小、成本低、功耗低、启动快速,除此以外 RT-Thread 还具有实时性高、占用资源小等特点,非常适用于各种资源受限(如成本、功耗限制等)的场合。虽然 32 位 MCU 是它的主要运行平台,实际上很多带有 MMU、基于 ARM9、ARM11 甚至 Cortex-A 系列级别 CPU 的应用处理器在特定应用场合也适合使用 RT-Thread。

2. 许可协议[3]

RT-Thread 系统完全开源,3.1.0 及以前的版本遵循 GPL V2+ 开源许可协议。从 3.1.0

以后的版本遵循 Apache License 2.0 开源许可协议,可以免费在商业产品中使用,并且不需要公开私有代码。

3. RT-Thread 框架[3]

近年来,物联网(IoT)概念广为普及,物联网市场发展迅猛,嵌入式设备的联网已是大势所趋。终端联网使得软件复杂性大幅增加,传统的 RTOS 内核已经越来越难满足市场的需求,在这种情况下,物联网操作系统(IoT OS)的概念应运而生。物联网操作系统是指以操作系统内核(可以是 RTOS、Linux 等)为基础,包括如文件系统、图形库等较为完整的中间件组件,具备低功耗、安全、通信协议支持和云端连接能力的软件平台,RT-Thread 就是一个 IoT OS。

RT-Thread 与其他很多 RTOS 如 FreeRTOS、μC/OS 的主要区别之一是,它不仅仅是一个实时内核,还具备丰富的中间层组件,如图 6.1 所示。

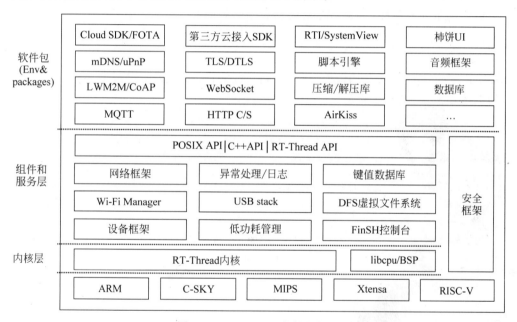

图 6.1　RT-Thread 软件框架图

它具体包括以下部分:

(1) 内核层:RT-Thread 内核,是 RT-Thread 的核心部分,包括了内核系统中对象的实现,例如多线程及其调度、信号量、邮箱、消息队列、内存管理、定时器等;libcpu/BSP(芯片移植相关文件/板级支持包)与硬件密切相关,由外设驱动和 CPU 移植构成。

(2) 组件和服务层:组件是基于 RT-Thread 内核之上的上层软件,例如虚拟文件系统、FinSH 控制台、网络框架、设备框架等。采用模块化设计,做到组件内部高内聚,组件之间低耦合。

(3) RT-Thread 软件包:运行于 RT-Thread 物联网操作系统平台上,面向不同应用领域的通用软件组件,由描述信息、源代码或库文件组成。RT-Thread 提供了开放的软件包平台,这里存放了官方提供或开发者提供的软件包,该平台为开发者提供了众多可重用软件包的选择,这也是 RT-Thread 生态的重要组成部分。软件包生态对于一个操作系统的选择至关重要,因为这些软件包具有很强的可重用性,模块化程度很高,极大地方便应用开发者在最短时间内,打造出自己想要的系统。RT-Thread 已经支持的软件包数量已经达到 100+,例如:

物联网相关的软件包:Paho MQTT、WebClient、mongoose、WebTerminal 等。

脚本语言相关的软件包:目前支持 JerryScript、MicroPython。

多媒体相关的软件包:Openmv、mupdf。

工具类软件包:CmBacktrace、EasyFlash、EasyLogger、SystemView。

系统相关的软件包:RTGUI、Persimmon UI、lwext4、partition、SQLite 等。

外设库与驱动类软件包:RealTek RTL8710BN SDK。

其他。

4. 组件丰富

RT-Thread 拥有非常多的组件,可以做到一键配置,不需要用户自己重新移植,可以轻松扩展系统功能,如图 6.2 所示。

设备虚拟文件系统

为应用提供统一的文件访问接口,支持 FAT、UFFS、NFSv3、ROMFS等

设备管理器框架

对MCU和外设接口高度抽象,使用统一的设备接口进行硬件的访问操作

低功耗管理框架

超低功耗设计,系统自动休眠,动态调频调压,应用不需要关心功耗情况。

协议栈

支持以太网、WiFi、蓝牙、NB-IoT、2G|3G|4G、Http、MQTT、LwM2M等。

图形库

小型、现代化的图形库,支持滑动,动画,TTF字体,多国语言等功能。

音频流媒体框架

轻型流媒体音频框架,支持常用音频格式、流媒体协议和DLNA/AirPlay。

固件远程升级FOTA

安全可靠,支持加密,防篡改,断点续传、智能还原、可回溯等机制。

第三方组件

支持Yaffs2、Sqlite、FreeModbus、Canopen、LibZ、MQTT、Lua、JS等。

图 6.2　组件丰富

6.1.2　RT-Thread 源码获取

1. 版本选择

RT-Thread 主要有 2 个版本:RT-Thread Nano 和 RT-Thread IoT。

(1) RT-Thread Nano 是一个精炼的硬实时内核,支持多任务处理、软件定时器、信号量、邮箱和实时调度等相对完整的实时操作系统特性,内核占用的 ROM 仅为 2.5KB,占用的 RAM 为 1KB。

极小的内存资源占用,适用于家电、消费、医疗、工控等 32 位入门级 MCU 的应用领域。ARM Keil 官方的认可和支持,以 Keil MDK pack 方式提供。

(2) RT-Thread IoT 是 RT-Thread 全功能版本,由内核层、组件和服务层,以及 IoT 框架层组成。重点突出安全、联网、低功耗、跨平台和智能化的特性。

丰富的网络协议支持,如：HTTPS、MQTT、WebSocket、CoAP、LWM2M,可方便在配置器中选择连接不同的云端厂商。多方面的安全特性增强：TLS/DTLS、MPU 增强应用等,推荐大家直接使用 RT-Thread IoT 版本。

2. 代码分支

截止到 2020 年 4 月 13 号,RT-Thread 已经存在的分支有：

(1) stable-v1.2.x,已不维护。

(2) stable-v2.0.x,已不维护。

(3) stable-v2.1.x,已不维护。

(4) stable-v3.0.x,已不维护。

(5) lts-v3.1.x,长期支持、维护。

(6) master(master 主分支是 RT-Thread 开发分支,一直活跃)。

3. 发布版本

发布版本稳定性高,推荐使用最新发布版本。最新的发布版本有两个：3.1.3 版本与 4.0.2 版本,这两个发布版本可以根据自己需求进行选择。

(1) 最新发布版本 3.1.3,适合公司做产品或者项目,适合新手入门学习。

若产品已经使用的是较早的发布版本,那么在维护产品时,建议仍然在旧的版本上进行维护。

如果是新的产品,那么建议使用 3.1.x 最新发布版本,如 3.1.x 中最新的 3.1.3 发布版本。

(2) 最新发布版本 4.0.2,适合公司做产品或者项目,适合新手入门学习、适合有经验的 RT-Thread 开发者。4.0.2 支持 SMP,适合有多核需求的产品或项目。

4. 代码下载

本书所选的 RT-Thread 的版本为 v3.1.2,硬件平台为 STM32F407 开发板。

目前 RT-Thread 提供很多下载方式,有百度网盘、GitHub、Gitee。本书推荐使用 Gitee 方式下载,下载链接：https://gitee.com/rtthread/rt-thread。

(1) 打开网址：https://gitee.com/rtthread/rt-thread,单击"0 个发行版",如图 6.3 所示。

RT-Thread是一个来自中国的开源物联网操作系统, 它提供了非常强的可伸缩能力：从一个可以运行在ARM Cortex-M0芯片上的极小内核, 到中等的ARM Cortex-M3/4/7系统, 甚至是运行于MIPS32、ARM Cortex-A系列处理器上功能丰富系统
http://www.rt-thread.org

| 📇 8997 次提交 | ⅃ 7 个分支 | 🏷 27 个标签 | 📢 0 个发行版 | 🥠 304 位贡献者 |

| gitee_master ⚙ ▾ | 文件 ▾ | Web IDE | 🔲 挂件 | | 克隆/下载 ▾ |

📌 RT-Thread 最后提交于 4月前 [Kernel] Update version number.

图 6.3　Gitee 代码下载

（2）找到"v3.1.2"，单击"zip"图标即可下载，如图 6.4 所示。

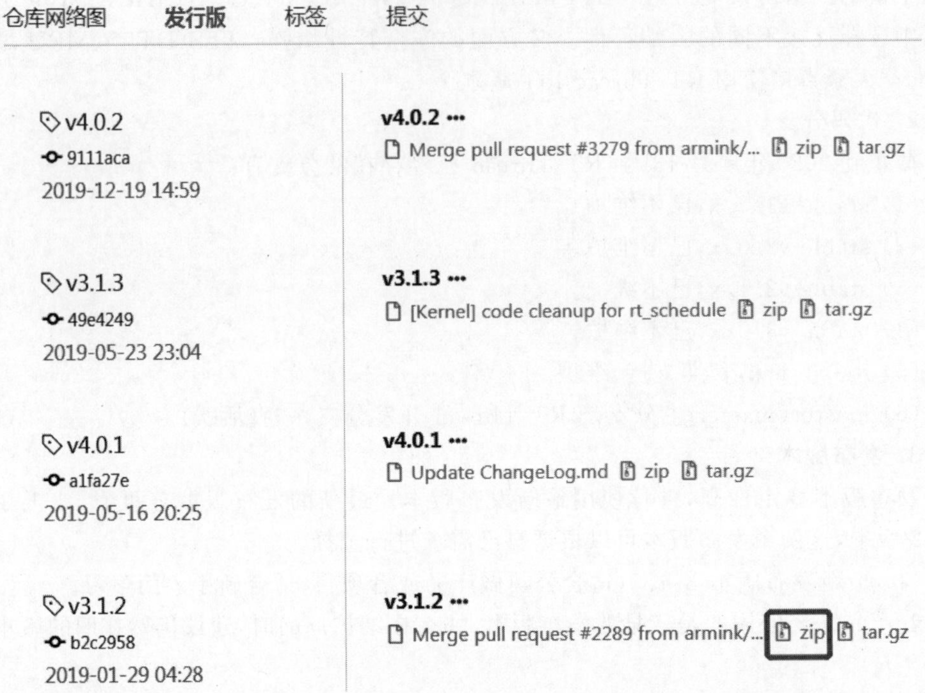

仓库网络图　　**发行版**　　标签　　提交

🏷 v4.0.2
⊶ 9111aca
2019-12-19 14:59

v4.0.2 •••
📄 Merge pull request #3279 from armink/...　📄 zip　📄 tar.gz

🏷 v3.1.3
⊶ 49e4249
2019-05-23 23:04

v3.1.3 •••
📄 [Kernel] code cleanup for rt_schedule　📄 zip　📄 tar.gz

🏷 v4.0.1
⊶ a1fa27e
2019-05-16 20:25

v4.0.1 •••
📄 Update ChangeLog.md　📄 zip　📄 tar.gz

🏷 v3.1.2
⊶ b2c2958
2019-01-29 04:28

v3.1.2 •••
📄 Merge pull request #2289 from armink/...　📄 zip　📄 tar.gz

图 6.4　发行版本下载

（3）下载后解压到计算机的工作目录，本书提供的资料中也有下载好的代码，路径是
Chapter6\rt-thread-v3.1.2。

注意：RT-Thread 存放代码的路径不能有中文字符或者空格。

6.1.3　Env 工具

下载完代码后，我们还需要再下载一个 Env 工具。Env 是 RT-Thread 推出的开发辅
助工具，针对基于 RT-Thread 操作系统的项目工程，提供编译构建环境、图形化系统配置及
软件包管理功能。

其内置的 menuconfig 提供了简单易用的配置剪裁工具，可对内核、组件和软件包进行
自由裁剪，使系统以搭积木的方式进行构建。

Env 视频教程百度网盘链接：https://pan.baidu.com/s/1hUJLQos9ToVJ76y9LYc4Fw。

视频教程主要内容：Env 简介、SCons 编译、menuconfig 配置、软件包管理、在项目中如
何使用 Env。

1. Env 下载

打开网址：https://www.rt-thread.org/page/download.html。找到 RT-Thread Env

的下载页面,单击"单击网站下载"按钮开始下载,如图6.5所示。

图6.5 Env下载

本书也提供下载好的 Env 工具,位于 Chapter6\env\env_released_1.2.0.7z。需要注意的是,Env 工具的存放路径不能有中文字符或者空格。

2. Env 设置

(1)解压下载后的 env_released_1.2.0.7z 文件后,双击 env.exe 文件,在工具栏单击鼠标右键,弹出菜单选项,单击 Settings 按钮,如图6.6所示。

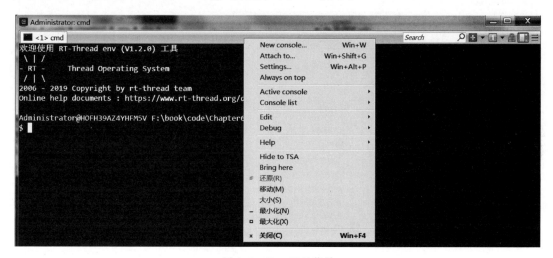

图6.6 Env工具菜单

(2)单击 Settings 界面左侧的 Integration,再单击右侧的 Register 按钮,如图6.7所示。

3. Env 运行

在 RT-Thread 源码目录下的 bsp\stm32\stm32f407-atk-explorer 路径,单击鼠标右键,在弹出来的菜单中单击 ConEmu Here 选项,如图6.8所示。

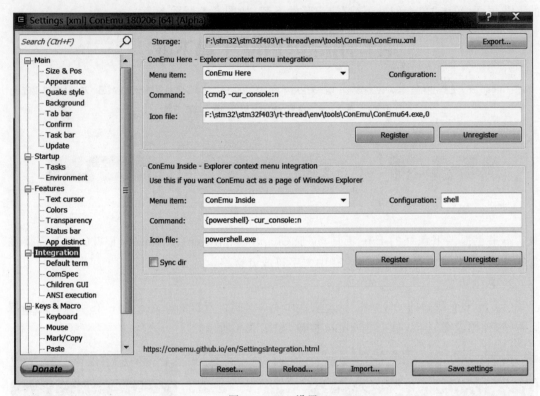

图 6.7　Env 设置

图 6.8　单击 ConEmu Here 选项

　　出现如图 6.9 所示的界面,则表示 Env 正确安装。如果出现错误,请参考上文 Env 设置部分的内容重新操作。

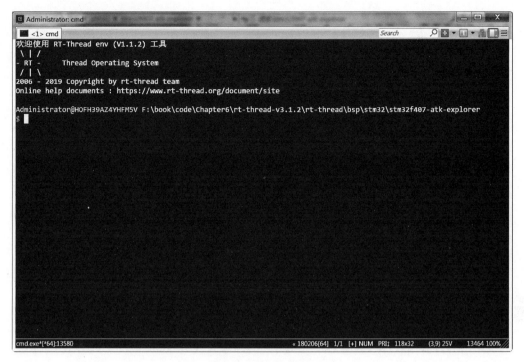

图 6.9　Env 运行界面

6.1.4　menuconfig

menuconfig 是 RT-Thread 提供的一个图形化配置工具,读者可以通过 menuconfig 配置 RT-Thread 相关功能和软件包。更多的 menuconfig 操作可以观看视频:https://www.rt-thread.org/document/site/tutorial/env-video/#menuconfig。

在 RT-Thread 源码目录下的 bsp\stm32\stm32f407-atk-explorer 路径下运行 Env,输入 menuconfig,按回车键,弹出 menuconfig 配置界面,如图 6.10 所示。

(1) RT-Thread Kernel:主要是一些与内核相关的配置,通常我们不需要修改。

(2) RT-Thread Components:组件相关配置,包括对 C++ 支持,设备虚拟文件、Shell、LwIP、modbus、AT 指令等。通常我们在需要使用 LwIP 时可以在这里面配置。

(3) RT-Thread online packages:软件包配置,包括各类 IoT 云平台,例如阿里云平台、OneNET、腾讯云平台等。还有 MQTT、CoAP、json、OTA、STemWin、SQLite 等功能。读者可以自己操作一遍。通常我们需要根据我们的项目需求配置对应的软件包。

(4) Hardware Drivers Config:设备驱动配置,包括 GPIO、SPI、I^2C、USART、Timer、ADC、SDIO 等。通常这些需求默认都没有勾选,读者需要根据自己的项目需求配置。

menuconfig 操作:空格选择、上下左右切换。

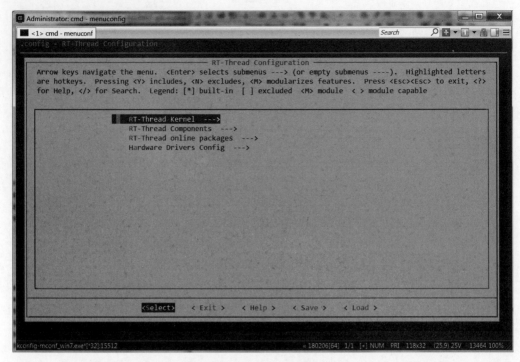

图 6.10　menuconfig 配置界面

6.1.5　编译 RT-Thread 源码

（1）更新软件包：配置好 menuconfig 相关功能后，退出 menuconfig 界面。如果选择了 RT-Thread online packages 中的软件包，我们需要在 Env 中输入 pkgs --update 并按回车键，Env 会自动下载我们所需的软件包，如图 6.11 所示。

```
Administrator@HOFH39AZ4YHFM5V F:\book\code\Chapter6\rt-thread-v3.1.2\rt-thread
$ pkgs --update
------------------------------>   CJSON v1.0.2 is downloaded successfully.

Operation completed successfully.

Administrator@HOFH39AZ4YHFM5V F:\book\code\Chapter6\rt-thread-v3.1.2\rt-thread
$
```

图 6.11　pkgs --update 更新软件包

当看到 Operation completed successfully. 字样则表示更新成功。

（2）生成 Keil MDK 工程文件：在 Env 中输入 scons --target＝mdk5 并回车，Env 开始编译源码并在 bsp\stm32\stm32f407-atk-explorer 路径下生成新的 Keil MDK 工程文件，打开 project.uvprojx 工程，如图 6.12 所示。

（1）Kernel：RT-Thread 内核源码，通常我们不需要修改。

（2）Applications：用户应用代码，主要是 main.c 函数，用以实现我们自己的功能。

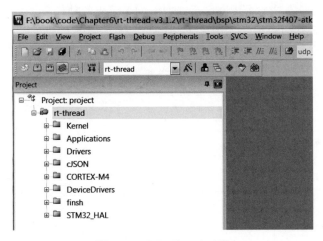

图 6.12 RT-Thread 工程

（3）Drivers：RT-Thread 的驱动层封装部分，由 RT-Thread 封装好各种驱动接口和驱动模型。通常也不需要我们去修改这部分的代码。

（4）cJSON：本书在 menuconfig 配置的 RT-Thread online packages 中选择了 cJSON，所以会自动下载 cJSON 的源码并添加到工程中。

（5）CORTEX-M4：Cortex-M4 架构相关代码，与芯片相关，通常不需要修改。本书配套的是 STM32F407 芯片，属于 Cortex-M4 架构。

（6）DeviceDrivers：RT-Thread 设备驱动层，由 RT-Thread 封装好各类接口供驱动使用，通常不需要我们修改这部分的代码。

（7）finish：RT-Thread 提供了一个精简的 Shell 功能。

（8）STM32_HAL：STM32 官方的 HAL 库。

我们可以看到，RT-Thread 已经自动为我们创建好工程并已经封装好了各类接口，我们几乎不需要修改什么，这样可以把更多的精力放在应用逻辑的开发上。

6.2 RT-Thread 线程开发

本书主要讲 RT-Thread 相关的应用开发，关于内核和驱动部分，读者可以查看 RT-Thread 的官方文档：https://www.rt-thread.org/document/site/programming-manual/basic/basic/。

▶ 18min

6.2.1 裸机和操作系统

1. 裸机开发

在没有操作系统的裸机开发中，通常把程序分为两部分：前台系统和后台系统。

（1）前台系统：通常是中断服务程序，用来响应一些异步、需要及时处理的任务。

（2）后台系统：通常是一个无限循环,调用 API 完成各种任务。

裸机开发的前台和后台系统如图 6.13 所示。

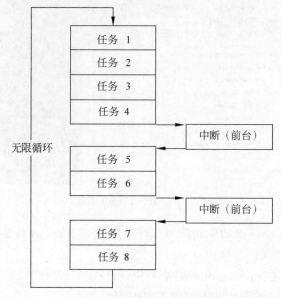

图 6.13　裸机前台和后台系统

　　这样的框架会导致一个问题：前面任务一旦非常耗时或者陷入死循环,将会导致后面的任务无法得到处理。例如现在系统正在执行任务 2,此时用户如果需要执行任务 1,在上面的裸机前台和后台框架中,系统需要等到执行完任务 2 到任务 8 之后才会执行任务 1,这会导致用户的需求无法得到及时的响应。尤其是在一些对实时性要求特别高的场合,一旦任务 1 无法及时响应处理,可能会导致整个系统的崩溃。

2. 分时操作系统

　　根据系统的实时性,通常我们可以把系统分为分时操作系统和实时操作系统两大类。分时操作系统通常采用时间片轮转的方式来执行多个任务。由于时间片的间隔很短,通常是 10ms 级别,用户察觉不到任务的切换,如图 6.14 所示。

图 6.14　分时操作系统

　　假设系统当前只有 3 个任务,不管任务 1 或者任务 2 有多复杂,系统总能保证每隔

20ms 就会执行到任务 3。但是这不代表任务 3 能在自己的时间片内完成工作，通常在这个时间片内，任务 3 只会获得 10ms 的运行时间。之后任务 3 需要进入休眠，等待任务 1 和任务 2 的时间片结束，任务 3 继续从上次休眠的地方执行任务。

由此可见，分时操作系统并不适合对实时要求高的场合，尤其是当任务 3 是一个紧急任务，需要优先处理时，分时操作系统无法满足需求。通常采用分时操作系统的有 Windows、UNIX 等。此类系统偏向消费级，不需要太高的系统实时性。

3．实时操作系统

实时操作系统又称为 RTOS(Real Time OS)，强调实时性。RTOS 的内核负责管理所有任务，并保证高优先级任务一旦准备就绪，总能得到 CPU 的使用权，如图 6.15 所示。

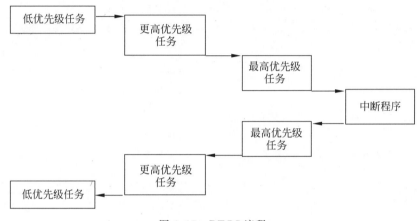

图 6.15　RTOS 流程

（1）低优先级任务执行到一半时，更高优先级的任务被创建或者满足运行条件，则系统会放弃低优先级任务，开始运行更高优先级任务。

（2）更高优先级任务执行到一半时，最高优先级任务被创建或者满足运行条件，则系统会放弃更高优先级任务，开始运行最高优先级任务。

（3）中断触发时，系统总会停下当前的任务（即使是最高优先级），开始执行中断程序。执行完中断程序后，系统会返回继续执行当前任务（最高优先级）。

6.2.2　RT-Thread 线程

在 RT-Thread 中，与任务对应的程序实体就是线程，线程是实现任务的载体，它是 RT-Thread 中最基本的调度单位，它描述了一个任务执行的运行环境，也描述了这个任务所处的优先等级，重要的任务可设置相对较高的优先级，非重要的任务可以设置较低的优先级，不同的任务还可以设置相同的优先级，轮流运行。

当线程运行时，它会认为自己是以独占 CPU 的方式在运行，线程执行时的运行环境称为上下文，具体来说就是各个变量和数据，包括所有的寄存器变量、堆栈、内存信息等。

1. 线程控制块

在 RT-Thread 中,线程控制块由结构体 struct rt_thread 表示,线程控制块是操作系统用于管理线程的一个数据结构,它会存放线程的一些信息,例如优先级、线程名称、线程状态等,也包含线程与线程之间连接用的链表结构、线程等待事件集合等,详细代码如下:

```
//Chapter6\rt-thread-v3.1.2\rt-thread\include\rtdef.h    496 行

/* 线程控制块 */
structrt_thread
{
/* rt 对象 */
char        name[RT_NAME_MAX];           /* 线程名称 */
rt_uint8_t  type;                        /* 对象类型 */
rt_uint8_t  flags;                       /* 标志位 */

rt_list_tlist;                           /* 对象列表 */
rt_list_t   tlist;                       /* 线程列表 */

/* 栈指针与入口指针 */
void        * sp;                        /* 栈指针 */
void        * entry;                     /* 入口函数指针 */
void        * parameter;                 /* 参数 */
void        * stack_addr;                /* 栈地址指针 */
rt_uint32_t stack_size;                  /* 栈大小 */

/* 错误代码 */
rt_err_t    error;                       /* 线程错误代码 */
rt_uint8_t  stat;                        /* 线程状态 */

/* 优先级 */
rt_uint8_t  current_priority;            /* 当前优先级 */
rt_uint8_t  init_priority;               /* 初始优先级 */
rt_uint32_t number_mask;

    …

rt_ubase_t  init_tick;                   /* 线程初始化计数值 */
rt_ubase_t  remaining_tick;              /* 线程剩余计数值 */

structrt_timerthread_timer;              /* 内置线程定时器 */

void ( * cleanup)(struct rt_thread * tid);  /* 线程退出清除函数 */
rt_uint32_t user_data;                   /* 用户数据 */
};
```

2．线程状态

同一个时间内只有一个线程能在处理中运行，从运行的过程划分，线程有多种不同的运行状态。在 RT-Thread 中，线程包含 5 种状态：初始状态、就绪状态、运行状态、挂起状态、关闭状态。

（1）初始状态：当线程刚开始创建还没开始运行时就处于初始状态；在初始状态下，线程不参与调度。此状态在 RT-Thread 中的宏定义为 RT_THREAD_INIT。

（2）就绪状态：在就绪状态下，线程按照优先级排队，等待被执行；一旦当前线程运行完毕让出处理器，操作系统会马上寻找最高优先级的就绪状态线程运行。此状态在 RT-Thread 中的宏定义为 RT_THREAD_READY。

（3）运行状态：线程当前正在运行。在单核系统中，只有 rt_thread_self() 函数返回的线程处于运行状态；在多核系统中，可能就不止这一个线程处于运行状态。在 RT-Thread 中的宏定义为 RT_THREAD_RUNNING。

（4）挂起状态：也称阻塞态。它可能因为资源不可用而挂起等待，或线程主动延时一段时间而挂起。在挂起状态下，线程不参与调度。此状态在 RT-Thread 中的宏定义为 RT_THREAD_SUSPEND。

（5）关闭状态：当线程运行结束时将处于关闭状态。关闭状态的线程不参与线程的调度。此状态在 RT-Thread 中的宏定义为 RT_THREAD_CLOSE。

3．线程优先级

RT-Thread 最大支持 256 个线程优先级（0～255），数值越小的优先级越高，0 为最高优先级。在一些资源比较紧张的系统中，可以根据实际情况选择只支持 8 个或 32 个优先级的系统配置；对于 ARM Cortex-M 系列，普遍采用 32 个优先级。最低优先级默认分配给空闲线程使用，用户一般不使用。在系统中，当有比当前线程优先级更高的线程就绪时，当前线程将立刻被换出，高优先级线程抢占处理器运行。

4．时间片

每个线程都有时间片这个参数，但时间片仅对优先级相同的就绪状态线程有效。系统对优先级相同的就绪状态线程采用时间片轮转的调度方式进行调度时，时间片起到约束线程单次运行时长的作用，其单位是一个系统节拍（OS Tick），详见第 5 章。假设有 2 个优先级相同的就绪状态线程 A 与 B，A 线程的时间片设置为 10，B 线程的时间片设置为 5，那么当系统中不存在比 A 优先级高的就绪状态线程时，系统会在 A、B 线程间来回切换执行，并且每次对 A 线程执行 10 个节拍的时长，对 B 线程执行 5 个节拍的时长，如图 6.16 所示。

5．线程入口函数

线程控制块中的 entry 是线程的入口函数，它是线程实现预期功能的函数。线程的入口函数由用户设计实现，一般有以下两种代码形式：

（1）无限循环模式：在实时系统中，线程通常是被动式的；这个是由实时系统的特性所决定的，实时系统通常总是等待外界事件的发生，而后进行相应的服务：

```
void thread_entry(void * parameter)
{
    while (1)
    {
    /* 等待事件的发生 */

    /* 对事件进行服务、进行处理 */
    }
}
```

图 6.16　时间片

线程看似没有什么限制程序执行的因素,似乎所有的操作都可以执行。但是作为一个实时系统,一个优先级明确的实时系统,如果一个线程中的程序陷入了死循环操作,那么比它优先级低的线程都将不能够得到执行。

注意:在实时操作系统中,线程中不能存在陷入死循环的操作,必须要有让出 CPU 使用权的动作,如循环中调用延时函数或者主动挂起。用户设计这种无限循环线程的目的,就是为了让这个线程一直被系统循环调度运行,永不删除。

---

(2) 顺序执行或有限次循环模式:如简单的顺序语句、do while() 或 for()循环等,此类线程不会循环或不会永久循环,可谓是"一次性"线程,一定会被执行完毕。在执行完毕后,线程将被系统自动删除。

```
static void thread_entry(void * parameter)
{
    /* 处理事务 #1 */
    …
    /* 处理事务 #2 */
    …
    /* 处理事务 #3 */
}
```

6. 线程错误码

一个线程就是一个执行场景,错误码是与执行环境密切相关的,所以每个线程配备了一

个变量用于保存错误码,线程的错误码有以下几种:

```
#define RT_EOK        0   /*  无错误      */
#define RT_ERROR      1   /*  普通错误    */
#define RT_ETIMEOUT   2   /*  超时错误    */
#define RT_EFULL      3   /*  资源已满    */
#define RT_EEMPTY     4   /*  无资源      */
#define RT_ENOMEM     5   /*  无内存      */
#define RT_ENOSYS     6   /*  系统不支持  */
#define RT_EBUSY      7   /*  系统忙      */
#define RT_EIO        8   /*  IO 错误     */
#define RT_EINTR      9   /*  中断系统调用 */
#define RT_EINVAL     10  /*  非法参数    */
```

7. 线程状态切换

RT-Thread 提供一系列的操作系统调用接口,使得线程的状态在这 5 个状态之间来回切换。几种状态间的转换关系如图 6.17 所示。

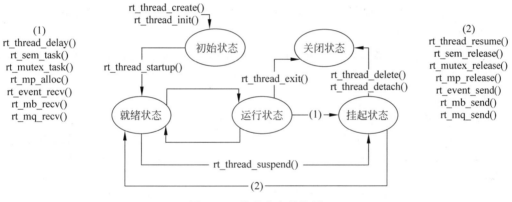

图 6.17　线程状态转换图

（1）线程通过调用函数 rt_thread_create/rt_thread_init()进入初始状态（RT_THREAD_INIT）。

（2）初始状态的线程通过调用函数 rt_thread_startup()进入就绪状态（RT_THREAD_READY）。

（3）就绪状态的线程被调度器调度后进入运行状态（RT_THREAD_RUNNING）。

（4）当处于运行状态的线程调用 rt_thread_delay()、rt_sem_task()、rt_mutex_task()、rt_mb_recv()等函数或者获取不到资源时,将进入挂起状态（RT_THREAD_SUSPEND）。

（5）处于挂起状态的线程,如果等待超时依然未能获得资源或由于其他线程释放了资源,那么它将返回到就绪状态。挂起状态的线程,如果调用 rt_thread_delete/rt_thread_detach()函数,将更改为关闭状态（RT_THREAD_CLOSE）。

（6）而运行状态的线程,如果运行结束,就会在线程的最后部分执行 rt_thread_exit() 函数,将状态更改为关闭状态。

注意：在 RT-Thread 中,实际上线程并不存在运行状态,就绪状态和运行状态是等同的。

---

8. 系统线程

前文中已提到,系统线程是指由系统创建的线程,用户线程是由用户程序调用线程管理接口创建的线程,在 RT-Thread 内核中的系统线程分为空闲线程和主线程。

9. 空闲线程

空闲线程是系统创建的最低优先级的线程,线程状态永远为就绪状态。当系统中无其他就绪线程存在时,调度器将调度到空闲线程,它通常是一个死循环,且永远不能被挂起。另外,空闲线程在 RT-Thread 中有着它的特殊用途。

若某线程运行完毕,系统将自动删除线程:自动执行 rt_thread_exit() 函数,先将该线程从系统就绪队列中删除,再将该线程的状态更改为关闭状态,不再参与系统调度,然后挂入 rt_thread_defunct 僵尸队列(资源未回收、处于关闭状态的线程队列)中,最后空闲线程会回收被删除线程的资源。

空闲线程也提供了接口来运行用户设置的钩子函数,在空闲线程运行时会调用该钩子函数,适合处理钩入功耗管理、看门狗喂狗等工作。

10. 主线程

在系统启动时,系统会创建 main 线程,它的入口函数为 main_thread_entry(),用户的应用入口函数 main() 就是从这里真正开始的,系统调度器启动后,main 线程就开始运行,过程如图 6.18 所示,用户可以在 main() 函数里添加自己的应用程序初始化代码。

图 6.18　系统启动流程

11. 线程的管理方式

线程的相关操作主要有：创建/初始化线程、启动线程、运行线程、删除/脱离线程,如图 6.19 所示。

可以使用 rt_thread_create() 创建一个动态线程,使用 rt_thread_init() 初始化一个静态线程,动态线程与静态线程的区别是:动态线程是系统自动从动态内存堆上分配栈空间与线程句柄(初始化 heap 之后才能使用 create 创建动态线程),静态线程是由用户分配栈空间与线程句柄。

12. 创建和删除线程

一个线程要成为可执行的对象,就必须由操作系统的内核来为它创建一个线程。可以通过接口创建一个动态线程,函数代码如下:

```
rt_thread_t rt_thread_create(const char * name,
                    void ( * entry)(void * parameter),
                    void * parameter,
                    rt_uint32_t stack_size,
                    rt_uint8_t priority,
                    rt_uint32_t tick);
```

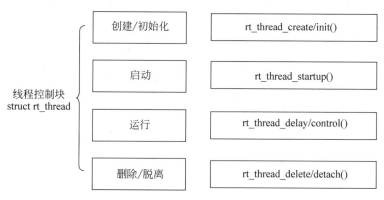

图 6.19   线程控制

调用这个函数时,系统会从动态堆内存中分配一个线程句柄及按照参数中指定的栈大小从动态堆内存中分配相应的空间。分配出来的栈空间是按照 rtconfig.h 中配置的 RT_ALIGN_SIZE 方式对齐。

参数:

(1) name:线程的名称;线程名称的最大长度由 rtconfig.h 中的宏 RT_NAME_MAX 指定,多余部分会被自动截掉。

(2) entry:线程入口函数。

(3) parameter:线程入口函数参数。

(4) stack_size:线程栈大小,单位是字节。

(5) priority:线程的优先级。优先级范围根据系统配置情况(rtconfig.h 中的 RT_THREAD_PRIORITY_MAX 宏定义),如果支持的是 256 级优先级,那么它的范围是 0~255,数值越小优先级越高,0 代表最高优先级。

(6) tick:线程的时间片大小。时间片(tick)的单位是操作系统的时钟节拍。当系统中存在相同优先级线程时,这个参数指定线程一次调度能够运行的最大时间长度。这个时间片运行结束时,调度器自动选择下一个就绪状态的同优先级线程进行运行。

返回:

(1) thread:线程创建成功,返回线程句柄。

(2) RT_NULL:线程创建失败。

对于一些使用 rt_thread_create() 创建出来的线程,当不需要使用或者运行出错时,我们可以使用下面的函数接口来从系统中把线程完全删除掉：

```
rt_err_t rt_thread_delete(rt_thread_t thread)
```

调用该函数后,线程对象将会被移出线程队列并且从内核对象管理器中删除,线程占用的堆栈空间也会被释放,收回的空间将重新用于其他的内存分配。实际上,用 rt_thread_delete() 函数删除线程接口,仅仅是把相应的线程状态更改为 RT_THREAD_CLOSE 状态,然后放入 rt_thread_defunct 队列中;而真正的删除动作(释放线程控制块和释放线程栈)需要到下一次执行空闲线程时,由空闲线程完成最后的线程删除动作。

参数：

thread：要删除的线程句柄。

返回：

(1) RT_EOK：删除线程成功。

(2) -RT_ERROR：删除线程失败。

这个函数仅在使能了系统动态堆时才有效(即 RT_USING_HEAP 宏定义已经定义了)。

13. 初始化和脱离线程

线程的初始化可以使用下面的函数接口完成,来初始化静态线程对象：

```
rt_err_t rt_thread_init(struct rt_thread * thread,
              const char * name,
              void ( * entry)(void * parameter), void * parameter,
              void * stack_start, rt_uint32_t stack_size,
              rt_uint8_t priority, rt_uint32_t tick)
```

静态线程的线程句柄(或者说线程控制块指针)、线程栈由用户提供。静态线程是指线程控制块、线程运行栈一般设置为全局变量,在编译时就被确定、被分配处理,内核不负责动态分配内存空间。需要注意的是,用户提供的栈首地址需做系统对齐(例如 ARM 上需要做4字节对齐)。

参数：

(1) thread：线程句柄。线程句柄由用户提供出来,并指向对应的线程控制块内存地址。

(2) name：线程的名称；线程名称的最大长度由 rtconfig.h 中定义的 RT_NAME_MAX 宏指定,多余部分会被自动截掉。

(3) entry：线程入口函数。

(4) parameter：线程入口函数参数。

(5) stack_start：线程栈起始地址。

(6) stack_size：线程栈大小,单位是字节。在大多数系统中需要做栈空间地址对齐(例如 ARM 体系结构中需要向 4 字节地址对齐)。

(7) priority：线程的优先级。优先级范围根据系统配置情况(rtconfig. h 中的 RT_THREAD_PRIORITY_MAX 宏定义)，如果支持的是 256 级优先级，那么它的范围是 0～255，数值越小优先级越高，0 代表最高优先级。

(8) tick：线程的时间片大小。时间片(tick)的单位是操作系统的时钟节拍。当系统中存在相同优先级线程时，这个参数指定线程一次调度能够运行的最大时间长度。这个时间片运行结束时，调度器自动选择下一个就绪状态的同优先级线程进行运行。

返回：

(1) RT_EOK：线程创建成功。

(2) -RT_ERROR：线程创建失败。

对于用 rt_thread_init()初始化的线程，使用 rt_thread_detach() 将使线程对象在线程队列和内核对象管理器中被脱离。线程脱离函数如下：

```
rt_err_t rt_thread_detach (rt_thread_t thread)
```

参数：

thread：线程句柄，它应该是由 rt_thread_init()函数进行初始化的线程句柄。

返回：

(1) RT_EOK：线程脱离成功。

(2) -RT_ERROR：线程脱离失败。

这个函数接口是和 rt_thread_delete()函数相对应的，rt_thread_delete()函数操作的对象是 rt_thread_create()创建的句柄，而 rt_thread_detach()函数操作的对象是使用 rt_thread_init()函数初始化的线程控制块。

14. 启动线程

创建(初始化)的线程状态处于初始状态，并未进入就绪线程的调度队列，我们可以在线程初始化/创建成功后调用下面的函数接口让该线程进入就绪状态：

```
rt_err_t rt_thread_startup(rt_thread_t thread)
```

当调用这个函数时，将把线程的状态更改为就绪状态，并放到相应优先级队列中等待调度。如果新启动的线程优先级比当前线程优先级高，将立刻切换到这个线程。

参数：

thread：线程句柄。

返回：

(1) RT_EOK：线程启动成功。

(2) -RT_ERROR：线程启动失败。

15. 获取当前线程

在程序的运行过程中，相同的一段代码可能会被多个线程执行，在执行的时候可以通过下面的函数接口获得当前执行的线程句柄：

```
rt_thread_t rt_thread_self(void)
```

返回：

（1）thread：当前运行的线程句柄。

（2）RT_NULL：失败，调度器还未启动。

16．使线程让出处理器资源

当前线程的时间片用完或者该线程主动要求让出处理器资源时，它将不再占有处理器，调度器会选择相同优先级的下一个线程执行。线程调用这个接口后，这个线程仍然在就绪队列中。线程让出处理器使用下面的函数接口：

```
rt_err_t rt_thread_yield(void)
```

调用该函数后，当前线程首先把自己从它所在的就绪优先级线程队列中删除，然后把自己挂到这个优先级队列链表的尾部，然后激活调度器进行线程上下文切换。如果当前优先级只有这一个线程，则这个线程继续执行，不进行上下文切换动作。

rt_thread_yield()函数和 rt_schedule() 函数比较相像，但在有相同优先级的其他就绪态线程存在时，系统的行为却完全不一样。执行 rt_thread_yield() 函数后，当前线程被换出，相同优先级的下一个就绪线程将被执行。而执行 rt_schedule() 函数后，当前线程并不一定被换出，即使被换出，也不会被放到就绪线程链表的尾部，而是在系统中选取就绪的优先级最高的线程执行。如果系统中没有比当前线程优先级更高的线程存在，那么执行 rt_schedule()函数后，系统将继续执行当前线程。

17．使线程睡眠

在实际应用中，我们有时需要让运行的当前线程延迟一段时间，在指定的时间到达后重新运行，这就叫作线程睡眠。线程睡眠可使用以下 3 个函数接口：

```
rt_err_trt_thread_sleep(rt_tick_t tick)
rt_err_trt_thread_delay(rt_tick_t tick)
rt_err_trt_thread_mdelay(rt_int32_t ms)
```

这 3 个函数接口的作用相同，调用它们可以使当前线程挂起一段指定的时间，当这个时间过后，线程会被唤醒并再次进入就绪状态。这个函数接受一个参数，该参数指定了线程的休眠时间。

参数：

tick/ms：线程睡眠的时间。sleep/delay 的传入参数 tick 以 1 个 OS Tick 为单位，mdelay 的传入参数 ms 以 1ms 为单位。

返回：

RT_EOK：操作成功。

18. 挂起和恢复线程

当线程调用 rt_thread_delay() 时，线程将主动挂起；当调用 rt_sem_task()、rt_mb_recv() 等函数时，资源不可使用也将导致线程挂起。处于挂起状态的线程，如果其等待的资源超时（超过其设定的等待时间），那么该线程将不再等待这些资源，并返回到就绪状态；或者，当其他线程释放掉该线程所等待的资源时，该线程也会返回到就绪状态。

线程挂起使用下面的函数接口：

```
rt_err_t rt_thread_suspend (rt_thread_t thread)
```

参数：

thread：线程句柄。

返回：

（1）RT_EOK：线程挂起成功。

（2）-RT_ERROR：线程挂起失败，因为该线程的状态并不是就绪状态。

注意：通常不应该使用这个函数来挂起线程本身，如果确实需要采用 rt_thread_suspend() 函数挂起当前任务，需要在调用 rt_thread_suspend() 函数后立刻调用 rt_schedule() 函数进行手动线程上下文切换。用户只需要了解该接口的作用，不推荐使用该接口。

恢复线程就是让挂起的线程重新进入就绪状态，并将线程放入系统的就绪队列中；如果被恢复线程在所有就绪状态线程中，并位于最高优先级链表的第一位，那么系统将进行线程上下文的切换。线程恢复使用下面的函数接口：

```
rt_err_t rt_thread_resume (rt_thread_t thread)
```

参数：

thread：线程句柄。

返回：

（1）RT_EOK：线程恢复成功。

（2）-RT_ERROR：线程恢复失败，因为此线程的状态并不是 RT_THREAD_SUSPEND 状态。

19. 控制线程

当需要对线程进行一些其他控制时，例如动态更改线程的优先级，可以调用以下函数接口：

```
rt_err_t rt_thread_control(rt_thread_t thread, rt_uint8_t cmd, void* arg)
```

参数：

(1) thread：线程句柄。

(2) cmd：指示控制命令。

(3) arg：控制参数。

返回：

(1) RT_EOK：控制执行正确。

(2) -RT_ERROR：失败。

指示控制命令 cmd 当前支持的命令包括：

(1) RT_THREAD_CTRL_CHANGE_PRIORITY：动态更改线程的优先级。

(2) RT_THREAD_CTRL_STARTUP：开始运行一个线程,等同于 rt_thread_startup()函数调用。

(3) RT_THREAD_CTRL_CLOSE：关闭一个线程,等同于 rt_thread_delete()函数调用。

20. 设置空闲钩子

空闲钩子函数是空闲线程的钩子函数,如果设置了空闲钩子函数,就可以在系统执行空闲线程时,自动执行空闲钩子函数来做一些其他事情,例如系统指示灯。

设置空闲钩子的函数接口如下：

```
rt_err_t rt_thread_idle_sethook(void ( * hook)(void))
rt_err_t rt_thread_idle_delhook(void ( * hook)(void))
```

参数：

hook：设置钩子函数。

返回：

(1) RT_EOK：设置成功。

(2) -RT_EFULL：设置失败。

21. 删除空闲钩子

删除空闲钩子函数接口如下：

```
rt_err_t rt_thread_idle_delhook(void ( * hook)(void))
```

参数：

void (* hook)(void)：删除的钩子函数。

返回：

(1) RT_EOK：删除成功。

(2) -RT_ENOSYS：删除失败。

注意：空闲线程是一个线程状态永远为就绪态的线程，因此设置的钩子函数必须保证空闲线程在任何时刻都不会处于挂起状态，例如 rt_thread_delay()、rt_sem_task()等可能会导致线程挂起的函数都不能使用。

22. 设置调度器钩子

整个系统在运行时，系统都处于线程运行、中断触发—响应中断、切换到其他线程，甚至是线程间的切换或者说系统的上下文切换是系统中最普遍的事件。有时用户可能会想知道在一个时刻发生了什么样的线程切换，可以通过调用下面的函数接口设置一个相应的钩子函数。在系统线程切换时，这个钩子函数将被调用：

```
void rt_scheduler_sethook(void ( * hook)(struct rt_thread * from, struct rt_thread * to))
```

参数：

hook：表示用户定义的钩子函数指针。

钩子函数 hook() 的声明如下：

```
void hook(struct rt_thread * from, struct rt_thread * to)
```

参数：

(1) from：表示系统所要切换出的线程控制块指针。

(2) to：表示系统所要切换到的线程控制块指针。

注意：请仔细编写钩子函数，稍有不慎将很可能导致整个系统运行不正常。在这个钩子函数中，基本上不允许调用系统 API，更不应该导致当前运行的上下文挂起。

23. 线程示例

这个例子创建两个线程，一个是动态线程，在运行完毕后自动被系统删除。另外一个是静态线程，一直打印计数。此例子位于"Chapter6\01_sample\sample.c"文件，代码如下：

```
# include <rtthread.h>

# define THREAD_PRIORITY        25
# define THREAD_STACK_SIZE       512
# define THREAD_TIMESLICE        5

static rt_thread_t tid1 = RT_NULL;

/* 线程 1 的入口函数 */
static void thread1_entry(void * parameter)
```

```
{
    rt_uint32_t count = 0;

    while (1)
    {
        /* 线程 1 采用低优先级运行,一直打印计数值 */
        rt_kprintf("thread1 count: % d\n", count ++);
        rt_thread_mdelay(500);
    }
}

ALIGN(RT_ALIGN_SIZE)
static char thread2_stack[1024];
static struct rt_thread thread2;
/* 线程 2 入口 */
static void thread2_entry(void * param)
{
    rt_uint32_t count = 0;

    /* 线程 2 拥有较高的优先级,以抢占线程 1 而获得执行 */
    for (count = 0;count <10 ;count++)
    {
        /* 线程 2 打印计数值 */
        rt_kprintf("thread2 count: % d\n", count);
    }
    rt_kprintf("thread2 exit\n");
    /* 线程 2 运行结束后也将自动被系统脱离 */
}
/* 线程示例 */
int thread_sample(void)
{
    /* 创建线程 1,名称是 thread1,入口是 thread1_entry */
    tid1 = rt_thread_create("thread1",
                        thread1_entry, RT_NULL,
                        THREAD_STACK_SIZE,
                        THREAD_PRIORITY, THREAD_TIMESLICE);

    /* 如果获得线程控制块,启动这个线程 */
    if (tid1 != RT_NULL)
        rt_thread_startup(tid1);

    /* 初始化线程 2,名称是 thread2,入口是 thread2_entry */
    rt_thread_init(&thread2,
                "thread2",
                thread2_entry,
                RT_NULL,
```

```
            &thread2_stack[0],
                    sizeof(thread2_stack),
                    THREAD_PRIORITY - 1,THREAD_TIMESLICE);
    rt_thread_startup(&thread2);

    return 0;
}
```

把 Chapter6\01_sample\sample.c 文件复制到 Chapter6\rt-thread-v3.1.2\rt-thread\bsp\stm32\stm32f407-atk-explorer\applications 文件夹中。打开 Chapter6\rt-thread-v3.1.2\rt-thread\bsp\stm32\stm32f407-atk-explorer\project.uvprojx 工程文件,在 Project→Applications 中添加 sample.c 文件,如图 6.20 所示。

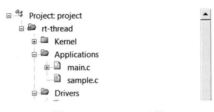

图 6.20 Project 工程

在 main.c 文件的 main 函数中调用 thread_sample()函数,代码如下:

```
//Chapter6\rt - thread - v3.1.2\rt - thread\bsp\stm32\stm32f407 - atk - explorer\applications\
//main.c                 19行

int main(void)
{
    int count = 1;
    /* set LED0 pin mode to output */
    rt_pin_mode(LED0_PIN,PIN_MODE_OUTPUT);

    //调用 thread_sample()函数
    thread_sample();

    while (count++)
    {
        rt_pin_write(LED0_PIN,PIN_HIGH);
        rt_thread_mdelay(500);
        rt_pin_write(LED0_PIN,PIN_LOW);
        rt_thread_mdelay(500);
    }

    return RT_EOK;
}
```

编译并下载程序,打开附录 A\软件\串口工具\sscom5.13.1.exe,设置"波特率"为 115200。单击"打开串口"按钮,可以看到 STM32F407 主板的串口输出,如图 6.21 所示。

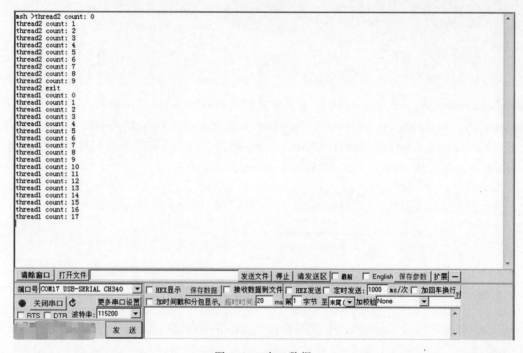

图 6.21　串口数据

注意:关于线程删除,大多数线程是循环执行的,无须删除,而能运行完毕的线程,RT-Thread 在线程运行完毕后,自动删除线程,在 rt_thread_exit() 里完成删除动作。用户只需要了解该接口的作用,不推荐使用该接口。可以由其他线程调用此接口或在定时器超时函数中调用此接口删除一个线程,但是这种使用方式非常少。

6.3　GPIO 开发

▶ 7min

▶ 10min

6.3.1　I/O 设备模型框架

RT-Thread 提供了一套简单的 I/O 设备模型框架,位于硬件和应用程序之间,总共分为 3 层:I/O 设备管理层、设备驱动框架层、设备驱动层,如图 6.22 所示。

需要注意的是,I/O 设备驱动模型框架包含了 GPIO 驱动、SPI 设备驱动、I²C 设备驱动等,它和 Linux 的驱动框架比较类似。具体内容读者可以查阅官方文档:https://www.rt-thread.org/document/site/programming-manual/device/device/。

由于 RT-Thread 的 I/O 设备驱动模型框架已经帮我们完成了大部分驱动相关的代码,

且读者不需要去修改 I/O 设备驱动模型框架的相关代码,所以可以将学习的重点放在应用开发这一部分。本书也将重点介绍应用开发如何使用设备驱动。

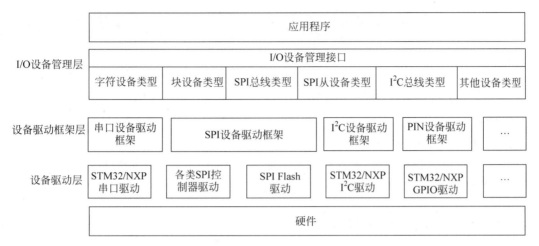

图 6.22 I/O 设备驱动模型框架

6.3.2 相关 API

RT-Thread 封装了一套与芯片架构无关的 GPIO 操作的 API,应用程序可以使用统一的 API 编写应用程序,具有非常好的可移植性。

1. 设置引脚工作模式

应用程序可以使用 rt_pin_mode() 函数来设置某个引脚的工作状态是输入还是输出,函数代码如下:

```
void rt_pin_mode(rt_base_t pin, rt_base_t mode)
```

参数:

(1) rt_base_t pin:GPIO 引脚编号,对于 STM32 来说,可以使用 GET_PIN(PORTx,PIN)函数来自动生成引脚编号,其中 PORTx 对应了 STM32 的 GPIOx,可以填写的范围是 A~G,pin 对应了具体引脚编号,取值范围是 0~15。例如我们要设置的 STM32 引脚是 GPIOB_1 可以用 GET_PIN(B,1)来构造。

(2) rt_base_t mode:引脚的工作模式,可取值如下:

PIN_MODE_OUTPUT:推挽输出。

PIN_MODE_INPUT:浮空输入。

PIN_MODE_INPUT_PULLUP:上拉输入。

PIN_MODE_INPUT_PULLDOWN:下拉输入。

PIN_MODE_OUTPUT_OD:开漏输出。

2. 引脚输出

应用程序可以使用 rt_pin_write 设置 GPIO 口的输出状态,函数代码如下:

```
void rt_pin_write(rt_base_t pin, rt_base_t value)
```

参数:

(1) rt_base_t pin：GPIO 引脚编号。

(2) rt_base_t value：输出的电平值,可取值为：PIN_LOW(低电平输出)、PIN_HIGH(高电平输出)。

3. 读取引脚状态

当引脚被设置为输入时,应用程序可以使用 rt_pin_read() 函数来读取引脚的输入状态,函数代码如下:

```
int   rt_pin_read(rt_base_t pin)
```

参数:

rt_base_t pin：GPIO 引脚编号。

返回:

int：返回引脚的输入状态,可取值为：PIN_LOW(低电平输出)、PIN_HIGH(高电平输出)。

4. 绑定引脚中断回调函数

GPIO 引脚除了做输入和输出使用外,还可以作为中断源使用。

应用程序可以使用 rt_pin_attach_irq() 函数来设置引脚为外部中断引脚、中断方式和中断服务函数。rt_pin_attach_irq() 函数代码如下:

```
rt_err_t rt_pin_attach_irq(rt_int32_t pin,rt_uint32_t mode,
                           void (*hdr)(void *args),void *args)
```

参数:

(1) rt_int32_t pin：GPIO 引脚编号。

(2) rt_uint32_t mode：中断触发方式,可以取值如下:

PIN_IRQ_MODE_RISING：上升沿触发中断。

PIN_IRQ_MODE_FALLING：下降沿触发中断。

PIN_IRQ_MODE_RISING_FALLING：上升沿、下降沿触发中断。

PIN_IRQ_MODE_HIGH_LEVEL：高电平触发中断。

PIN_IRQ_MODE_LOW_LEVEL：低电平触发中断。

(3) void (*hdr)(void *args)：中断服务函数,一般需要用户实现该函数,用以中断触发时调用中断服务函数进行中断处理。

（4）void ＊args：参数，该参数最终会作为 void（＊hdr)(void ＊args)中断服务函数的 void ＊args 参数。不需要时可以设置为 RT_NULL。

5. 脱离引脚中断回调函数

应用程序使用 rt_pin_attach_irq()函数来设置引脚为外部中断引脚、中断方式和中断服务函数后，如果想取消之前的设置，让引脚恢复到默认状态，可以使用 rt_pin_detach_irq()函数。其函数代码如下：

```
rt_err_t rt_pin_detach_irq(rt_int32_t pin)
```

参数：

rt_int32_t pin：GPIO 引脚编号。

返回：

RT_EOK：调用成功，其他返回值均表示出错。

6. 使能引脚中断

应用程序调用 rt_pin_attach_irq()函数来设置引脚为外部中断引脚、中断方式和中断服务函数后，该引脚还不能响应中断。应用程序需要使用 rt_pin_irq_enable()函数来使能引脚中断，其函数代码如下：

```
rt_err_t rt_pin_irq_enable(rt_base_t pin, rt_uint32_t enabled)
```

参数：

（1）rt_base_t pin：GPIO 引脚编号。

（2）rt_uint32_t enabled：是否使能引脚中断，可取值：RT_TRUE(使能引脚中断)、RT_FALSE(不使能引脚中断)。

6.3.3 实验

打开 Chapter6 \ rt-thread-v3. 1. 2 \ rt-thread \ bsp \ stm32 \ stm32f407-atk-explorer \ project. uvprojx 工程文件，再打开 main. c 文件。

本书配套的 STM32F407 开发板的 LED0 对应的 GPIO 口是 GPIOE_4，所以修改LED0_PIN 为 GET_PIN(E,4)，代码如下：

```
//Chapter6\rt-thread-v3.1.2\rt-thread\bsp\stm32\stm32f407-atk-explorer\applications\
//main.c        17行

#define LED0_PIN GET_PIN(E,4)
```

main 函数设置 LED0_PIN 为推挽输出，在 while 循环中设置 LED 每隔 500ms 亮灭一次，代码如下：

```
//Chapter6\rt - thread - v3.1.2\rt - thread\bsp\stm32\stm32f407 - atk - explorer\applications\
//main.c          19 行

int main(void)
{
    int count = 1;
    /* 设置 LED0 为推挽输出 */
    rt_pin_mode(LED0_PIN,PIN_MODE_OUTPUT);

    //上一节的线程测试代码,可以忽略
    //thread_sample();

    while (count++)
    {
        //设置 LED0 输出高电平
        rt_pin_write(LED0_PIN,PIN_HIGH);
        //等待 500ms
        rt_thread_mdelay(500);
        //设置 LED0 输出低电平
        rt_pin_write(LED0_PIN,PIN_LOW);
        //等待 500ms
        rt_thread_mdelay(500);
    }

    return RT_EOK;
}
```

编译并下载程序到开发板,可以看到 LED 每隔 500ms 亮灭一次。

6.4 串口开发

28min

6.4.1 FinSH 控制台

通常 RT-Thread 默认带 FinSH 功能,且使用串口 1 作为交互串口。故而在讲解串口开发之前,有必要先了解一下 FinSH。

最早期的计算机操作系统还不支持图形界面,计算机先驱们开发了一种软件,它接受用户输入的命令,解释之后,传递给操作系统,并将操作系统执行的结果返回给用户。这个程序像一层外壳包裹在操作系统的外面,所以它被称为 Shell。

嵌入式设备通常需要将开发板与计算机连接起来通信,常见连接方式包括:串口、USB、以太网、WiFi 等。一个灵活的 Shell 也应该支持在多种连接方式上工作。有了 Shell,就像在开发者和计算机之间架起了一座沟通的桥梁,开发者能很方便地获取系统的运行情况,并通过命令控制系统的运行。特别是在调试阶段,有了 Shell,开发者除了能更快地定位到问题之外,也能利用 Shell 调用测试函数,改变测试函数的参数,减少代码的烧录次数,缩短项目的开发时间。

FinSH 是 RT-Thread 的命令行组件(Shell),正是基于上面这些考虑而诞生的,FinSH 的发音为['fɪnʃ]。

1. 使用

使用 USB 转串口线将开发板的串口 1 和计算机的 USB 口连接起来,打开附录 A\软件\串口工具\sscom5.13.1.exe 工具。设置"波特率"为 115200,单击"打开串口"按钮,给开发板上电,可以看到 FinSH 的输出内容,如图 6.23 所示。

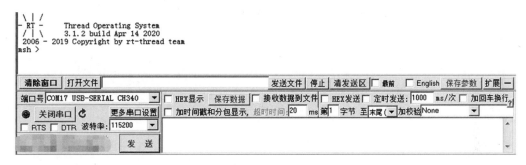

图 6.23 FinSH

可以在输入框输入 help,并勾选"加回车换行",单击"发送"按钮,可以看到 FinSH 支持的所有命令,如图 6.24 所示。

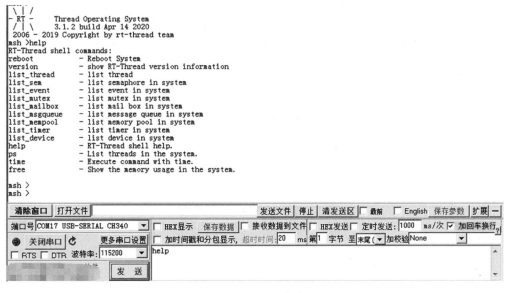

图 6.24 help 命令

FinSH 默认支持图 6.24 所示的命令,当打开 DFS 组件时,还额外支持 ls、cd 等命令。

2. 自定义 FinSH 命令

除了 FinSH 自带的命令,FinSH 还支持我们自定义命令,可以使用 FinSH 提供的宏接口将我们自己编写的代码导成 FinSH 命令,这样就可以直接在 FinSH 中执行。

自定义 msh 命令的宏定义如下:

```
MSH_CMD_EXPORT(name, desc);
```

参数:

(1) name:要导出的命令。

(2) desc:导出命令的描述。

例如在 mian.c 文件中增加如下代码:

```
//Chapter6\rt－thread－v3.1.2\rt－thread\bsp\stm32\stm32f407－atk－explorer\applications\
//main.c          39 行

void echo_hello(void)
{
    rt_kprintf("hello RT－Thread!\n");
}

MSH_CMD_EXPORT(echo_hello ,say hello to RT－Thread);
```

重新编译程序后下载到开发板,在串口工具输入框中输入 help 并单击"发送"按钮后可以看到 FinSH 命令多了一个 echo_hello 命令,在输入框输入 echo_hello。单击"发送"按钮运行命令,可以看到打印信息 hello RT-Thread!,打印信息如下:

```
\ | /
－RT－    Thread Operating System
/ | \    3.1.2build Apr 14 2020
 2006 － 2019 Copyright by rt－thread team
msh >help
RT－Thread shell commands:
echo_hello      － say hello to RT－Thread
reboot          － Reboot System
version         － show RT－Thread version information
list_thread     － list thread
list_sem        － list semaphore in system
list_event      － list event in system
list_mutex      － list mutex in system
list_mailbox    － list mail box in system
list_msgqueue   － list message queue in system
list_mempool    － list memory pool in system
list_timer      － list timer in system
```

```
list_device      - list device in system
help             - RT-Thread shell help.
ps               - List threads in the system.
time             - Execute command with time.
free             - Show the memory usage in the system.

msh >
msh >echo_hello
hello RT-Thread!
msh >
```

6.4.2　相关 API

RT-Thread 的串口设备驱动层为应用程序封装了一组串口操作的 API 函数，该组 API 和芯片架构无关，使得应用程序具有良好的可移植性。相关 API 如下：

（1）rt_device_find()：查找设备。

（2）rt_device_open()：打开设备。

（3）rt_device_read()：读取数据。

（4）rt_device_write()：写入数据。

（5）rt_device_control()：控制设备。

（6）rt_device_set_rx_indicate()：设置接收回调函数。

（7）rt_device_set_tx_complete()：设置发送完成回调函数。

（8）rt_device_close()：关闭设备。

1. 查找设备

在 RT-Thread 中，要操作串口首先要获取串口的设备句柄。RT-Thread 提供了一个查找设备并返回设备句柄的函数，代码如下：

```
rt_device_t rt_device_find(const char * name)
```

参数：

name：设备名称。

返回：

rt_device_t：查找对应设备，返回相应的设备句柄。返回 RT_NULL 则表示没有找到相应的设备对象。

一般情况下，注册到系统的串口设备名称为 uart0、uart1 等，使用示例代码如下：

```
#define SAMPLE_UART_NAME    "uart2"    /* 串口设备名称 */
static rt_device_t serial;             /* 串口设备句柄 */
/* 查找串口设备 */
serial = rt_device_find(SAMPLE_UART_NAME);
```

2. 打开串口设备

应用程序可以通过设备句柄打开和关闭设备,RT-Thread 提供如下函数打开串口设备:

```
rt_err_t rt_device_open(rt_device_t dev, rt_uint16_t oflags)
```

参数:

(1) dev:设备句柄。

(2) oflags:设备模式标志。

返回:

(1) RT_EOK:设备打开成功。

(2) -RT_EBUSY:如果设备注册指定的参数包括 RT_DEVICE_FLAG_STANDALONE 参数,此设备将不允许重复打开。

(3) 其他错误码:设备打开失败。

oflags 参数支持下列取值 (可以采用"或"的方式支持多种取值):

```
#define RT_DEVICE_FLAG_STREAM       0x040    /* 流模式       */
/* 接收模式参数 */
#define RT_DEVICE_FLAG_INT_RX       0x100    /* 中断接收模式 */
#define RT_DEVICE_FLAG_DMA_RX       0x200    /* DMA 接收模式 */
/* 发送模式参数 */
#define RT_DEVICE_FLAG_INT_TX       0x400    /* 中断发送模式 */
#define RT_DEVICE_FLAG_DMA_TX       0x800    /* DMA 发送模式 */
```

串口数据接收和数据发送的模式分为 3 种:中断模式、轮询模式、DMA 模式。在使用的时候,这 3 种模式只能选其一,若串口的打开参数 oflags 没有指定使用中断模式或者 DMA 模式,则默认使用轮询模式。

DMA(Direct Memory Access)即直接存储器访问。DMA 传输方式无须 CPU 直接控制传输,也没有像中断处理方式那样保留现场和恢复现场的过程,通过 DMA 控制器为 RAM 与 I/O 设备开辟了一条直接传送数据的通路,这就节省了 CPU 的资源来进行其他操作。使用 DMA 传输可以连续获取或发送一段信息而不占用中断或延时,在通信频繁或有大段信息要传输时非常有用。

注意:RT_DEVICE_FLAG_STREAM:流模式用于向串口终端输出字符串:当输出的字符是 "\n"(对应 16 进制值为 0x0A)时,自动在前面输出一个 "\r"(对应 16 进制值为 0x0D)做分行。流模式 RT_DEVICE_FLAG_STREAM 可以和接收发送模式参数使用或 "|" 运算符一起使用。

以中断接收及轮询发送模式使用串口设备的示例代码如下:

```
#define SAMPLE_UART_NAME            "uart2"     /* 串口设备名称 */
static rt_device_t serial;                      /* 串口设备句柄 */
/* 查找串口设备 */
serial = rt_device_find(SAMPLE_UART_NAME);

/* 以中断接收及轮询发送模式打开串口设备 */
rt_device_open(serial,RT_DEVICE_FLAG_INT_RX);
```

若串口要使用 DMA 接收模式，oflags 取值 RT_DEVICE_FLAG_DMA_RX。以 DMA 接收及轮询发送模式使用串口设备的示例代码如下：

```
#define SAMPLE_UART_NAME        "uart2"   /* 串口设备名称 */
static rt_device_t serial;                /* 串口设备句柄 */
/* 查找串口设备 */
serial = rt_device_find(SAMPLE_UART_NAME);

/* 以 DMA 接收及轮询发送模式打开串口设备 */
rt_device_open(serial,RT_DEVICE_FLAG_DMA_RX);
```

3. 控制串口设备

通过控制接口，应用程序可以对串口设备进行配置，如波特率、数据位、校验位、接收缓冲区大小、停止位等参数的修改。控制函数代码如下：

```
rt_err_t rt_device_control(rt_device_tdev, rt_uint8_t cmd, void* arg)
```

参数：
(1) dev：设备句柄。
(2) cmd：命令控制字，可取值：RT_DEVICE_CTRL_CONFIG。
(3) arg：控制的参数，可取类型：struct serial_configure。
返回：
(1) RT_EOK：函数执行成功。
(2) -RT_ENOSYS：执行失败，dev 为空。
(3) 其他错误码：执行失败。
控制参数结构体 struct serial_configure 代码如下：

```
struct serial_configure
{
    rt_uint32_t baud_rate;              /* 波特率 */
    rt_uint32_t data_bits     :4;       /* 数据位 */
    rt_uint32_t stop_bits     :2;       /* 停止位 */
    rt_uint32_t parity        :2;       /* 奇偶校验位 */
```

```
    rt_uint32_t bit_order        :1;     /* 高位在前或者低位在前 */
    rt_uint32_t invert           :1;     /* 模式 */
    rt_uint32_t bufsz            :16;    /* 接收数据缓冲区大小 */
    rt_uint32_t reserved         :4;     /* 保留位 */
};
```

RT-Thread 提供的配置参数可取值的宏定义代码如下：

```
/* 波特率可取值 */
#define BAUD_RATE_2400            2400
#define BAUD_RATE_4800            4800
#define BAUD_RATE_9600            9600
#define BAUD_RATE_19200           19200
#define BAUD_RATE_38400           38400
#define BAUD_RATE_57600           57600
#define BAUD_RATE_115200          115200
#define BAUD_RATE_230400          230400
#define BAUD_RATE_460800          460800
#define BAUD_RATE_921600          921600
#define BAUD_RATE_2000000         2000000
#define BAUD_RATE_3000000         3000000
/* 数据位可取值 */
#define DATA_BITS_5               5
#define DATA_BITS_6               6
#define DATA_BITS_7               7
#define DATA_BITS_8               8
#define DATA_BITS_9               9
/* 停止位可取值 */
#define STOP_BITS_1               0
#define STOP_BITS_2               1
#define STOP_BITS_3               2
#define STOP_BITS_4               3
/* 极性位可取值 */
#define PARITY_NONE               0
#define PARITY_ODD                1
#define PARITY_EVEN               2
/* 高低位顺序可取值 */
#define BIT_ORDER_LSB             0
#define BIT_ORDER_MSB             1
/* 模式可取值 */
#define NRZ_NORMAL                0        /* normal mode */
#define NRZ_INVERTED              1        /* inverted mode */
/* 接收数据缓冲区默认大小 */
#define RT_SERIAL_RB_BUFSZ        64
```

接收缓冲区：当串口使用中断接收模式打开时，串口驱动框架会根据 RT_SERIAL_RB

_BUFSZ 大小开辟 1 块缓冲区用于保存接收到的数据,底层驱动接收到 1 个数据后会在中断服务程序里面将数据放入缓冲区。

RT-Thread 提供的默认串口配置如下,即 RT-Thread 系统中默认每个串口设备都使用如下配置:

```
#define RT_SERIAL_CONFIG_DEFAULT                \
{                                               \
    BAUD_RATE_115200, /* 115200 bits/s */   \
    DATA_BITS_8,        /* 8 databits */        \
    STOP_BITS_1,        /* 1 stopbit */         \
    PARITY_NONE,        /* No parity */         \
    BIT_ORDER_LSB,      /* LSB first sent */    \
    NRZ_NORMAL,         /* Normal mode */       \
    RT_SERIAL_RB_BUFSZ, /* Buffer size */       \
    0                                           \
}
```

注意:默认串口配置接收数据缓冲区大小为 RT_SERIAL_RB_BUFSZ,即 64 字节。若一次性数据接收字节数很多,没有及时读取数据,那么缓冲区的数据将会被新接收到的数据覆盖,造成数据丢失,建议调大缓冲区,即通过 control 接口修改。在修改缓冲区大小时请注意,缓冲区大小无法动态改变,只能在 open 设备之前可以配置。open 设备之后,缓冲区大小不可再进行更改。但除了缓冲区之外的其他参数,在 open 设备前/后,均可进行更改。

若实际使用串口的配置参数与默认配置参数不符,则用户可以通过应用代码进行修改。修改串口配置参数,如波特率、数据位、校验位、缓冲区接收 buffsize、停止位等的示例代码如下:

```
#define SAMPLE_UART_NAME            "uart2"     /* 串口设备名称 */
static rt_device_t serial;                      /* 串口设备句柄 */
struct serial_configure config = RT_SERIAL_CONFIG_DEFAULT; /* 初始化配置参数 */

/* step1:查找串口设备 */
serial = rt_device_find(SAMPLE_UART_NAME);

/* step2:修改串口配置参数 */
config.baud_rate = BAUD_RATE_9600;              //修改波特率为 9600
config.data_bits = DATA_BITS_8;                 //数据位 8
config.stop_bits = STOP_BITS_1;                 //停止位 1
config.bufsz = 128;                             //修改缓冲区 buff size 为 128
config.parity = PARITY_NONE;                    //无奇偶校验位
```

```
/* step3:控制串口设备.通过控制接口传入命令控制字与控制参数 */
rt_device_control(serial,RT_DEVICE_CTRL_CONFIG,&config);

/* step4:打开串口设备.以中断接收及轮询发送模式打开串口设备 */
rt_device_open(serial,RT_DEVICE_FLAG_INT_RX);
```

4. 发送数据

向串口中写入数据,可以通过如下函数完成:

```
rt_size_t rt_device_write(rt_device_t dev, rt_off_t pos, const void * buffer, rt_size_t size)
```

参数:

(1) dev:设备句柄。

(2) pos:写入数据偏移量,此参数串口设备未使用。

(3) buffer:内存缓冲区指针,放置要写入的数据。

(4) size:写入数据的大小。

返回:

写入数据的实际大小:如果是字符设备,返回大小以字节为单位;如果返回 0,需要读取当前线程的 errno 来判断错误状态。

调用这个函数,会把缓冲区 buffer 中的数据写入设备 dev 中,写入数据的大小是 size。向串口写入数据示例代码如下:

```
#define SAMPLE_UART_NAME        "uart2"    /* 串口设备名称 */
static rt_device_t serial;                 /* 串口设备句柄 */
char str[] = "hello RT-Thread!\r\n";
struct serial_configure config = RT_SERIAL_CONFIG_DEFAULT;/* 配置参数 */
/* 查找串口设备 */
serial = rt_device_find(SAMPLE_UART_NAME);

/* 以中断接收及轮询发送模式打开串口设备 */
rt_device_open(serial,RT_DEVICE_FLAG_INT_RX);
/* 发送字符串 */
rt_device_write(serial,0,str,(sizeof(str) - 1));
```

5. 设置发送完成回调函数

在应用程序调用 rt_device_write()写入数据时,如果底层硬件能够支持自动发送,那么上层应用可以设置一个回调函数。这个回调函数会在底层硬件数据发送完成后(例如 DMA 传送完成或 FIFO 已经写入完毕并产生完成中断时)调用。可以通过如下函数设置设备以便发送完成指示:

```
rt_err_t rt_device_set_tx_complete(rt_device_t dev, rt_err_t ( * tx_done)(rt_device_t dev,
void * buffer))
```

参数：

(1) dev：设备句柄。

(2) tx_done：回调函数指针。

返回：

RT_EOK：设置成功。

调用这个函数时，回调函数由调用者提供，当硬件设备发送完数据时，由设备驱动程序回调这个函数并把发送完成的数据块地址 buffer 作为参数传递给上层应用。上层应用(线程)在收到指示时会根据发送 buffer 的情况，释放 buffer 内存块或将其作为下一个写数据的缓存。

6. 设置接收回调函数

可以通过如下函数来设置数据接收指示，当串口收到数据时，通知上层应用线程有数据到达：

```
rt_err_t rt_device_set_rx_indicate(rt_device_t dev, rt_err_t ( * rx_ind)(rt_device_t dev,rt_
size_t size))
```

参数：

(1) dev：设备句柄。

(2) rx_ind：回调函数指针。

(3) dev：设备句柄(回调函数参数)。

(4) size：缓冲区数据大小(回调函数参数)。

返回：

RT_EOK：设置成功。

该函数的回调函数由调用者提供。若串口以中断接收模式打开，当串口接收到 1 个数据产生中断时，就会调用回调函数，并且会把此时缓冲区的数据大小放在 size 参数里，把串口设备句柄放在 dev 参数里供调用者获取。

若串口以 DMA 接收模式打开，当 DMA 完成一批数据的接收后会调用此回调函数。

一般情况下接收回调函数可以发送 1 个信号量或者事件通知串口数据处理线程有数据到达。使用示例代码如下：

```
#define SAMPLE_UART_NAME          "uart2"  /* 串口设备名称 */
static rt_device_t serial;                 /* 串口设备句柄 */
static struct rt_semaphore rx_sem;         /* 用于接收消息的信号量 */

/* 接收数据回调函数 */
static rt_err_t uart_input(rt_device_t dev,rt_size_t size)
{
    /* 串口接收到数据后产生中断,调用此回调函数,然后发送接收信号量 */
    rt_sem_release(&rx_sem);
```

```
        return RT_EOK;
}

static int uart_sample(int argc,char * argv[])
{
        serial = rt_device_find(SAMPLE_UART_NAME);

        /* 以中断接收及轮询发送模式打开串口设备 */
        rt_device_open(serial,RT_DEVICE_FLAG_INT_RX);

        /* 初始化信号量 */
        rt_sem_init(&rx_sem,"rx_sem",0,RT_IPC_FLAG_FIFO);

        /* 设置接收回调函数 */
        rt_device_set_rx_indicate(serial,uart_input);
}
```

7. 接收数据

可调用如下函数读取串口接收到的数据：

```
rt_size_t rt_device_read(rt_device_t dev, rt_off_t pos, void * buffer, rt_size_t size)
```

参数：

（1）dev：设备句柄。

（2）pos：读取数据偏移量，串口设备未使用此参数。

（3）buffer：缓冲区指针，读取的数据将会被保存在缓冲区中。

（4）size：读取数据的大小。

返回：

读到数据的实际大小：如果是字符设备，返回大小以字节为单位；如果返回 0，需要读取当前线程的 errno 来判断错误状态。

读取数据偏移量 pos，针对字符设备无效，此参数主要用于块设备中。

串口使用中断接收模式并配合接收回调函数的使用示例代码如下：

```
static rt_device_t serial;            /* 串口设备句柄 */
static struct rt_semaphore rx_sem; /* 用于接收消息的信号量 */

/* 接收数据的线程 */
static void serial_thread_entry(void * parameter)
{
        char ch;
```

```
    while (1)
    {
        /* 从串口读取一字节的数据,没有读取到则等待接收信号量 */
        while (rt_device_read(serial, - 1,&ch,1) != 1)
        {
            /* 阻塞等待接收信号量,等到信号量后再次读取数据 */
            rt_sem_take(&rx_sem,RT_WAITING_FOREVER);
        }
        /* 读取到的数据通过串口错位输出 */
        ch = ch + 1;
        rt_device_write(serial,0,&ch,1);
    }
}
```

8. 关闭串口设备

当应用程序完成串口操作后,可以关闭串口设备,通过如下函数完成:

```
rt_err_t rt_device_close(rt_device_t dev)
```

参数:

dev:设备句柄。

返回:

(1) RT_EOK:关闭设备成功。

(2) -RT_ERROR:设备已经完全关闭,不能重复关闭设备。

(3) 其他错误码:关闭设备失败。

关闭设备接口和打开设备接口需配对使用,打开一次设备对应要关闭一次设备,这样设备才会被完全关闭,否则设备仍处于未关闭状态。

6.4.3　实验

1. 实验目的

本小节将通过一个串口中断接收及轮询发送的实验来演示 RT-Thread 的串口开发。示例代码的主要步骤如下:

(1) 首先查找串口设备获取设备句柄。

(2) 初始化回调函数发送使用的信号量,然后以读写及中断接收方式打开串口设备。

(3) 设置串口设备的接收回调函数,之后发送字符串,并创建读取数据线程。

(4) 读取数据线程会尝试读取一个字符数据,如果没有数据则会挂起并等待信号量,当串口设备接收到一个数据时会触发中断并调用接收回调函数,此函数会发送信号量唤醒线程,此时线程会马上读取接收到的数据。

2. 配置 UART3

在 Chapter6\rt-thread-v3.1.2\rt-thread\bsp\stm32\stm32f407-atk-explorer 文件夹下

运行 Env,输入 menuconfig 配置,把 Hardware Drivers Config→On-chip Peripheral Drivers →Enable COM3（uart3)勾选上,如图 6.25 所示。

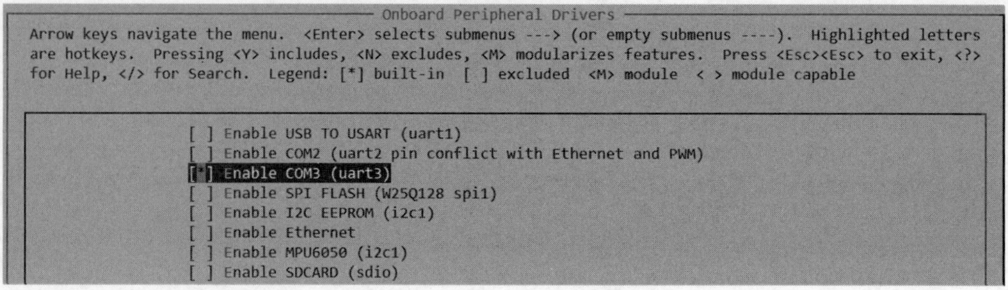

```
┌─────────────────────────── Onboard Peripheral Drivers ───────────────────────────┐
│ Arrow keys navigate the menu.  <Enter> selects submenus ---> (or empty submenus ----).  Highlighted letters │
│ are hotkeys.  Pressing <Y> includes, <N> excludes, <M> modularizes features.  Press <Esc><Esc> to exit, <?> │
│ for Help, </> for Search.  Legend: [*] built-in  [ ] excluded  <M> module  < > module capable              │
│                                                                                                            │
│ ┌────────────────────────────────────────────────────────────────────────────────────────────────────┐   │
│ │        [ ] Enable USB TO USART (uart1)                                                               │   │
│ │        [ ] Enable COM2 (uart2 pin conflict with Ethernet and PWM)                                   │   │
│ │        [*] Enable COM3 (uart3)                                                                       │   │
│ │        [ ] Enable SPI FLASH (W25Q128 spi1)                                                           │   │
│ │        [ ] Enable I2C EEPROM (i2c1)                                                                  │   │
│ │        [ ] Enable Ethernet                                                                           │   │
│ │        [ ] Enable MPU6050 (i2c1)                                                                     │   │
│ │        [ ] Enable SDCARD (sdio)                                                                      │   │
│ └────────────────────────────────────────────────────────────────────────────────────────────────────┘   │
└────────────────────────────────────────────────────────────────────────────────────────────────────────────┘
```

图 6.25　menuconfig 配置

选中后退出,输入 scons --target＝mdk5 生成新的 Keil MDK 工程文件。

3. 源码

根据 BSP 注册的串口设备,修改示例代码宏定义 SAMPLE_UART_NAME 对应的串口设备名称即可运行,源文件位于 Chapter6\02_uart\test_uart.c,代码如下:

```c
//Chapter6\02_uart\test_uart.c

/*
* 程序功能:通过串口输出字符串"hello RT-Thread!",然后错位输出输入的字符
*/

#include <rtthread.h>

#define SAMPLE_UART_NAME "uart3"

/* 用于接收消息的信号量 */
static struct rt_semaphore rx_sem;
static rt_device_t serial;

/* 接收数据回调函数 */
static rt_err_t uart_input(rt_device_t dev, rt_size_t size)
{
    /* 串口接收到数据后产生中断,调用此回调函数,然后发送接收信号量 */
    rt_sem_release(&rx_sem);

    return RT_EOK;
}

static void serial_thread_entry(void *parameter)
{
    char ch;
```

```
    while (1)
    {
        /* 从串口读取一字节的数据,没有读取到则等待接收信号量 */
        while (rt_device_read(serial, -1,&ch,1) != 1)
        {
            /* 阻塞等待接收信号量,等到信号量后再次读取数据 */
            rt_sem_take(&rx_sem,RT_WAITING_FOREVER);
        }
        /* 读取到的数据通过串口错位输出 */
        ch = ch + 1;
        rt_device_write(serial,0,&ch,1);
    }
}

int uart_sample(void)
{
    rt_err_t ret = RT_EOK;
    char uart_name[RT_NAME_MAX];
    char str[] = "hello RT - Thread!\r\n";

    rt_strncpy(uart_name,SAMPLE_UART_NAME,RT_NAME_MAX);
    /* 查找系统中的串口设备 */
    serial = rt_device_find(uart_name);
    if (!serial)
    {
        rt_kprintf("find %s failed!\n",uart_name);
        return RT_ERROR;
    }

    /* 初始化信号量 */
    rt_sem_init(&rx_sem,"rx_sem",0,RT_IPC_FLAG_FIFO);
    /* 以中断接收及轮询发送模式打开串口设备 */
    rt_device_open(serial,RT_DEVICE_FLAG_INT_RX);
    /* 设置接收回调函数 */
    rt_device_set_rx_indicate(serial,uart_input);
    /* 发送字符串 */
    rt_device_write(serial,0,str,(sizeof(str) - 1));

    /* 创建 serial 线程 */
    rt_thread_t thread = rt_thread_create("serial",serial_thread_entry,RT_NULL,1024,25,10);
    /* 创建成功则启动线程 */
    if (thread != RT_NULL)
    {
        rt_thread_startup(thread);
    }
```

```
        else
        {
            ret = RT_ERROR;
        }


        return ret;
    }
```

将 Chapter6\02_uart\test_uart. c 文件复制到 Chapter6\rt-thread-v3. 1. 2\rt-thread\
bsp\stm32\stm32f407-atk-explorer\applications 文件夹中,并打开 Chapter6\rt-thread-v3.
1. 2\rt-thread\bsp\stm32\stm32f407-atk-explorer\project. uvprojx 工程文件。在 Project
→Applications 中添加 test_uart. c 文件,在 main 函数中调用 uart_sample(),如图 6.26
所示。

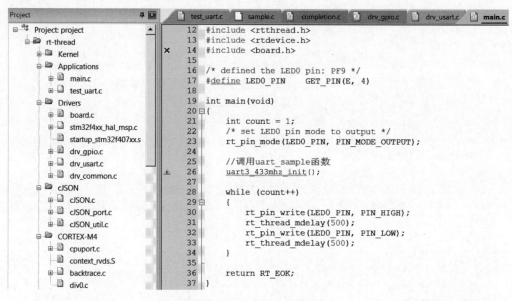

图 6.26 串口工程

4. 测试

需要使用 USB 转串口工具将开发板的串口 3 和计算机
的 USB 口连接起来,串口 3 位于网卡附近,如图 6.27 所示。

需要注意的是,串口工具的 RX 引脚要接到开发板的
TX 引脚,串口工具的 TX 引脚要接到开发板的 RX 引脚。

给开发板上电,可以看到串口工具打印 hello RT-
Thread! 信息,发送字符 A,开发板会返回接收到的字符的
下一个字符,也就是 B,如图 6.28 所示。

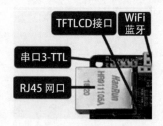

图 6.27 串口 3

图6.28 串口3实验

6.5 I²C 设备开发

7min

RT-Thread 提供了一套操作 I²C 总线设备的 API：

（1）rt_device_find()：根据 I²C 总线设备名称查找设备并获取设备句柄。

（2）rt_i2c_transfer()：传输数据。

6.5.1 相关 API

1. 查找 I²C 总线设备

在使用 I²C 总线设备前需要根据 I²C 总线设备名称获取设备句柄，进而才可以操作 I²C 总线设备，查找设备函数如下：

```
rt_device_t rt_device_find(const char * name)
```

参数：

name：I²C 总线设备名称。

返回：

（1）设备句柄：查找到对应设备将返回相应的设备句柄。

（2）RT_NULL：没有找到相应的设备对象。

一般情况下，注册到系统的 I²C 设备名称为 i2c0、i2c1 等，使用示例代码如下：

```
#define AHT10_I2C_BUS_NAME "i2c1" /* 传感器连接的 I²C 总线设备名称 */
struct rt_i2c_bus_device * i2c_bus; /* I²C 总线设备句柄 */

/* 查找 I²C 总线设备,获取 I²C 总线设备句柄 */
i2c_bus = (struct rt_i2c_bus_device * )rt_device_find(name);
```

2. 数据传输

获取 I²C 总线设备句柄就可以使用 rt_i2c_transfer()进行数据传输。函数代码如下：

```
rt_size_t rt_i2c_transfer(struct rt_i2c_bus_device * bus,
                    struct rt_i2c_msg        msgs[],
rt_uint32_t              num)
```

参数：

(1) bus：I^2C 总线设备句柄。

(2) msgs[]：待传输的消息数组指针。

(3) num：消息数组的元素个数。

返回：

(1) 消息数组的元素个数：成功。

(2) 错误码：失败。

I^2C 总线的自定义传输接口传输的数据是以 1 个消息为单位。参数 msgs[] 指向待传输的消息数组，用户可以自定义每条消息的内容，实现 I^2C 总线所支持的 2 种不同的数据传输模式。如果主设备需要发送重复开始条件，则需要发送 2 个消息。

注意：此函数会调用 rt_mutex_task()，不能在中断服务程序里面调用，会导致 assertion 报错。

I^2C 消息数据结构原型如下：

```
struct rt_i2c_msg
{
    rt_uint16_t addr;    /* 从机地址 */
    rt_uint16_t flags;   /* 读、写标志等 */
    rt_uint16_t len;     /* 读写数据字节数 */
    rt_uint8_t * buf;    /* 读写数据缓冲区指针 */
}
```

从机地址 addr：支持 7 位和 10 位二进制地址，需查看不同设备的数据手册。

注意：RT-Thread I^2C 设备接口使用的从机地址均不包含读写位，读写位控制需修改标志 flags。

标志 flags 可取值为以下宏定义，根据需要可以与其他宏使用位运算或"|"组合起来使用。

```
#define RT_I2C_WR           0x0000      /* 写标志 */
#define RT_I2C_RD           (1u << 0)   /* 读标志 */
#define RT_I2C_ADDR_10BIT   (1u << 2)   /* 10 位地址模式 */
#define RT_I2C_NO_START     (1u << 4)   /* 无开始条件 */
#define RT_I2C_IGNORE_NACK  (1u << 5)   /* 忽视 NACK */
#define RT_I2C_NO_READ_ACK  (1u << 6)   /* 读的时候不发送 ACK */
```

使用示例代码如下：

```
#define AHT10_I2C_BUS_NAME          "i2c1"   /* 传感器连接的 I²C 总线设备名称 */
#define AHT10_ADDR                  0x38     /* 从机地址 */
struct rt_i2c_bus_device * i2c_bus;           /* I²C 总线设备句柄 */

/* 查找 I²C 总线设备,获取 I²C 总线设备句柄 */
i2c_bus = (struct rt_i2c_bus_device * )rt_device_find(name);
/* 读传感器寄存器数据 */
static rt_err_t read_regs(struct rt_i2c_bus_device * bus,rt_uint8_t len,rt_uint8_t * buf)
{
    struct rt_i2c_msg msgs;

    msgs.addr = AHT10_ADDR;                  /* 从机地址 */
    msgs.flags = RT_I2C_RD;                  /* 读标志 */
    msgs.buf = buf;                          /* 读写数据缓冲区指针 */
    msgs.len = len;                          /* 读写数据字节数 */

    /* 调用 I²C 设备接口传输数据 */
    if (rt_i2c_transfer(bus,&msgs,1) == 1)
    {
        return RT_EOK;
    }
    else
    {
        return - RT_ERROR;
    }
}
```

6.5.2 I²C 使用示例

1. menuconfig 配置

需要在 menuconfig 中把 I²C 设备勾选上,重新生成 Keil MDK 工程文件。由于 STM32 的硬件 I²C 存在一些问题,通常我们使用 I/O 口模拟 I²C,配置项位于：Hardware Drivers Config→On-chip Peripheral Drivers→Enable I2C1 BUS(software simulation),如图 6.29 所示。

按空格可以选中 Enable I2C1 BUS(software simulation),此时前面会有一个"*"表示已经使能 I²C 功能。

使用软件模拟 I²C 需要配置对应的 GPIO 引脚,按回车键,进入 Enable I2C1 BUS(software simulation)的引脚配置页面,配置 SDA、SCL 引脚,如图 6.30 所示。

这里按回车键可以输入引脚编号,引脚编号与具体引脚的对应关系在 Chapter6\rt-thread-v3.1.2\rt-thread\bsp\stm32\libraries\HAL_Drivers\drv_gpio.c 中,代码如下：

```
static const struct pin_index pins[] =
{
#ifdef GPIOA
    __STM32_PIN(0 , A,0 ),
    __STM32_PIN(1 , A,1 ),
    __STM32_PIN(2 , A,2 ),
    __STM32_PIN(3 , A,3 ),
    __STM32_PIN(4 , A,4 ),
    __STM32_PIN(5 , A,5 ),
    __STM32_PIN(6 , A,6 ),
    __STM32_PIN(7 , A,7 ),
    __STM32_PIN(8 , A,8 ),
    __STM32_PIN(9 , A,9 ),
    __STM32_PIN(10, A,10),
    __STM32_PIN(11, A,11),
    __STM32_PIN(12, A,12),
    __STM32_PIN(13, A,13),
    __STM32_PIN(14, A,14),
    __STM32_PIN(15, A,15),
#endif
#ifdef GPIOB
    __STM32_PIN(16, B,0),
    __STM32_PIN(17, B,1),
    __STM32_PIN(18, B,2),
    __STM32_PIN(19, B,3),
    __STM32_PIN(20, B,4),
    __STM32_PIN(21, B,5),
    __STM32_PIN(22, B,6),
    __STM32_PIN(23, B,7),
    __STM32_PIN(24, B,8),
    __STM32_PIN(25, B,9),
```

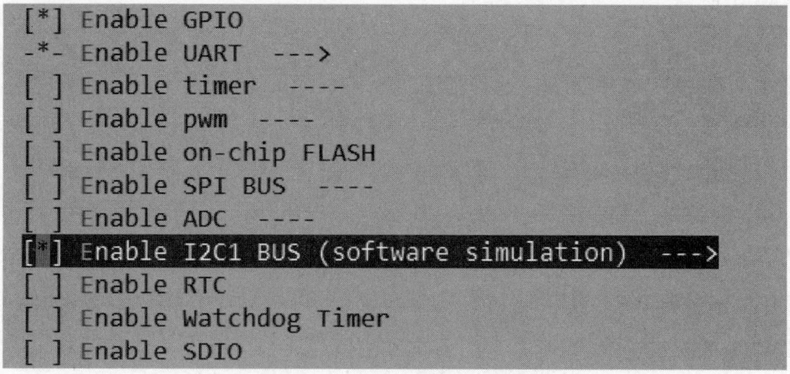

```
[*] Enable GPIO
-*- Enable UART  --->
[ ] Enable timer  ----
[ ] Enable pwm  ----
[ ] Enable on-chip FLASH
[ ] Enable SPI BUS  ----
[ ] Enable ADC  ----
[*] Enable I2C1 BUS (software simulation)  --->
[ ] Enable RTC
[ ] Enable Watchdog Timer
[ ] Enable SDIO
```

图 6.29 menuconfig I^2C 配置

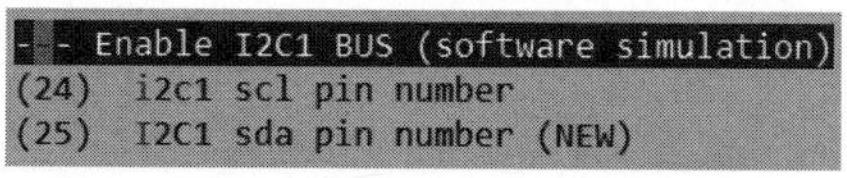

```
-- Enable I2C1 BUS (software simulation)
(24)    i2c1 scl pin number
(25)    I2C1 sda pin number (NEW)
```

图6.30 I²C引脚配置

例如 SCL 配置的数值是 24,则对应的引脚是 GPIOB_8;SDA 配置的数值是 25,则对应的引脚是 GPIOB_9。读者可以根据自己的硬件连接状态选择对应的引脚。

2. 代码

I²C 设备的具体使用方式可以参考示例代码,示例代码的主要步骤如下:

(1) 首先根据 I²C 设备名称查找 I²C 名称,获取设备句柄,然后初始化 aht10 传感器。

(2) aht10 传感器的写传感器寄存器 write_reg()和读传感器寄存器 read_regs(),这两个函数分别调用了 rt_i2c_transfer()传输数据。读取温湿度信息的函数 read_temp_humi() 则调用这两个函数完成此功能。源码位于 Chapter6\03_i2c_aht10\i2c_aht10.c 文件,代码如下:

```
\\Chapter6\03_i2c_aht10\i2c_aht10.c
/*
 * 程序清单:这是一个 I²C 设备使用例程
 * 例程导出了 i2c_aht10_sample 命令到控制终端
 * 命令调用格式:i2c_aht10_sample i2c1
 * 命令解释:命令第二个参数是要使用的 I²C 总线设备名称,为空则使用默认的 I²C 总线设备
 * 程序功能:通过 I²C 设备读取温湿度传感器 aht10 的温湿度数据并打印
 */

# include <rtthread.h>
# include <rtdevice.h>

# define AHT10_I2C_BUS_NAME          "i2c1"      /* 传感器连接的 I²C 总线设备名称 */
# define AHT10_ADDR                  0x38        /* 从机地址 */
# define AHT10_CALIBRATION_CMD       0xE1        /* 校准命令 */
# define AHT10_NORMAL_CMD            0xA8        /* 一般命令 */
# define AHT10_GET_DATA              0xAC        /* 获取数据命令 */

static struct rt_i2c_bus_device * i2c_bus = RT_NULL;   /* I²C 总线设备句柄 */
static rt_bool_t initialized = RT_FALSE;               /* 传感器初始化状态 */

/* 写传感器寄存器 */
static rt_err_t write_reg(struct rt_i2c_bus_device * bus,rt_uint8_t reg,rt_uint8_t * data)
{
    rt_uint8_t buf[3];
    struct rt_i2c_msg msgs;

    buf[0] = reg;//cmd
```

```c
    buf[1] = data[0];
    buf[2] = data[1];

    msgs.addr = AHT10_ADDR;
    msgs.flags = RT_I2C_WR;
    msgs.buf = buf;
    msgs.len = 3;

    /* 调用 I²C 设备接口传输数据 */
    if (rt_i2c_transfer(bus,&msgs,1) == 1)
    {
        return RT_EOK;
    }
    else
    {
        return - RT_ERROR;
    }
}

/* 读传感器寄存器数据 */
static rt_err_t read_regs(struct rt_i2c_bus_device * bus,rt_uint8_t len,rt_uint8_t * buf)
{
    struct rt_i2c_msg msgs;

    msgs.addr = AHT10_ADDR;
    msgs.flags = RT_I2C_RD;
    msgs.buf = buf;
    msgs.len = len;

    /* 调用 I²C 设备接口传输数据 */
    if (rt_i2c_transfer(bus,&msgs,1) == 1)
    {
        return RT_EOK;
    }
    else
    {
        return - RT_ERROR;
    }
}

static void read_temp_humi(float * cur_temp,float * cur_humi)
{
    rt_uint8_t temp[6];

    write_reg(i2c_bus,AHT10_GET_DATA,0);          /* 发送命令 */
    rt_thread_mdelay(400);
```

```
        read_regs(i2c_bus,6,temp);                /* 获取传感器数据 */

    /* 湿度数据转换 */
    * cur_humi = (temp[1] <<12 | temp[2] <<4 | (temp[3] & 0xf0) >>4) * 100.0 / (1 <<20);
    /* 温度数据转换 */
    * cur_temp = ((temp[3] & 0xf) <<16 | temp[4] <<8 | temp[5]) * 200.0 / (1 <<20) - 50;
}

static void aht10_init(const char * name)
{
    rt_uint8_t temp[2] = {0,0};

    /* 查找 I²C 总线设备,获取 I²C 总线设备句柄 */
    i2c_bus = (struct rt_i2c_bus_device * )rt_device_find(name);

    if (i2c_bus == RT_NULL)
    {
        rt_kprintf("can't find % s device!\n",name);
    }
    else
    {
        write_reg(i2c_bus,AHT10_NORMAL_CMD,temp);
        rt_thread_mdelay(400);

        temp[0] = 0x08;
        temp[1] = 0x00;
        write_reg(i2c_bus,AHT10_CALIBRATION_CMD,temp);
        rt_thread_mdelay(400);
        initialized = RT_TRUE;
    }
}

static void i2c_aht10_sample(int argc,char * argv[])
{
    float humidity,temperature;
    char name[RT_NAME_MAX];

    humidity = 0.0;
    temperature = 0.0;

    if (argc == 2)
    {
        rt_strncpy(name,argv[1],RT_NAME_MAX);
```

```
        }
        else
        {
            rt_strncpy(name,AHT10_I2C_BUS_NAME,RT_NAME_MAX);
        }

        if (!initialized)
        {
            /* 传感器初始化 */
            aht10_init(name);
        }
        if (initialized)
        {
            /* 读取温湿度数据 */
            read_temp_humi(&temperature,&humidity);

            rt_kprintf("read aht10 sensor humidity :%d.%d %%\n",(int)humidity,(int)
(humidity * 10) % 10);
            if( temperature >= 0 )
            {
                rt_kprintf("read aht10 sensor temperature:%d.%d°C\n",(int)temperature,(int)
(temperature * 10) % 10);
            }
            else
            {
                rt_kprintf("read aht10 sensor temperature:%d.%d°C\n",(int)temperature,(int)
(-temperature * 10) % 10);
            }
        }
        else
        {
            rt_kprintf("initialize sensor failed!\n");
        }
}
/* 导出到 msh 命令列表中 */
MSH_CMD_EXPORT(i2c_aht10_sample, i2c aht10 sample);
```

将 i2c_aht10.c 文件添加到项目工程后编译,下载程序到开发板,在串口工具中输入
i2c_aht10_sample 并按回车键,可以看到开发板打印如下信息:

```
msh >i2c_aht10_sample
read aht10 sensor humidity :20.4 %
read aht10 sensor temperature:27.6°C
```

6.6　SPI 设备开发

一般情况下 MCU 的 SPI 元器件都是作为主机和从机通信,在 RT-Thread 中将 SPI 主机虚拟为 SPI 总线设备,应用程序使用 SPI 设备管理接口来访问 SPI 从机元器件,主要接口如下所示:

rt_device_find():根据 SPI 设备名称查找设备获取设备句柄。

rt_spi_transfer_message():自定义传输数据。

rt_spi_transfer():传输一次数据。

rt_spi_send():发送一次数据。

rt_spi_recv():接收一次数据。

rt_spi_send_then_send():连续两次发送。

rt_spi_send_then_recv():先发送后接收。

注意:SPI 数据传输相关接口会调用 rt_mutex_task(),此函数不能在中断服务程序里面调用,会导致 assertion 报错。

6.6.1　相关 API

1. 查找 SPI 设备

在使用 SPI 设备前需要根据 SPI 设备名称获取设备句柄,进而才可以操作 SPI 设备,查找设备函数代码如下:

```
rt_device_t rt_device_find(const char * name)
```

参数:

name:设备名称。

返回:

(1) 设备句柄:查找到对应设备并返回相应的设备句柄。

(2) RT_NULL:没有找到相应的设备对象。

一般情况下,注册到系统的 SPI 设备名称为 spi10 等,使用示例代码如下:

```
#define W25Q_SPI_DEVICE_NAME    "spi10"    /* SPI 设备名称 */
struct rt_spi_device * spi_dev_w25q;        /* SPI 设备句柄 */

/* 查找 spi 设备并获取设备句柄 */
spi_dev_w25q = (struct rt_spi_device * )rt_device_find(W25Q_SPI_DEVICE_NAME);
```

2. 自定义传输数据

获取 SPI 设备句柄就可以使用 SPI 设备管理接口访问 SPI 设备元器件并进行数据收

发。可以通过如下函数传输消息：

```
struct rt_spi_message * rt_spi_transfer_message(struct rt_spi_device   * device,struct rt_
spi_message * message);
```

参数：

（1）device：SPI 设备句柄。

（2）message：消息指针。

返回：

（1）RT_NULL：成功发送。

（2）非空指针：发送失败，返回指向剩余未发送的 message 的指针。

此函数可以传输一连串消息，用户可以自定义每个待传输的 message 结构体各参数的数值，从而可以很方便地控制数据传输方式。struct rt_spi_message 代码如下：

```
struct rt_spi_message
{
    const void * send_buf;             /* 发送缓冲区指针 */
    void * recv_buf;                   /* 接收缓冲区指针 */
    rt_size_t length;                  /* 发送 / 接收数据字节数 */
    struct rt_spi_message * next;      /* 指向继续发送的下一条消息的指针 */
    unsigned cs_take :1;               /* 片选选中 */
    unsigned cs_release :1;            /* 释放片选 */
};
```

（1）send_buf：发送缓冲区指针，其值为 RT_NULL 时，表示本次传输为只接收状态，不需要发送数据。

（2）recv_buf：接收缓冲区指针，其值为 RT_NULL 时，表示本次传输为只发送状态，不需要保存接收到的数据，所以收到的数据会直接丢弃。

（3）length：单位为 word，即当数据长度为 8 位时，每个 length 占用 1 字节；当数据长度为 16 位时，每个 length 占用 2 字节。

（4）next：指向继续发送的下一条消息的指针，若只发送一条消息，则此指针值为 RT_NULL。多个待传输的消息通过 next 指针以单向链表的形式连接在一起。

（5）cs_take：值为 1 时，表示在传输数据前，设置对应的 CS 为有效状态。cs_release 值为 1 时，表示在数据传输结束后，释放对应的 CS。

注意：当 send_buf 或 recv_buf 不为空时，两者的可用空间都不得小于 length。若使用此函数传输消息，传输的第一条消息 cs_take 需设置为 1，设置片选为有效，最后一条消息的 cs_release 需设置为 1，释放片选。

使用示例代码如下：

```
#define W25Q_SPI_DEVICE_NAME      "qspi10"        /* SPI 设备名称 */
struct rt_spi_device * spi_dev_w25q;              /* SPI 设备句柄 */
struct rt_spi_message msg1,msg2;
rt_uint8_t w25x_read_id = 0x90;                   /* 命令 */
rt_uint8_t id[5] = {0};

/* 查找 SPI 设备,获取设备句柄 */
spi_dev_w25q = (struct rt_spi_device * )rt_device_find(W25Q_SPI_DEVICE_NAME);
/* 发送命令读取 ID */
struct rt_spi_message msg1,msg2;

msg1.send_buf = &w25x_read_id;
msg1.recv_buf = RT_NULL;
msg1.length = 1;
msg1.cs_take = 1;
msg1.cs_release = 0;
msg1.next = &msg2;

msg2.send_buf = RT_NULL;
msg2.recv_buf = id;
msg2.length = 5;
msg2.cs_take = 0;
msg2.cs_release = 1;
msg2.next = RT_NULL;

rt_spi_transfer_message(spi_dev_w25q,&msg1);
rt_kprintf("use rt_spi_transfer_message() read w25q ID is:% x % x\n",id[3],id[4]);
```

3. 传输一次数据

如果只传输一次数据可以通过如下函数实现:

```
rt_size_t rt_spi_transfer(struct rt_spi_device * device,
                const void        * send_buf,
                void              * recv_buf,
                rt_size_t          length);
```

参数:

(1) device:SPI 设备句柄。

(2) send_buf:发送数据缓冲区指针。

(3) recv_buf:接收数据缓冲区指针。

(4) length:发送/接收数据字节数。

返回:

(1) 0:传输失败。

（2）非 0 值：成功传输的字节数。

此函数等同于调用 rt_spi_transfer_message()传输一条消息，开始发送数据时片选选中，函数返回时释放片选，message 参数配置如下：

```
struct rt_spi_message msg;

msg.send_buf  = send_buf;
msg.recv_buf  = recv_buf;
msg.length = length;
msg.cs_take = 1;
msg.cs_release = 1;
msg.next = RT_NULL;
```

4．发送一次数据

如果只发送一次数据，而忽略接收到的数据可以通过如下函数实现：

```
rt_size_t rt_spi_send(struct rt_spi_device * device,
              const void      * send_buf,
              rt_size_t       length)
```

参数：

（1）device：SPI 设备句柄。

（2）send_buf：发送数据缓冲区指针。

（3）length：发送数据字节数。

返回：

（1）0：发送失败。

（2）非 0 值：成功发送的字节数。

调用此函数发送 send_buf 指向的缓冲区的数据，忽略接收到的数据，此函数是对 rt_spi_transfer() 函数的封装。

此函数等同于调用 rt_spi_transfer_message()传输一条消息，开始发送数据时片选选中，函数返回时释放片选，message 参数配置如下：

```
struct rt_spi_message msg;

msg.send_buf  = send_buf;
msg.recv_buf  = RT_NULL;
msg.length = length;
msg.cs_take = 1;
msg.cs_release = 1;
msg.next = RT_NULL;
```

5. 接收一次数据

如果只接收 1 次数据可以通过如下函数实现：

```
rt_size_t rt_spi_recv(struct rt_spi_device * device,
                      void        * recv_buf,
                      rt_size_t    length);
```

参数：

（1）device：SPI 设备句柄。

（2）recv_buf：接收数据缓冲区指针。

（3）length：接收数据字节数。

返回：

（1）0：接收失败。

（2）非 0 值：成功接收的字节数。

调用此函数接收数据并保存到 recv_buf 指向的缓冲区。此函数是对 rt_spi_transfer（）函数的封装。SPI 总线协议规定只能由主设备产生时钟，因此在接收数据时，主设备会发送数据 0xFF。

此函数等同于调用 rt_spi_transfer_message（）传输一条消息，开始接收数据时片选选中，函数返回时释放片选，message 参数配置如下：

```
struct rt_spi_message msg;

msg.send_buf = RT_NULL;
msg.recv_buf = recv_buf;
msg.length = length;
msg.cs_take = 1;
msg.cs_release = 1;
msg.next = RT_NULL;
```

6. 连续两次发送数据

如果需要先后连续发送 2 个缓冲区的数据，并且中间片选不释放，可以调用如下函数：

```
rt_err_t rt_spi_send_then_send(struct rt_spi_device * device,
                      const void        * send_buf1,
                      rt_size_t          send_length1,
                      const void        * send_buf2,
                      rt_size_t          send_length2);
```

参数：

（1）device：SPI 设备句柄。

（2）send_buf1：发送数据缓冲区 1 指针。

（3）send_length1：发送数据缓冲区 1 数据字节数。

（4）send_buf2：发送数据缓冲区 2 指针。

（5）send_length2：发送数据缓冲区 2 数据字节数。

返回：

（1）RT_EOK：发送成功。

（2）-RT_EIO：发送失败。

此函数可以连续发送 2 个缓冲区的数据，忽略接收到的数据，发送 send_buf1 时片选选中，发送完 send_buf2 后释放片选。

本函数适合向 SPI 设备中写入 1 块数据，第 1 次先发送命令和地址等数据，第 2 次再发送指定长度的数据。之所以分两次发送而不是合并成一个数据块发送，或调用两次 rt_spi_send()，是因为在大部分的数据写操作中，需要先发命令和地址，长度一般只有几字节。如果与后面的数据合并在一起发送，将需要进行内存空间申请和大量的数据搬运。而如果调用两次 rt_spi_send()，那么在发送完命令和地址后，片选会被释放，大部分 SPI 设备依靠设置片选一次有效为命令的起始，所以片选在发送完命令或地址数据后被释放，此次操作被丢弃。

此函数等同于调用 rt_spi_transfer_message() 传输 2 条消息，message 参数配置如下：

```
struct rt_spi_message msg1,msg2;

msg1.send_buf = send_buf1;
msg1.recv_buf = RT_NULL;
msg1.length = send_length1;
msg1.cs_take = 1;
msg1.cs_release = 0;
msg1.next = &msg2;

msg2.send_buf = send_buf2;
msg2.recv_buf = RT_NULL;
msg2.length = send_length2;
msg2.cs_take = 0;
msg2.cs_release = 1;
msg2.next = RT_NULL;
```

7. 先发送后接收数据

如果需要向从设备先发送数据，然后接收从设备发送的数据，并且中间片选不释放，可以调用如下函数：

```
rt_err_t rt_spi_send_then_recv(struct rt_spi_device * device,
                const void        * send_buf,
                rt_size_t          send_length,
                void              * recv_buf,
                rt_size_t          recv_length);
```

参数：

（1）device：SPI 从设备句柄。

（2）send_buf：发送数据缓冲区指针。

（3）send_length：发送数据缓冲区数据字节数。

（4）recv_buf：接收数据缓冲区指针。

（5）recv_length：接收数据字节数。

返回：

（1）RT_EOK：成功。

（2）-RT_EIO：失败。

此函数发送第 1 条数据 send_buf 时开始片选，此时忽略接收到的数据，然后发送第 2 条数据，此时主设备会发送数据 0xFF，接收到的数据保存在 recv_buf 里，函数返回时释放片选。

本函数适合从 SPI 从设备中读取 1 块数据，第 1 次会先发送一些命令和地址数据，然后再接收指定长度的数据。此函数等同于调用 rt_spi_transfer_message() 传输 2 条消息，message 参数配置如下：

```
struct rt_spi_message msg1,msg2;

msg1.send_buf = send_buf;
msg1.recv_buf = RT_NULL;
msg1.length = send_length;
msg1.cs_take = 1;
msg1.cs_release = 0;
msg1.next = &msg2;

msg2.send_buf = RT_NULL;
msg2.recv_buf = recv_buf;
msg2.length = recv_length;
msg2.cs_take = 0;
msg2.cs_release = 1;
msg2.next = RT_NULL;
```

SPI 设备管理模块还提供 rt_spi_sendrecv8() 和 rt_spi_sendrecv16() 函数，这两个函数都是对此函数的封装，rt_spi_sendrecv8() 发送 1 字节数据同时收到 1 字节数据，rt_spi_sendrecv16() 发送 2 字节数据同时收到 2 字节数据。

8. 访问 QSPI 设备

QSPI 的数据传输接口如下所示：

函数：

（1）rt_qspi_transfer_message()：传输数据。

（2）rt_qspi_send_then_recv()：先发送后接收。

（3）rt_qspi_send()：发送 1 次数据。

注意：QSPI 数据传输相关接口会调用 rt_mutex_task()，此函数不能在中断服务程序里面调用，会导致 assertion 报错。

---

9. 传输数据

可以通过如下函数传输消息：

```
rt_size_t rt_qspi_transfer_message(struct rt_qspi_device  * device, struct rt_qspi_message
* message);
```

参数：

（1）device：QSPI 设备句柄。

（2）message：消息指针。

返回：

实际传输的消息大小。

消息结构体 struct rt_qspi_message 代码如下：

```
struct rt_qspi_message
{
    struct rt_spi_message parent;    /* 继承自 struct rt_spi_message */

    struct
    {
        rt_uint8_t content;          /* 指令内容 */
        rt_uint8_t qspi_lines;       /* 指令模式,单线模式 1 位、双线模式 2 位、4 线模式 4 位 */
    } instruction;                   /* 指令阶段 */

    struct
    {
        rt_uint32_t content;         /* 地址/交替字节内容 */
        rt_uint8_t size;             /* 地址/交替字节长度 */
        rt_uint8_t qspi_lines;       /* 地址/交替字节模式,单线模式 1 位、双线模式 2 位、4 线
模式 4 位 */
    } address,alternate_bytes;       /* 地址/交替字节阶段 */

    rt_uint32_t dummy_cycles;        /* 空指令周期阶段 */
    rt_uint8_t qspi_data_lines;      /* QSPI 总线位宽 */
};
```

10. 接收数据

可以调用如下函数接收数据,函数代码如下：

```
rt_err_t rt_qspi_send_then_recv(struct rt_qspi_device * device,
                        const void * send_buf,
                        rt_size_t send_length,
                        void * recv_buf,
                        rt_size_t recv_length);
```

参数：

（1）device：QSPI 设备句柄。

（2）send_buf：发送数据缓冲区指针,包含了将要发送的命令序列。

（3）send_length：发送数据字节数。

（4）recv_buf：接收数据缓冲区指针。

（5）recv_length：接收数据字节数。

返回：

（1）RT_EOK：成功。

（2）其他错误码：失败。

11. 发送数据

发送数据的函数代码如下：

```
rt_err_t rt_qspi_send(struct rt_qspi_device * device, const void * send_buf, rt_size_t
length)
```

参数：

（1）device：QSPI 设备句柄。

（2）send_buf：发送数据缓冲区指针,包含了将要发送的命令序列和数据。

（3）length：发送数据字节数。

返回：

（1）RT_EOK：成功。

（2）其他错误码：失败。

12. 特殊使用场合

在一些特殊的使用场景,某个设备希望独占总线一段时间,且期间要保持片选一直有效,期间数据传输可能是间断的,此时可以按照所示步骤使用相关接口。传输数据函数必须使用 rt_spi_transfer_message(),并且此函数每个待传输消息的片选控制域 cs_take 和 cs_release 都要设置为 0 ,因为片选已经使用了其他接口控制,不需要在数据传输的时候控制。

13. 获取总线

在多线程的情况下,同一个 SPI 总线可能会在不同的线程中使用,为了防止 SPI 总线将正在传输的数据丢失,从设备在开始传输数据前需要先获取 SPI 总线的使用权,获取成功才能够使用总线传输数据,可使用如下函数获取 SPI 总线的使用权：

```
rt_err_t rt_spi_take_bus(struct rt_spi_device * device);
```

参数：

device：SPI 设备句柄。

返回：

(1) RT_EOK：成功。

(2) 错误码：失败。

14. 获取总线

选中片选，从设备获取总线的使用权后，需要设置自己对应的片选信号有效，可使用如下函数选中片选：

```
rt_err_t rt_spi_take(struct rt_spi_device * device);
```

参数：

device：SPI 设备句柄。

返回：

(1) 0：成功。

(2) 错误码：失败。

15. 增加一条消息

使用 rt_spi_transfer_message()传输消息时，所有待传输的消息都是以单向链表的形式连接起来的，可使用如下函数向消息链表里增加一条新的待传输消息：

```
void rt_spi_message_append(struct rt_spi_message * list,
                           struct rt_spi_message * message);
```

参数：

(1) list：待传输的消息链表节点。

(2) message：新增消息指针。

16. 释放片选

从设备数据传输完成后，需要释放片选，可使用如下函数释放片选：

```
rt_err_t rt_spi_release(struct rt_spi_device * device);
```

参数：

device：SPI 设备句柄。

返回：

(1) 0：成功。

(2) 错误码：失败。

17. 释放总线

从设备不再使用 SPI 总线传输数据,必须尽快释放总线,这样其他从设备才能使用 SPI 总线传输数据,可使用如下函数释放总线:

```
rt_err_t rt_spi_release_bus(struct rt_spi_device * device);
```

参数:

device:SPI 设备句柄。

返回:

RT_EOK:成功。

6.6.2　SPI 设备使用示例

1. menuconfig 配置

需要在 menuconfig 中把 SPI 设备勾选上,重新生成 Keil MDK 工程文件。SPI 设备配置位于 Hardware Drivers Config→On-chip Peripheral Drivers→Enable SPI BUS,如图 6.31 所示。

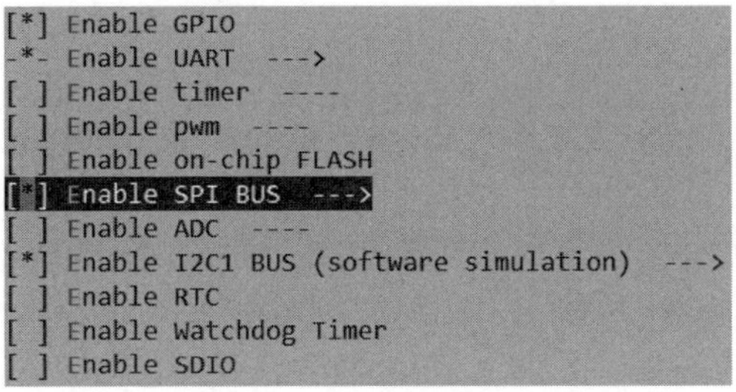

```
[*] Enable GPIO
-*- Enable UART  --->
[ ] Enable timer  ----
[ ] Enable pwm  ----
[ ] Enable on-chip FLASH
[*] Enable SPI BUS  --->
[ ] Enable ADC  ----
[*] Enable I2C1 BUS (software simulation)  --->
[ ] Enable RTC
[ ] Enable Watchdog Timer
[ ] Enable SDIO
```

图 6.31　menuconfig SPI 配置

光标定位到 Enable SPI BUS,按回车键进入 SPI 功能配置界面。根据项目需要,配置 SPI1 和 SPI2,如图 6.32 所示。

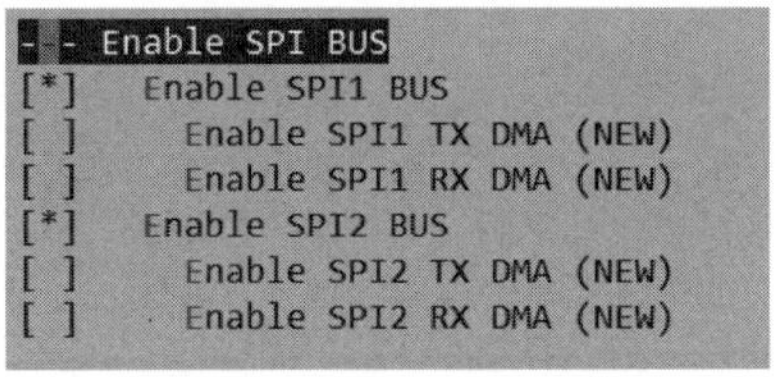

```
- - Enable SPI BUS
[*]    Enable SPI1 BUS
[ ]      Enable SPI1 TX DMA (NEW)
[ ]      Enable SPI1 RX DMA (NEW)
[*]    Enable SPI2 BUS
[ ]      Enable SPI2 TX DMA (NEW)
[ ]      Enable SPI2 RX DMA (NEW)
```

图 6.32　SPI 功能配置

(1) Enable SPI1 BUS:使能 SPI 1。

(2) Enable SPI1 TX DMA (NEW):使能 SPI 1 的 DMA 发送功能。

(3) Enable SPI1 RX DMA (NEW):使能 SPI 1 的 DMA 接收功能。

(4) Enable SPI2 BUS:使能 SPI 2。

（5）Enable SPI2 TX DMA（NEW）：使能 SPI 2 的 DMA 发送功能。

（6）Enable SPI2 RX DMA（NEW）：使能 SPI 2 的 DMA 接收功能。

2. 代码

SPI 设备的具体使用方式可以参考如下的示例代码，示例代码首先查找 SPI 设备获取设备句柄，然后使用 rt_spi_transfer_message() 发送命令读取 ID 信息。

源代码位于 Chapter6\04_spi_w25q64\spi_w25q64.c 文件，代码如下：

```
/*
 * 程序清单:这是一个 SPI 设备使用例程
 * 例程导出 spi_w25q_sample 命令到控制终端
 * 命令调用格式:spi_w25q_sample spi1
 * 命令解释:命令第二个参数使用 SPI 设备名称,为空则使用默认的 SPI 设备
 * 程序功能:通过 SPI 设备读取 w25q 的 ID 数据
*/

# include <rtthread. h>
# include <rtdevice. h>

# define W25Q_SPI_DEVICE_NAME "spi1"

static void spi_w25q_sample(int argc,char * argv[])
{
    struct rt_spi_device * spi_dev_w25q;
    char name[RT_NAME_MAX];
    rt_uint8_t w25x_read_id = 0x90;
    rt_uint8_t id[5] = {0};

    if (argc == 2)
    {
        rt_strncpy(name,argv[1],RT_NAME_MAX);
    }
    else
    {
        rt_strncpy(name,W25Q_SPI_DEVICE_NAME,RT_NAME_MAX);
    }

    /* 查找 SPI 设备获取设备句柄 */
    spi_dev_w25q = (struct rt_spi_device * )rt_device_find(name);
    if (!spi_dev_w25q)
    {
        rt_kprintf("spi sample run failed! can't find % s device! \n",name);
    }
    else
    {
```

```
    /* 方式1:使用 rt_spi_send_then_recv()发送命令读取 ID */
    rt_spi_send_then_recv(spi_dev_w25q,&w25x_read_id,1,id,5);
    rt_kprintf("use rt_spi_send_then_recv() read w25q ID is:%x%x\n",id[3],id[4]);

    /* 方式2:使用 rt_spi_transfer_message()发送命令读取 ID */
    struct rt_spi_message msg1,msg2;

    msg1.send_buf = &w25x_read_id;
    msg1.recv_buf = RT_NULL;
    msg1.length = 1;
    msg1.cs_take = 1;
    msg1.cs_release = 0;
    msg1.next = &msg2;

    msg2.send_buf = RT_NULL;
    msg2.recv_buf = id;
    msg2.length = 5;
    msg2.cs_take = 0;
    msg2.cs_release = 1;
    msg2.next = RT_NULL;
    rt_spi_transfer_message(spi_dev_w25q,&msg1);
    rt_kprintf("use rt_spi_transfer_message() read w25q ID is:%x%x\n",id[3],id[4]);
    }
}
/* 导出到 msh 命令列表中 */
MSH_CMD_EXPORT(spi_w25q_sample,spi w25q sample);
```

将 spi_w25q64.c 文件添加到项目工程后编译,下载程序到开发板,在串口工具输入框中输入 spi_w25q_sample 并发送回车,可以看到开发板打印如下信息:

```
use rt_spi_send_then_recv() read w25q ID is:EF14
use rt_spi_transfer_message() read w25q ID is:EF14
```

6.7 硬件定时器开发

应用程序通过 RT-Thread 提供的 I/O 设备管理接口来访问硬件定时器设备,相关接口如下所示:

(1) rt_device_find():查找定时器设备。

(2) rt_device_open():以读写方式打开定时器设备。

(3) rt_device_set_rx_indicate():设置超时回调函数。

(4) rt_device_control():控制定时器设备,可以设置定时模式(单次/周期)/计数频率或者停止定时器。

(5) rt_device_write()：设置定时器超时值，定时器随即启动。

(6) rt_device_read()：获取定时器当前值。

(7) rt_device_close()：关闭定时器设备。

6.7.1　相关 API

1. 查找定时器设备

应用程序根据硬件定时器设备名称获取设备句柄，进而可以操作硬件定时器设备，查找设备函数代码如下：

```
rt_device_t rt_device_find(const char * name);
```

参数：

name：硬件定时器设备名称。

返回：

(1) 定时器设备句柄：查找到对应设备并返回相应的设备句柄。

(2) RT_NULL：没有找到设备。

一般情况下，注册到系统的硬件定时器设备名称为 timer0、timer1 等，使用示例代码如下：

```
#define HWTIMER_DEV_NAME  "timer0"   /* 定时器名称 */
rt_device_t hw_dev;                  /* 定时器设备句柄 */
/* 查找定时器设备 */
hw_dev = rt_device_find(HWTIMER_DEV_NAME);
```

2. 打开定时器设备

通过设备句柄，应用程序可以打开设备。打开设备时，会检测设备是否已经初始化，如果没有初始化则会默认调用初始化接口并初始化设备。通过如下函数打开设备：

```
rt_err_t rt_device_open(rt_device_t dev, rt_uint16_t oflags);
```

参数：

(1) dev：硬件定时器设备句柄。

(2) oflags：设备打开模式，一般以读写方式打开，即取值：RT_DEVICE_OFLAG_RDWR。

返回：

(1) RT_EOK：设备打开成功。

(2) 其他错误码：设备打开失败。

使用示例代码如下：

```
#define HWTIMER_DEV_NAME    "timer0"      /* 定时器名称 */
rt_device_t hw_dev;                       /* 定时器设备句柄 */
/* 查找定时器设备 */
hw_dev = rt_device_find(HWTIMER_DEV_NAME);
/* 以读写方式打开设备 */
rt_device_open(hw_dev,RT_DEVICE_OFLAG_RDWR);
```

3. 设置超时回调函数

通过函数设置定时器超时回调函数,当定时器超时将会调用此回调函数,代码如下:

```
rt_err_t rt_device_set_rx_indicate(rt_device_t dev, rt_err_t ( * rx_ind)(rt_device_t dev,rt_
size_t size))
```

参数:

(1) dev:设备句柄。

(2) rx_ind:超时回调函数,由调用者提供。

返回:

RT_EOK:成功。

使用示例源文件位于 Chapter6\05_timer\01 设置超时回调函数.c,代码如下:

```
#define HWTIMER_DEV_NAME    "timer0"      /* 定时器名称 */
rt_device_t hw_dev;                       /* 定时器设备句柄 */

/* 定时器超时回调函数 */
static rt_err_t timeout_cb(rt_device_t dev,rt_size_t size)
{
    rt_kprintf("this is hwtimer timeout callback function!\n");
    rt_kprintf("tick is :%d !\n",rt_tick_get());

    return 0;
}

static int hwtimer_sample(int argc,char * argv[])
{
    /* 查找定时器设备 */
    hw_dev = rt_device_find(HWTIMER_DEV_NAME);
    /* 以读写方式打开设备 */
    rt_device_open(hw_dev,RT_DEVICE_OFLAG_RDWR);
    /* 设置超时回调函数 */
    rt_device_set_rx_indicate(hw_dev,timeout_cb);
}
```

4. 控制定时器设备

通过命令控制字,应用程序可以对硬件定时器设备进行配置,通过如下函数完成:

```
rt_err_t rt_device_control(rt_device_t dev, rt_uint8_t cmd, void * arg);
```

参数：

（1）dev：设备句柄。

（2）cmd：命令控制字。

（3）arg：控制的参数。

返回：

（1）RT_EOK：函数执行成功。

（2）-RT_ENOSYS：执行失败，dev 为空。

（3）其他错误码：执行失败。

硬件定时器设备支持的命令控制字如下：

（1）HWTIMER_CTRL_FREQ_SET：设置计数频率。

（2）HWTIMER_CTRL_STOP：停止定时器。

（3）HWTIMER_CTRL_INFO_GET：获取定时器特征信息。

（4）HWTIMER_CTRL_MODE_SET：设置定时器模式。

获取定时器特征信息参数 arg 为指向结构体 struct rt_hwtimer_info 的指针，作为一个输出参数保存获取的信息。

注意：定时器硬件及驱动在支持设置计数频率的情况下设置频率才有效，一般使用驱动设置的默认频率即可。

设置定时器模式时，参数 arg 可取值：

（1）HWTIMER_MODE_ONESHOT：单次定时。

（2）HWTIMER_MODE_PERIOD：周期性定时。

设置定时器计数频率和定时模式的使用示例源文件位于 Chapter6\05_timer\02 设置定时器计数频率和定时模式.c，代码如下：

```
#define HWTIMER_DEV_NAME    "timer0"    /* 定时器名称 */
rt_device_t hw_dev;                     /* 定时器设备句柄 */
rt_hwtimer_mode_t mode;                 /* 定时器模式 */
rt_uint32_t freq = 10000;               /* 计数频率 */

/* 定时器超时回调函数 */
static rt_err_t timeout_cb(rt_device_t dev,rt_size_t size)
{
    rt_kprintf("this is hwtimer timeout callback function!\n");
    rt_kprintf("tick is :%d !\n",rt_tick_get());

    return 0;
```

```
}

static int hwtimer_sample(int argc,char * argv[])
{
    /* 查找定时器设备 */
    hw_dev = rt_device_find(HWTIMER_DEV_NAME);
    /* 以读写方式打开设备 */
    rt_device_open(hw_dev,RT_DEVICE_OFLAG_RDWR);
    /* 设置超时回调函数 */
    rt_device_set_rx_indicate(hw_dev,timeout_cb);

    /* 设置计数频率(默认 1Mhz 或支持的最小计数频率) */
    rt_device_control(hw_dev,HWTIMER_CTRL_FREQ_SET,&freq);
    /* 设置模式为周期性定时器 */
    mode = HWTIMER_MODE_PERIOD;
    rt_device_control(hw_dev,HWTIMER_CTRL_MODE_SET,&mode);
}
```

5. 设置定时器超时值

设置定时器的超时值的函数代码如下：

```
rt_size_t rt_device_write(rt_device_t dev, rt_off_t pos, const void * buffer, rt_size_t
size);
```

参数：

（1）dev：设备句柄。

（2）pos：写入数据偏移量，未使用，可取值为 0。

（3）buffer：指向定时器超时时间结构体的指针。

（4）size：超时时间结构体的大小。 、

返回：

（1）写入数据的实际大小。

（2）0：失败。

超时时间结构体代码如下：

```
typedef struct rt_hwtimerval
{
    rt_int32_t sec; /* 秒(s) */
    rt_int32_t usec; /* 微秒(μs) */
} rt_hwtimerval_t;
```

设置定时器超时值的源代码文件位于"Chapter6\05_timer\03 设置定时器超时值.c"，
代码如下：

```
#define HWTIMER_DEV_NAME   "timer0"        /* 定时器名称 */
rt_device_t hw_dev;                        /* 定时器设备句柄 */
rt_hwtimer_mode_t mode;                    /* 定时器模式 */
rt_hwtimerval_t timeout_s;                 /* 定时器超时值 */

/* 定时器超时回调函数 */
static rt_err_t timeout_cb(rt_device_t dev, rt_size_t size)
{
    rt_kprintf("this is hwtimer timeout callback function!\n");
    rt_kprintf("tick is : %d !\n", rt_tick_get());

    return 0;
}

static int hwtimer_sample(int argc, char * argv[])
{
    /* 查找定时器设备 */
    hw_dev = rt_device_find(HWTIMER_DEV_NAME);
    /* 以读写方式打开设备 */
    rt_device_open(hw_dev, RT_DEVICE_OFLAG_RDWR);
    /* 设置超时回调函数 */
    rt_device_set_rx_indicate(hw_dev, timeout_cb);
    /* 设置模式为周期性定时器 */
    mode = HWTIMER_MODE_PERIOD;
    rt_device_control(hw_dev, HWTIMER_CTRL_MODE_SET, &mode);

    /* 设置定时器超时值为5s并启动定时器 */
    timeout_s.sec = 5;                      /* 秒 */
    timeout_s.usec = 0;                     /* 微秒 */
    rt_device_write(hw_dev, 0, &timeout_s, sizeof(timeout_s));
}
```

6. 获取定时器当前值

获取定时器当前值的函数代码如下：

```
rt_size_t rt_device_read(rt_device_t dev, rt_off_t pos, void * buffer, rt_size_t size);
```

参数：

(1) dev：定时器设备句柄。

(2) pos：写入数据偏移量，未使用，可取值为 0。

(3) buffer：输出参数，指向定时器超时时间结构体的指针。

(4) size：超时时间结构体的大小。

返回：

(1) 超时时间结构体的大小：成功。

（2）0：失败。

获取定时器当前值的示例源文件位于"Chapter6\05_timer\04 获取定时器当前值. c"，代码如下：

```
rt_hwtimerval_t timeout_s;        /* 用于保存定时器经过时间 */
/* 读取定时器经过时间 */
rt_device_read(hw_dev, 0, &timeout_s, sizeof(timeout_s));
```

7. 关闭定时器设备

关闭定时器设备的函数代码如下：

```
rt_err_t rt_device_close(rt_device_t dev);
```

参数：

dev：定时器设备句柄。

返回：

（1）RT_EOK：关闭设备成功。

（2）-RT_ERROR：设备已经完全关闭，不能重复关闭设备。

（3）其他错误码：关闭设备失败。

关闭设备接口和打开设备接口需配对使用，打开一次设备对应要关闭一次设备，这样设备才会被完全关闭，否则设备仍处于未关闭状态。

使用示例代码如下：

```
#define HWTIMER_DEV_NAME  "timer0"      /* 定时器名称 */
rt_device_t hw_dev;                      /* 定时器设备句柄 */
/* 查找定时器设备 */
hw_dev = rt_device_find(HWTIMER_DEV_NAME);
…
rt_device_close(hw_dev);
```

注意：可能出现定时误差。假设计数器最大值为 0xFFFF，计数频率为 1Mhz，需要定时时间为 $1000001\mu s$。由于定时器一次最多只能计时 $65535\mu s$，而对于 $1000001\mu s$ 的定时要求，可以使用 $50000\mu s$ 定时 20 次完成，此时将会出现计算误差 $1\mu s$。

6.7.2　定时器设备使用示例

1. menuconfig 配置

需要在 menuconfig 中把定时器设备勾选上，重新生成 Keil MDK 工程文件。定时器配置项位于：Hardware Drivers Config→On-chip Peripheral Drivers→Enable timer，如图 6.33 所示。

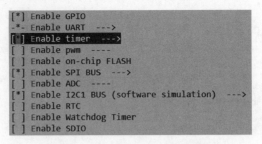

图 6.33 menuconfig 定时器配置

光标定位到 Enable timer,按空格键选中,然后按回车键进入 Enable timer 配置界面,可以配置使能对应的定时器,如图 6.34 所示。

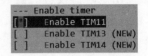

图 6.34 定时器配置

2. 代码

硬件定时器设备的使用方式可以参考 Chapter6\05_timer\timer0_test.c 文件,示例代码的主要步骤如下:

(1) 首先根据定时器设备名称 timer0 查找设备并获取设备句柄。

(2) 以读写方式打开设备 timer0。

(3) 设置定时器超时回调函数。

(4) 设置定时器模式为周期性定时器,并设置超时时间为 5s,此时定时器启动。

(5) 延时 3500ms 后读取定时器时间,读取到的值会以秒和微秒的形式显示。

```
/*
 * 程序清单:这是一个 hwtimer 设备使用例程
 * 例程导出 hwtimer_sample 命令到控制终端
 * 命令调用格式:hwtimer_sample
 * 程序功能:硬件定时器超时回调函数周期性地打印当前 tick 值,2 次 tick 值之差换算为时间等同
于定时时间值
 */

# include <rtthread.h>
# include <rtdevice.h>

# define HWTIMER_DEV_NAME   "timer0"    /* 定时器名称 */

/* 定时器超时回调函数 */
static rt_err_t timeout_cb(rt_device_t dev, rt_size_t size)
{
    rt_kprintf("this is hwtimer timeout callback function!\n");
    rt_kprintf("tick is : % d !\n", rt_tick_get());

    return 0;
}
```

```
}

static int hwtimer_sample(int argc,char * argv[])
{
    rt_err_t ret = RT_EOK;
    rt_hwtimerval_t timeout_s; /* 定时器超时值 */
    rt_device_t hw_dev = RT_NULL; /* 定时器设备句柄 */
    rt_hwtimer_mode_t mode; /* 定时器模式 */

    /* 查找定时器设备 */
    hw_dev = rt_device_find(HWTIMER_DEV_NAME);
    if (hw_dev == RT_NULL)
    {
        rt_kprintf("hwtimer sample run failed! can't find %s device!\n",HWTIMER_DEV_NAME);
        return RT_ERROR;
    }

    /* 以读写方式打开设备 */
    ret = rt_device_open(hw_dev,RT_DEVICE_OFLAG_RDWR);
    if (ret != RT_EOK)
    {
        rt_kprintf("open %s device failed!\n",HWTIMER_DEV_NAME);
        return ret;
    }

    /* 设置超时回调函数 */
    rt_device_set_rx_indicate(hw_dev,timeout_cb);

    /* 设置模式为周期性定时器 */
    mode = HWTIMER_MODE_PERIOD;
    ret = rt_device_control(hw_dev,HWTIMER_CTRL_MODE_SET,&mode);
    if (ret != RT_EOK)
    {
        rt_kprintf("set mode failed! ret is :%d\n",ret);
        return ret;
    }

    /* 设置定时器超时值为5s并启动定时器 */
    timeout_s.sec = 5;      /* 秒 */
    timeout_s.usec = 0;     /* 微秒 */

    if (rt_device_write(hw_dev,0,&timeout_s,sizeof(timeout_s)) != sizeof(timeout_s))
    {
        rt_kprintf("set timeout value failed\n");
        return RT_ERROR;
    }
```

```
    /* 延时 3500ms */
    rt_thread_mdelay(3500);

    /* 读取定时器当前值 */
    rt_device_read(hw_dev,0,&timeout_s,sizeof(timeout_s));
    rt_kprintf("Read:Sec = %d,Usec = %d\n",timeout_s.sec,timeout_s.usec);

    return ret;
}
/* 导出到 msh 命令列表中 */
MSH_CMD_EXPORT(hwtimer_sample,hwtimer sample);
```

将 timer0_test.c 文件添加到项目工程后编译,下载程序到开发板,在串口工具输入框中输入 hwtimer_sample 并发送,可以看到开发板打印如下信息:

```
msh >hwtimer_sample
Read:Sec = 3,Usec = 499529
msh >
msh >
msh >
msh >this is hwtimer timeout callback function!
tick is :7055 !
this is hwtimer timeout callback function!
tick is :12055 !
```

开发板每隔 5s 打印一次串口信息,符合我们编写的代码逻辑。

6.8 RTC 功能

RTC 是实时时钟(Real Time Clock)的缩写。它为人们提供精确的实时时间或者为电子系统提供精确的时间基准。

STM32 的 RTC 本质上是一个掉电还能继续运行的定时器。它的功能非常简单,只有计时功能。在电源 V_{pp} 断开的情况下,必须在 STM32 芯片的 VBA 引脚上接锂电池。当主电源 VDD 有效时,由 VDD 给 RTC 外设供电。当 VDD 掉电后,由 VBAT 给 RTC 外设供电。无论由什么电源供电,RTC 中的数据始终都保存在属于 RTC 的备份域中,如果主电源和 VBA 都掉电,那么备份域中保存的所有数据都将丢失。

RT-Thread 的 RTC 设备为操作系统的时间系统提供了基础服务。面对越来越多的 IoT 场景,RTC 已经成为产品的标配,甚至在诸如 SSL 的安全传输过程中,RTC 已经成为不可或缺的部分。

6.8.1　相关 API

1. 设置时间

通过函数设置 RTC 设备的当前时间值,代码如下:

```
rt_err_t set_time(rt_uint32_t hour, rt_uint32_t minute, rt_uint32_t second)
```

参数:

(1) hour:待设置生效的时。

(2) minute:待设置生效的分。

(3) second:待设置生效的秒。

返回:

(1) RT_EOK:设置成功。

(2) -RT_ERROR:失败,没有找到 RTC 设备。

使用示例代码如下:

```
/* 设置时间为 11 点 15 分 50 秒 */
set_time(11, 15, 50);
```

2. 获取当前时间

使用 C 标准库中的时间 API 获取时间:

```
time_t time(time_t * t)
```

参数:

t:时间数据指针。

返回:

当前时间值。

使用示例代码如下:

```
time_t now; /* 保存获取的当前时间值 */
/* 获取时间 */
now = time(RT_NULL);
/* 打印输出时间信息 */
rt_kprintf("% s\n",ctime(&now));
```

6.8.2　功能配置

在 menuconfig 中可以配置 RTC 功能,需要勾选的配置项有 2 个。

1. RTC device drivers

该配置项位于 RT-Thread Components→Device Drivers→Using RTC device drivers，如图 6.35 所示。

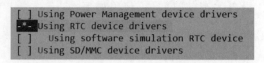

图 6.35 Using RTC device drivers 配置项

其中，Using software simulation RTC device 是通过软件模拟 RTC 功能。我们的开发板已经有硬件 RTC 功能了，故而不勾选软件模拟 RTC。

2. 硬件 RTC

该配置项位于 Hardware Drivers Config→On-chip Peripheral Drivers→Enable RTC，如图 6.36 所示。

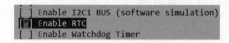

图 6.36 RTC 配置

3. 实验

打开这两个配置项后，使用 scons --target = mdk5 命令重新生成工程，编译并下载程序。

在串口输入框中输入 date 命令可以查看当前时间，串口会有如下打印信息：

```
msh >date
Fri Feb 16 01:15:33 2018
```

也可以使用 date 命令设置时间，格式：date 年 月 日 时 分 秒，设置格式如下：

```
msh >date 2018 02 16 01 15 30
msh >
```

6.8.3　代码示例

RTC 设备的具体使用方式可以参考如下示例代码，首先设置年、月、日、时、分、秒信息，然后延时 3s 后获取当前时间信息。

```
//Chapter6\06_rtc\test_rtc.c
/*
 * 程序清单:这是一个 RTC 设备使用例程
```

```
*  例程导出 rtc_sample 命令到控制终端
*  命令调用格式:rtc_sample
*  程序功能:设置 RTC 设备的日期和时间,延时一段时间后获取当前时间并打印显示
*/
#include <rtthread.h>
#include <rtdevice.h>

static int rtc_sample(int argc,char * argv[])
{
    rt_err_t ret = RT_EOK;
    time_t now;

    /* 设置日期 */
    ret = set_date(2018,12,3);
    if (ret != RT_EOK)
    {
        rt_kprintf("set RTC date failed\n");
        return ret;
    }

    /* 设置时间 */
    ret = set_time(11,15,50);
    if (ret != RT_EOK)
    {
        rt_kprintf("set RTC time failed\n");
        return ret;
    }

    /* 延时 3 秒 */
    rt_thread_mdelay(3000);

    /* 获取时间 */
    now = time(RT_NULL);
    rt_kprintf(" %s\n",ctime(&now));

    return ret;
}
/* 导出到 msh 命令列表中 */
MSH_CMD_EXPORT(rtc_sample,rtc sample);
```

第7章

RT-Thread 网络开发

RT-Thread 可以说是专为物联网量身定制的一款 RTOS。它内部集成了 LwIP 栈,并且拥有非常丰富的物联网组件,可以利用 RT-Thread 快速地开发物联网产品。

本章重点讲解 RT-Thread 的网络开发部分。代码将使用 RT-Thread 最新的仓库中的代码,本书配套资料提供了源码,位于 Chapter7\rt-thread,推荐读者使用。

▶ 11min

7.1 LwIP 使用

▶ 10min

7.1.1 menuconfig 配置

RT-Thread 内部集成了 LwIP 栈,目前版本号是 v2.0.2。默认配置是不带 LwIP 栈,所以需要在 menuconfig 中配置并选上。LwIP 配置项位于 RT-Thread Components→Network→light weight TCP/IP stack,如图 7.1 所示。

```
[*] Enable lwIP stack
      lwIP version (lwIP v2.0.2)  --->
[ ]   IPV6 protocol (NEW)
[*]   IGMP protocol (NEW)
[*]   ICMP protocol (NEW)
[ ]   SNMP protocol (NEW)
[*]   Enble DNS for name resolution (NEW)
[*]   Enable alloc ip address through DHCP (NEW)
(1)     SOF broadcast (NEW)
(1)     SOF broadcast recv (NEW)
      Static IPv4 Address  --->
-*-   UDP protocol
[*]   TCP protocol (NEW)
[ ]   RAW protocol (NEW)
[ ]   PPP protocol (NEW)
(8)   the number of struct netconns (NEW)
(16)  the number of PBUF (NEW)
(4)   the number of raw connection (NEW)
```

图 7.1 配置 LwIP 栈

还需要配置网卡驱动程序,配置项位于 Hardware Drivers Config→Onboard Peripheral Drivers→Enable Ethernet,如图 7.2 所示。

在 Chapter7\rt-thread\bsp\stm32\stm32f407-atk-explorer 路径下进入 menuconfig,按

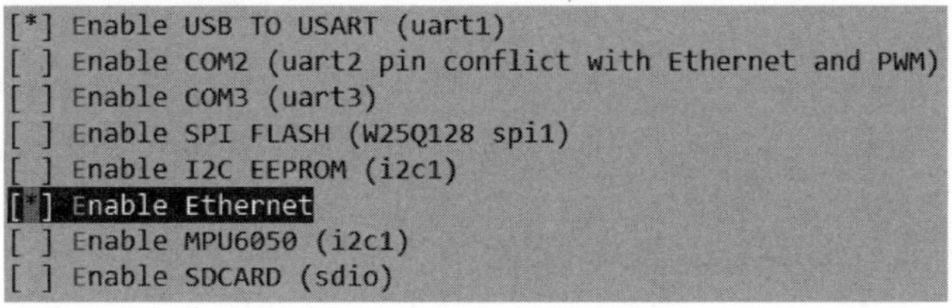

图 7.2 配置网卡驱动程序

空格键能使 LwIP 功能和网卡驱动程序重新生成 Keil MDK 工程文件,打开当前文件夹下的 project.uvprojx 工程文件,如图 7.3 所示。

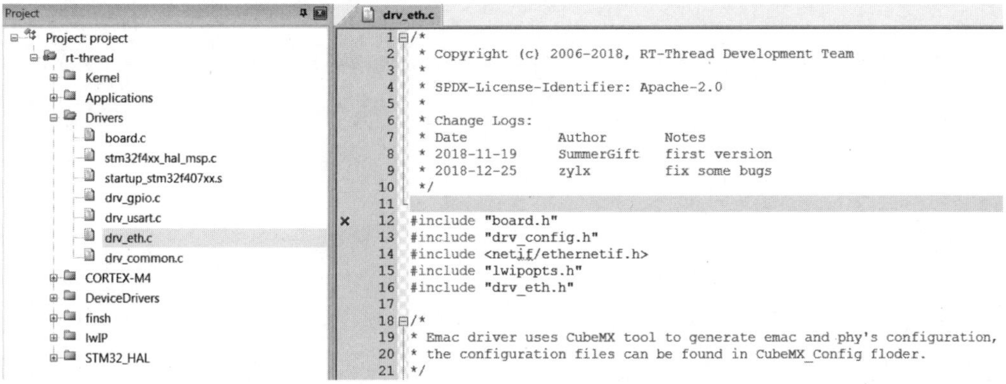

图 7.3 LwIP 工程

其中,project 会多出来一个文件夹 lwIP,这里面是 LwIP 的源码部分。在 Drivers 文件夹下会有一个 drv_eth.c 文件,这个文件与网卡的驱动相关。

7.1.2 网卡配置

RT-Thread 默认 STM32F407 使用的网卡是 LAN8720A 芯片,与本书配套的开发板使用的网卡 DP83848C 不一致。这会导致编译出来的程序无法正常驱动网卡,有以下两种修改方法。

(1) 临时修改:需要在 Chapter7\rt-thread\bsp\stm32\stm32f407-atk-explorer\rtconfig.h 文件中注释掉 # define PHY_USING_LAN8720A,并加入 # define PHY_USING_DP83848C,代码如下:

```
// Chapter7\rt-thread\bsp\stm32\stm32f407-atk-explorer\rtconfig.h  200 行

/* Onboard Peripheral Drivers */

#define BSP_USING_USB_TO_USART
//#define PHY_USING_LAN8720A
```

```
#define PHY_USING_DP83848C
#define BSP_USING_ETH
```

但是需要注意的是,以上修改方法在重新使用 scons --target＝mdk5 生成新的工程文件后,网卡又会恢复到 LAN8720A 芯片,需要再次修改网卡配置。

（2）永久修改：打开 Chapter7\rt-thread\bsp\stm32\stm32f407-atk-explorer\board\Kconfig 文件,把 select PHY_USING_LAN8720A 修改成 select PHY_USING_DP83848C,位于文件的第 50 行处。同时增加 config PHY_USING_DP83848C bool,代码如下:

```
// Chapter7\rt - thread\bsp\stm32\stm32f407 - atk - explorer\board\Kconfig    50 行

    config PHY_USING_LAN8720A
        bool

    config BSP_USING_ETH
        bool "Enable Ethernet"
        default n
        select RT_USING_LWIP
        select PHY_USING_DP83848C

    config PHY_USING_DP83848C
        bool
```

本书提供的代码已经修改好,读者可以直接使用。

修改后,重新配置 menuconfig 并使用 scons --target＝mdk5 生成新的工程文件即可。

7.1.3 IP 地址配置

RT-Thread 默认使用 DCHP 动态分配 IP,读者也可以修改为静态 IP,但是不推荐修改。如果需要使用静态 IP,读者可以注释掉 #define RT_LWIP_DHCP,并自己指定 IP 地址,相关的配置在 Chapter7\rt-thread\bsp\stm32\stm32f407-atk-explorer\rtconfig. h 文件中,读者需要根据自己的路由器情况进行配置,本书配置的代码如下:

```
// Chapter7\rt - thread\bsp\stm32\stm32f407 - atk - explorer\rtconfig. h    115 行

#define RT_LWIP_DNS
//DHCP 动态 IP 分配
#define RT_LWIP_DHCP
#define IP_SOF_BROADCAST 1
#define IP_SOF_BROADCAST_RECV 1

/* Static IPv4 Address */
```

```
//开发板 IP 地址
#define RT_LWIP_IPADDR "192.168.0.107"
//网关
#define RT_LWIP_GWADDR "192.168.0.1"
//子网掩码
#define RT_LWIP_MSKADDR "255.255.255.0"
```

不推荐读者修改,建议使用默认的 DHCP 动态分配 IP 的方式。

7.1.4　LwIP 实验

编译并下载程序后,打开串口工具,发送 ping 192.168.1.1 字符串。可以看到开发板可以 ping 通路由器,说明网络功能正常,如图 7.4 所示。

```
msh >ping 192.168.1.1
60 bytes from 192.168.1.1 icmp_seq=0 ttl=63 time=1 ms
60 bytes from 192.168.1.1 icmp_seq=1 ttl=63 time=0 ms
60 bytes from 192.168.1.1 icmp_seq=2 ttl=63 time=0 ms
60 bytes from 192.168.1.1 icmp_seq=3 ttl=63 time=0 ms
```

图 7.4　ping 路由器

如果路由器能上网,还可以输入 ping www.baidu.com 字符串,并发送。可以看到开发板可以 ping 通百度,说明 DNS 功能正常,如图 7.5 所示。

```
msh >ping www.baidu.com
60 bytes from 183.232.231.174 icmp_seq=0 ttl=56 time=15 ms
60 bytes from 183.232.231.174 icmp_seq=1 ttl=56 time=14 ms
60 bytes from 183.232.231.174 icmp_seq=2 ttl=56 time=16 ms
60 bytes from 183.232.231.174 icmp_seq=3 ttl=56 time=14 ms
```

图 7.5　ping 百度

7.2　NETCONN API 开发

▶ 15min

RT-Thread 提供了一套 NETCONN AP,该接口需要操作系统的支持,RT-Thread 可以完美地支持。

7.2.1　相关 API 说明

netconn 的相关 API 在本书 5.4.2 节已经做了详细介绍,读者可以翻阅。这里总结一下常用的 API。

(1) netconn_new():创建一个 netconn 结构体。

(2) netconn_delete():删除 netconn 结构体,并释放内存。

(3) netconn_bind():用于绑定 netconn 结构体的 IP 地址和端口号。

(4) netconn_listen():函数用于开始监听客户端连接,通常服务器才会使用该函数。

(5) netconn_connect():函数用于连接到服务器,通常由客户端使用该函数。

（6）netconn_accept()：由服务器调用，有新的客户端发起连接请求时，netconn_accept 将会返回。

（7）netconn_recv()：从网络中接收数据。

（8）netbuf_data()：获取具体数据内容。

（9）netconn_write()：向网络发送数据。

（10）netconn_close()：关闭 netconn 连接。

7.2.2　TCP 服务器

1. 项目工程配置

（1）代码在 Chapter7\01_tcp_server 文件夹，把 tcp_server_task.c 和 tcp_server_task.h 复制到 Chapter7\rt-thread\bsp\stm32\stm32f407-atk-explorer\applications。

（2）修改 Chapter7\rt-thread\bsp\stm32\stm32f407-atk-explorer\applications\SConscript 文件，添加如下代码：

```
if GetDepend(['BSP_USING_TCP_SERVER_DEMO']):
    src += Glob('tcp_server_task.c')
```

本书也提供修改好的 SConscript 文件，位于 Chapter7\01_tcp_server 文件夹，但是推荐读者自己修改并操作一遍，加深印象。修改后的文件内容如下：

```
import rtconfig
from building import *

cwd = GetCurrentDir()
CPPPATH = [cwd,str(Dir('#'))]
src = Split("""
main.c
""")

if GetDepend(['BSP_USING_TCP_SERVER_DEMO']):
    src += Glob('tcp_server_task.c')

group = DefineGroup('Applications',src,depend = [''],CPPPATH = CPPPATH)

Return('group')
```

（3）修改 Chapter7\rt-thread\bsp\stm32\stm32f407-atk-explorer\board\Kconfig 文件，在 menu "Board extended module Drivers"后面添加如下代码：

```
config BSP_USING_TCP_SERVER_DEMO
    bool "Enable TCP server Demo"
    default n
```

其中，在 Kconfig 文件和 SConscript 文件中，USING_TCP_SERVER_DEMO 宏必须相同。

同样,本书也提供修改好的 Kconfig 文件,读者可以直接使用,但是推荐读者按本书步骤修改。

(4) 在 Chapter7 \ rt-thread \ bsp \ stm32 \ stm32f407-atk-explorer 路径下运行menuconfig,进入 Hardware Drivers Config→ Board extended module Drivers,可以看到有Enable TCP server Demo 选项,按键盘上的空格键选中并退出,再使用 scons --target＝mdk5 重新生成工程文件。

2. 代码

打开 Chapter7\rt-thread\bsp\stm32\stm32f407-atk-explorer\project.uvprojx 工程文件,可以看到 Project→Applications 下多了 tcp_server_task.c 文件,如图 7.6 所示。

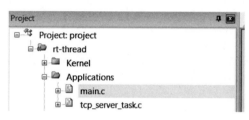

图 7.6 TCP 服务器工程

(1) 修改 main.c 文件的 main() 函数,在 rt_pin_mode(LED0_PIN, PIN_MODE_OUTPUT);后面增加 tcpecho_init();,代码如下:

```
# include <rtthread.h>
# include <rtdevice.h>
# include <board.h>

# include "tcp_server_task.h"

/* defined the LED0 pin:PF9 */
#define LED0_PIN GET_PIN(F,9)

int main(void)
{
    int count = 1;
    /* 设置 LED0 为输出模式 */
    rt_pin_mode(LED0_PIN,PIN_MODE_OUTPUT);

    //调用 tcp 服务程序
    tcpecho_init();
```

```
    while (count++)
    {
        rt_pin_write(LED0_PIN,PIN_HIGH);
        rt_thread_mdelay(500);
        rt_pin_write(LED0_PIN,PIN_LOW);
        rt_thread_mdelay(500);
    }

    return RT_EOK;
}
```

（2）tcpecho_init()函数在 tcp_server_task.c 文件中定义,其功能是创建一个 tcpecho_ thread 线程,代码如下：

```
//Chapter7\rt - thread\bsp\stm32\stm32f407 - atk - explorer\applications\tcp_server_task.c
  79 行

void tcpecho_init(void)
{
    //创建一个线程 tcpecho_thread
    sys_thread_new("tcpecho_thread",tcpecho_thread,NULL,5 * 1024,3);
}
```

（3）tcpecho_thread()调用 NETCONN API 相关接口实现 TCP 服务器功能,代码 如下：

```
//Chapter7\rt - thread\bsp\stm32\stm32f407 - atk - explorer\applications\tcp_server_task.c
//12 行

//声明两个 netconn 结构体指针
struct netconn  * conn, * newconn;
static void tcpecho_thread(void  * arg)
{
    //变量定义
  err_t err,accept_err;
  struct netbuf  * buf;
  void  * data;
  u16_t len;
  err_t recv_err;

  LWIP_UNUSED_ARG(arg);


    //rt_thread_delay(2000);
```

```
//创建一个新的 netconn
conn = netconn_new(NETCONN_TCP);

//判断是否创建成功
if (conn!= NULL)
{
    /* 绑定 conn 的 IP 地址和端口 2040,输入 IP 地址为 NULL 则表示绑定所有 IP 地址 */
    err = netconn_bind(conn,NULL,2040);

    if (err == ERR_OK)
    {
        /* conn 进入监听模式 */
        netconn_listen(conn);

        while (1)
        {
            /* 获取一个新的连接,如果没有客户端连接,netconn_accept 会一直没有任何返回信息,
直到有新的客户端连接 netconn_accept 才会返回,并产生新的 newconn */
            accept_err = netconn_accept(conn,&newconn);

            //处理新的 newconn 连接
            if (accept_err == ERR_OK)
            {
            //从新的 newconn 连接中获取数据
            recv_err = netconn_recv(newconn,&buf);
            //循环获取数据
    while ( recv_err == ERR_OK)
            {
                do
                {
                    //从 buf 中取出数据并存到 data
                    netbuf_data(buf,&data,&len);
                    //将获取的数据 data 重新通过 newconn 返回客户端
                    netconn_write(newconn,data,len,NETCONN_COPY);
                }
                while (netbuf_next(buf) >= 0);

                //删除 buf
                netbuf_delete(buf);
                //继续获取数据
                recv_err = netconn_recv(newconn,&buf);
            }

            //关闭并删除 newconn 连接
            netconn_close(newconn);
```

```
                netconn_delete(newconn);
            }
        }
    }
    else
    {
        netconn_delete(newconn);
    // printf("can not bind TCP netconn");
    }
    }
    else
    {
    // printf("can not create TCP netconn");
    }
}
```

3. 实验

（1）确保开发板和计算机使用网线连接到同一个路由器，并确保计算机可以 ping 通开发板的 IP。

（2）编译并下载程序。

（3）打开附录 A\软件\串口工具\sscom5.13.1.exe 程序，端口号选择 TCPClient，远程输入开发板的 IP 地址，本书测试环境的 IP 地址是 192.168.0.107，读者需要根据 TCP_SERVER.h 中填写的开发板 IP 地址填写。IP 地址后面的方框填写 2040，单击"连接"按钮，计算机此时与开发板建立起 TCP 连接，如图 7.7 所示。

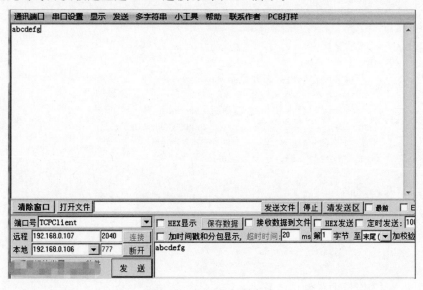

图 7.7　TCP 服务器实验

(4)此时在输入框输入任意字符串,单击"发送"按钮,可以看到接收框收到相同的字符串,通信成功。

7.2.3 TCP 客户端

1. 项目工程配置

(1)代码在 Chapter7\02_tcp_client 文件夹,把 tcp_client_task. c 和 tcp_client_task. h 复制到 Chapter7\rt-thread\bsp\stm32\stm32f407-atk-explorer\applications。

(2)修改 Chapter7 \ rt-thread \ bsp \ stm32 \ stm32f407-atk-explorer \ applications \ SConscript 文件,添加如下代码:

```
if GetDepend(['BSP_USING_TCP_CLIENT_DEMO']):
    src += Glob('tcp_client_task.c')
```

本书也提供修改好的 SConscript 文件,位于 Chapter7\02_tcp_client 文件夹,但是推荐读者自己修改并操作一遍,加深印象。修改后的文件内容如下:

```
import rtconfig
from building import *

cwd = GetCurrentDir()
CPPPATH = [cwd,str(Dir('#'))]
src = Split("""
main.c
""")

if GetDepend(['BSP_USING_TCP_SERVER_DEMO']):
    src += Glob('tcp_server_task.c')

if GetDepend(['BSP_USING_TCP_CLIENT_DEMO']):
    src += Glob('tcp_client_task.c')

group = DefineGroup('Applications',src,depend = [''],CPPPATH = CPPPATH)

Return('group')
```

(3)修改 Chapter7\rt-thread\bsp\stm32\stm32f407-atk-explorer\board\Kconfig 文件,在 menu "Board extended module Drivers"后面增加如下代码:

```
config BSP_USING_TCP_CLIENT_DEMO
    bool "Enable TCP client Demo"
    default n
```

同样,本书也提供修改好的 Kconfig 文件,读者可以直接使用,但是推荐读者按本书步骤修改。

（4）在 Chapter7 \ rt-thread \ bsp \ stm32 \ stm32f407-atk-explorer 路径下运行 menuconfig，进入 Hardware Drivers Config→ Board extended module Drivers，可以看到有 Enable TCP client Demo 选项，按键盘上的空格键选中并退出，再使用 scons-target＝mdk5 重新生成工程文件。

2. 代码

打开 Chapter7\rt-thread\bsp\stm32\stm32f407-atk-explorer\project. uvprojx 工程文件，可以看到 Project→Applications 下多了 tcp_client_task. c 文件，如图 7.8 所示。

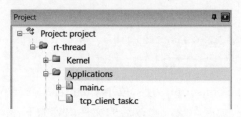

图 7.8　TCP 客户端工程

TCP 客户端的代码和 TCP 服务器的代码比较相似，其中比较重要的是 tcpclient_thread()线程，代码如下：

```
struct netconn * conn;
static void tcpclient_thread(void * arg)
{
  err_t err,accept_err;
  struct netbuf * buf;
  void * data;
  u16_t len;
  err_t recv_err;
  ip_addr_t serverIpAddr;

  LWIP_UNUSED_ARG(arg);


    //rt_thread_delay(2000);

    //创建一个 netconn
  conn = netconn_new(NETCONN_TCP);

  if (conn!= NULL)
  {
    //绑定 IP 地址和端口号
    err = netconn_bind(conn,NULL,2040);
```

```
    if (err == ERR_OK)
    {

        // 服务器 IP 地址
        IP4_ADDR(&serverIpAddr,192,168,1,13);
        //连接到服务器
        err = netconn_connect(conn,&serverIpAddr,2041);

        //以下代码和 TCP 服务器的代码相同,读者可以参考 TCP 服务器代码
        if(err == ERR_OK)
        {
                recv_err = netconn_recv(conn,&buf);
                while ( recv_err == ERR_OK)
                {
                        do
                        {
                          netbuf_data(buf,&data,&len);
                          netconn_write(conn,data,len,NETCONN_COPY);
                        }
                        while (netbuf_next(buf) > = 0);

                        netbuf_delete(buf);
                        recv_err = netconn_recv(conn,&buf);
                }

                /* Close connection and discard connection identifier */
                netconn_close(conn);
                netconn_delete(conn);
        }
    }
    else
    {
        netconn_delete(conn);
    // printf("can not bind TCP netconn");
    }
    }
    else
    {
    // printf("can not create TCP netconn");
    }
}
```

3. 实验

（1）确保开发板和计算机使用网线连接到同一个路由器,并确保计算机可以 ping 通开发板的 IP。

（2）打开附录 A\软件\串口工具\sscom5.13.1.exe 程序，端口号选择 TCPServer，本地一栏选择计算机对应的 IP 地址，后面的方框填写 2041，单击"侦听"按钮。

（3）编译并下载程序。

（4）此时在输入框输入任意字符串，单击"发送"按钮，可以看到接收框收到相同的字符串，说明通信成功，如图 7.9 所示。

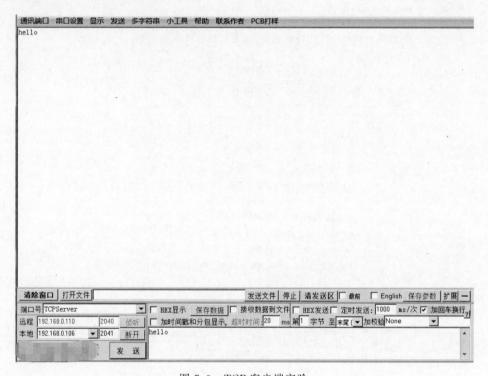

图 7.9　TCP 客户端实验

7.2.4　UDP 实验

1. 项目工程配置

（1）代码在 Chapter7\03_udp 文件夹，把 udp_demo_task.c 和 udp_demo_task.h 复制到 Chapter7\rt-thread\bsp\stm32\stm32f407-atk-explorer\applications。

（2）修改 Chapter7 \ rt-thread \ bsp \ stm32 \ stm32f407-atk-explorer \ applications \ SConscript 文件，添加如下代码：

```
if GetDepend(['BSP_USING_UDP_DEMO']):
    src += Glob('udp_demo_task.c')
```

本书也提供修改好的 SConscript 文件，位于 Chapter7\03_udp 文件夹，但是推荐读者自

已修改并操作一遍,加深印象。修改后的文件内容如下:

```
import rtconfig
from building import *

cwd = GetCurrentDir()
CPPPATH = [cwd,str(Dir('#'))]
src = Split("""
main.c
""")

if GetDepend(['BSP_USING_TCP_SERVER_DEMO']):
    src += Glob('tcp_server_task.c')

if GetDepend(['BSP_USING_TCP_CLIENT_DEMO']):
    src += Glob('tcp_client_task.c')

if GetDepend(['BSP_USING_UDP_DEMO']):
    src += Glob('udp_demo_task.c')

group = DefineGroup('Applications',src,depend = [''],CPPPATH = CPPPATH)

Return('group')
```

(3) 修改 Chapter7\rt-thread\bsp\stm32\stm32f407-atk-explorer\board\Kconfig 文件,在 menu "Board extended module Drivers"后面添加如下代码:

```
config BSP_USING_UDP_DEMO
    bool "Enable UDP Demo"
    default n
```

同样,本书也提供修改好的 Kconfig 文件,读者可以直接使用,但是推荐读者按本书步骤修改。

(4) 在 Chapter7\rt-thread\bsp\stm32\stm32f407-atk-explorer 路径下运行 menuconfig,进入 Hardware Drivers Config→ Board extended module Drivers,可以看到有 Enable UDP Demo 选项,按键盘上的空格键选中并退出,再使用 scons --target=mdk5 重新生成工程文件。

2. 代码

打开 Chapter7\rt-thread\bsp\stm32\stm32f407-atk-explorer\project. uvprojx 工程文件,可以看到 Project→Applications 下多了 udp_demo_task. c 文件,如图 7.10 所示。

UDP 代码中最重要的是 tcpclient_thread()线程,代码如下:

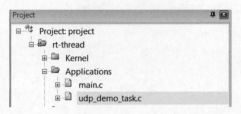

图 7.10 UDP 工程

```
# include <rthw.h>
# include <rtthread.h>
# include <drivers/pin.h>



# include "lwip/opt.h"
# include "lwip/sys.h"
# include "lwip/api.h"


//UDP 接收数据缓冲区的数据
# define UDP_DEMO_RX_BUFSIZE 1024
u8_t udp_demo_recvbuf[UDP_DEMO_RX_BUFSIZE];
//UDP 发送数据内容
const u8_t * udp_demo_sendbuf = "UDP demo send data\r\n";


//UDP 数据发送标志位
u8_t udp_flag;


# define UDP_DEMO_PORT     2041


//UDP 任务函数
static void tcpclient_thread(void * arg)
{
  err_t err;
  static struct netconn * udpconn;
  static struct netbuf * recvbuf;
  static struct netbuf * sentbuf;
  ip_addr_t destipaddr;
  u32_t data_len = 0;
  struct pbuf * q;
```

```
LWIP_UNUSED_ARG(arg);
udpconn = netconn_new(NETCONN_UDP);   //创建一个 UDP 连接
udpconn->recv_timeout = 10;


if(udpconn != NULL) //创建 UDP 连接成功
{
  err = netconn_bind(udpconn,IP_ADDR_ANY,UDP_DEMO_PORT);
  //构造目的 IP 地址
  IP4_ADDR(&destipaddr,192,168,0,110);

  netconn_connect(udpconn,&destipaddr,UDP_DEMO_PORT);
  if(err == ERR_OK)//绑定完成
  {
    while(1)
    {

      sentbuf = netbuf_new();
      netbuf_alloc(sentbuf,strlen((char *)udp_demo_sendbuf));
      //指 udp_demo_sendbuf 组
      sentbuf->p->payload = (char *)udp_demo_sendbuf;
      //将 netbuf 中的数据发送出去
      err = netconn_send(udpconn,sentbuf);
      if(err != ERR_OK)
      {
        //发送失败
        //删除 buf
        netbuf_delete(sentbuf);
      }
      //删除 buf
      netbuf_delete(sentbuf);
      //接收数据
      netconn_recv(udpconn,&recvbuf);
      //接收到数据
      if(recvbuf != NULL)
      {
        //数据接收缓冲区清零
        memset(udp_demo_recvbuf,0,UDP_DEMO_RX_BUFSIZE);
        //遍历整个 pbuf 链表
        for(q = recvbuf->p;q!= NULL;q = q->next)
        {
          /* 判断要复制到 UDP_DEMO_RX_BUFSIZE 中的数据是否大于 DP_DEMO_RX_BUFSIZE 的剩
余空间,如果大于,只复制 UDP_DEMO_RX_BUFSIZE 中剩余长度的数据,否则就复制所有的数据 */
          if(q->len >(UDP_DEMO_RX_BUFSIZE - data_len)) memcpy(udp_demo_recvbuf + data_
len,q->payload,(UDP_DEMO_RX_BUFSIZE - data_len));
          else memcpy(udp_demo_recvbuf + data_len,q->payload,q->len);
```

```
                    data_len += q->len;
                    //超出 UDP 接收数组,跳出
                    if(data_len > UDP_DEMO_RX_BUFSIZE) break;
                }
                //复制完成后 data_len 要清零
                data_len = 0;
                //打印接收到的数据
                //printf("%s\r\n",udp_demo_recvbuf);
                //删除 buf
                netbuf_delete(recvbuf);
            }else{
                //延时 5ms
                rt_thread_mdelay(5);
            }
        }
    }else
    {
        //printf("UDP 绑定失败\r\n");
    }
    }else{
        //printf("UDP 连接创建失败\r\n");
    }
}


void udp_demo_init(void)
{
    sys_thread_new("tcpecho_thread",tcpclient_thread,NULL,5 * UDP_DEMO_RX_BUFSIZE,3);
}
```

(1) 确保开发板和计算机使用网线连接到同一个路由器,并确保计算机可以 ping 通开发板的 IP。

(2) 编译并下载程序。

(3) 打开附录 A\软件\串口工具\sscom5.13.1.exe 程序,端口号选择 UDP。远程一栏填写开发板 IP 地址和端口号,本地一栏选择计算机对应的 IP 地址和端口号,单击"连接"按钮。

(4) 此时在输入框输入任意字符串,单击"发送"按钮,可以看到接收框收到相同的字符串,说明通信成功,如图 7.11 所示。

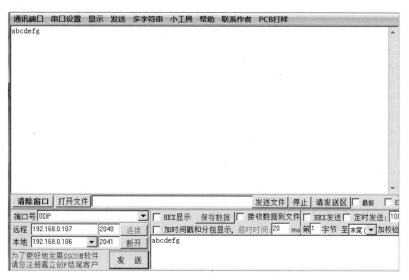

图 7.11 UDP 服务器实验

7.3 BSD socket API 开发

4min

LwIP 除了支持 NETCONN API 之外,还支持 BSD socket API。LwIP 的 BSD socket API 和 UNIX 平台的 socket API 一致,底层实现使用 LwIP 的 API 进行了封装,代码如下:

```
//Chapter7\rt - thread\components\net\lwip - 2.0.2\src\include\lwip\sockets.h

# if LWIP_COMPAT_SOCKETS
# define accept(a,b,c)           lwip_accept(a,b,c)
# define bind(a,b,c)             lwip_bind(a,b,c)
# define shutdown(a,b)           lwip_shutdown(a,b)
# define closesocket(s)          lwip_close(s)
# define connect(a,b,c)          lwip_connect(a,b,c)
# define getsockname(a,b,c)      lwip_getsockname(a,b,c)
# define getpeername(a,b,c)      lwip_getpeername(a,b,c)
# define setsockopt(a,b,c,d,e)   lwip_setsockopt(a,b,c,d,e)
# define getsockopt(a,b,c,d,e)   lwip_getsockopt(a,b,c,d,e)
# define listen(a,b)             lwip_listen(a,b)
# define recv(a,b,c,d)           lwip_recv(a,b,c,d)
# define recvfrom(a,b,c,d,e,f)   lwip_recvfrom(a,b,c,d,e,f)
# define send(a,b,c,d)           lwip_send(a,b,c,d)
# define sendto(a,b,c,d,e,f)     lwip_sendto(a,b,c,d,e,f)
# define socket(a,b,c)           lwip_socket(a,b,c)
# define select(a,b,c,d,e)       lwip_select(a,b,c,d,e)
```

```
# define ioctlsocket(a,b,c)          lwip_ioctl(a,b,c)

# if LWIP_POSIX_SOCKETS_IO_NAMES
# define read(a,b,c)                 lwip_read(a,b,c)
# define write(a,b,c)                lwip_write(a,b,c)
# define close(s)                    lwip_close(s)
# define fcntl(a,b,c)                lwip_fcntl(a,b,c)
# endif /* LWIP_POSIX_SOCKETS_IO_NAMES */

# endif /* LWIP_COMPAT_SOCKETS */
```

7.3.1 socket API 说明

socket 提供一套 API 方便应用程序使用。本书介绍几个比较重要的函数。

1. socket

```
int socket(int protofamily, int type, int protocol);
```

函数返回：int 类型的数值，我们通常称之为 socket 描述符。它非常重要，后面所有的 socket 操作要基于 socket 描述符。

参数列表：

（1）protofamily：即协议域，又称为协议簇（family）。常用的协议簇有 AF_INET （IPV4）、AF_INET6（IPV6）、AF_LOCAL（或称 AF_UNIX、UNIX 域 socket）、AF_ROUTE 等。协议簇决定了 socket 的地址类型，在通信中必须采用对应的地址，如 AF_INET 决定了要用 IPv4 地址（32 位的）与端口号（16 位的）的组合、AF_UNIX 决定了要用一个绝对路径名作为地址。

（2）type：指定 socket 类型。常用的 socket 类型有 SOCK_STREAM、SOCK_DGRAM、SOCK_RAW、SOCK_PACKET、SOCK_SEQPACKET 等。

（3）protocol：指定协议。常用的协议有 IPPROTO_TCP、IPPTOTO_UDP、IPPROTO_SCTP、IPPROTO_TIPC 等，它们分别对应 TCP、UDP、SCTP、TIPC。

注意：上面的 type 和 protocol 并不可以随意组合，如 SOCK_STREAM 不可以与 IPPROTO_UDP 组合。当 protocol 为 0 时，会自动选择 type 类型对应的默认协议。当调用 socket 创建一个 socket 时，返回的 socket 描述字存在于协议簇（address family，AF_XXX）空间中，但没有一个具体的地址。如果想要给它赋值一个地址，就必须调用 bind() 函数，否则当调用 connect()、listen() 函数时系统会自动随机分配一个端口。

---

2. bind

正如第 3.2.2 小节所述，每个应用程序想要使用网络功能，都需要指定唯一的一个端口号。同样,socket 套接字也可以使用 bind()函数来为 socket 套接字绑定一个端口号。需要注意的是,bind()函数不是必需的,当应用程序没有使用 bind()函数指定端口号时,系统会自动分配一个随机端口号。

```
int bind( int sockfd, const struct sockaddr * addr, socklen_t addrlen);
```

函数返回:int 类型的数值。返回值为 0 则表示绑定成功。返回 EADDRINUSE 则表示端口号已经被其他应用程序占用。

参数列表:

(1) sockfd:socket 描述符,也就是上文创建 socket 套接字时的返回值。

(2) addr:一个 const struct sockaddr * 指针,指向要绑定给 sockfd 的协议地址。这个地址结构根据地址创建 socket 时的地址协议簇的不同而不同,如 IPv4 对应的是:

```
struct sockaddr_in {
    sa_family_t    sin_family;    /* address family:AF_INET */
    in_port_t      sin_port;      /* port in network byte order */
    struct in_addr sin_addr;      /* internet address */
};

/* Internet address */
struct in_addr {
    uint32_t       s_addr;        /* address in network byte order */
};
```

IPv6 对应的是:

```
struct sockaddr_in6 {
    sa_family_t     sin6_family;  /* AF_INET6 */
    in_port_t       sin6_port;    /* port number */
    uint32_t        sin6_flowinfo; /* IPv6 flow information */
    struct in6_addr sin6_addr;    /* IPv6 address */
    uint32_t        sin6_scope_id; /* Scope ID (new in 2.4) */
};
struct in6_addr {
    unsigned char   s6_addr[16];  /* IPv6 address */
};
```

UNIX 域对应的是:

```
#define UNIX_PATH_MAX     108

struct sockaddr_un {
    sa_family_t sun_family;                /* AF_UNIX */
    char        sun_path[UNIX_PATH_MAX];   /* pathname */
};
```

（3）addrlen：对应的是地址的长度。

3. connect

通常在使用 TCP 的时候，客户端需要连接到 TCP 服务器，连接成功后才能继续通信。连接函数的代码如下：

```
int connect(int sockfd, const struct sockaddr * addr, socklen_t addrlen);
```

函数返回：int 类型的数值。返回值为 0 则表示绑定成功，其中错误返回有以下几种情况：

（1）ETIMEDOUT：TCP 客户端没有收到 SYN 分节响应。

（2）ECONNREFUSED：服务器主机在我们指定的端口上没有进程在等待与之连接，属于硬错误（hard error）。

（3）EHOSTUNREACH 或者 ENETUNREACH：客户端发出的 SYN 在中间某个路由器上引发一个 destination unreachable（目标地不可抵达）ICMP 错误，是一种软错误（soft error）。

参数列表：

（1）sockfd：socket 描述符。

（2）addr：一个 const struct sockaddr * 指针，指向要绑定给 sockfd 的协议地址。

（3）addrlen：对应的是地址的长度。

4. listen

作为一个服务器，在调用 socket()、bind()后，它会调用 listen()来监听这个 socket，如果有客户端调用 connect()发起连接请求，服务器就会接收到这个请求。

```
int listen(int sockfd, int backlog);
```

函数返回：int 类型的数值，0 则表示成功，−1 则表示出错。

参数列表：

（1）sockfd：socket 描述符。

（2）backlog：为了更好地理解 backlog，我们需要知道内核为任何一个给定的监听 socket 套接字维护两个队列。

未完成连接队列：客户端已经发出连接请求，而服务器正在等待完成响应的 TCP 3 次握手过程。

已完成连接队列：已经完成了 3 次握手并连接成功了的客户端。

backlog 通常表示这两个队列的总和的最大值。当服务器一天需要处理几百万个连接时，backlog 则需要定义成一个较大的数值。指定一个比内核能够支持的最大值还要大的数值也是允许的，因为内核会自动把指定的最大值修改成自身支持的最大值，而不返回错误。

5. accept()

accept()函数由服务器调用，用于处理从已完成连接队列队头返回下一个已完成连接。

如果已完成连接队列为空,则进程会休眠。

```
int accept(int sockfd, struct sockaddr * addr, socklen_t * addrlen);
```

函数返回:int 类型的数值。如果服务器与客户端已经正确建立了连接,此时 accept 函数会返回一个全新的 socket 套接字,服务器通过这个新的套接字来完成与客户的通信。

参数列表:

(1) sockfd:socket 描述符。

(2) addr:一个 const struct sockaddr * 指针,指向要绑定给 sockfd 的协议地址。

(3) addrlen:对应的是地址的长度。

6. read()/write()

read()函数负责从网络中接收数据,而 write()函数负责把数据发送到网络中,通常有下面几组。

```
ssize_t read(int fd, void * buf, size_t count);
ssize_t write(int fd, const void * buf, size_t count);

ssize_t send(int sockfd, const void * buf, size_t len, int flags);
ssize_t recv(int sockfd, void * buf, size_t len, int flags);

ssize_t sendto(int sockfd, const void * buf, size_t len, int flags,
               const struct sockaddr * dest_addr, socklen_t addrlen);
ssize_t recvfrom(int sockfd, void * buf, size_t len, int flags,
                 struct sockaddr * src_addr, socklen_t * addrlen);

ssize_t sendmsg(int sockfd, const struct msghdr * msg, int flags);
ssize_t recvmsg(int sockfd, struct msghdr * msg, int flags);
```

read 函数负责从 fd 中读取内容。当读成功时,read()函数返回实际所读的字节数,如果返回的值是 0 则表示已经读到文件的末尾了,如果返回的值小于 0 则表示出现了错误。如果错误为 EINTR 则说明读是由中断引起的,如果错误是 ECONNREST 表示网络连接出了问题。

write()函数将 buf 中的 nbytes 字节内容写入文件描述符 fd。成功时返回写的字节数。失败时返回−1,并设置 errno 变量。在网络程序中,当我们向套接字文件描述符写时有两种可能。①write 的返回值大于 0,表示写了部分或者全部的数据。②返回的值小于 0,此时出现了错误。我们要根据错误类型来处理。如果错误为 EINTR 表示在写的时候出现了中断错误。如果错误为 EPIPE 表示网络连接出现了问题(对方已经关闭了连接)。

7. close()

通常使用 close()函数来关闭套接字,并终止 TCP 连接。

```
int close(int fd);
```

关闭一个 TCP socket 的默认行为时把该 socket 标记为已关闭,然后立即返回到调用进程。该描述字不能再由调用进程使用,也就是说不能再作为 read()或 write()的第一个参数。

注意:close()操作只是使相应 socket 描述字的引用计数—1,只有当引用计数为 0 的时候,才会触发 TCP 客户端向服务器发送终止连接请求。

7.3.2 代码示例

使用 BSD socket API 编写的代码,几乎与在 UNIX 平台上使用 socket API 编程一样。

这里需要特别注意的是:STM32F407 上电后不能马上进行网络连接,因为刚上电时网络接口还未初始化,此时进行 socket 操作会返回失败。

BSD socket API 和 NETCONN API 的实验步骤相同,仅代码部分有差异,本书直接提供代码给读者参考。代码文件位于 Chapter7\04_socket 文件夹下。

1. TCP 客户端

```
//Chapter7\04_socket\socket_tcp_client_task.c

int sockfd;

#define SERVER_IP    "180.97.81.180"
//#define SERVER_IP  "127.0.0.1"

#define SERVER_PORT  51935
static void tcpclient_thread(void * arg)
{

    char * str;
    //连接者的主机信息
    struct sockaddr_in their_addr;

    //创建 socket
    if ((sockfd = socket(AF_INET,SOCK_STREAM,0)) == -1)
    {
        //如果 socket()调用出现错误则显示错误信息并退出
        perror("socket");
        //exit(1);
    }

    memset(&their_addr,0,sizeof(their_addr));

    //主机字节顺序
    their_addr.sin_family = AF_INET;
    //网络字节顺序,短整型
```

```
    their_addr.sin_port = htons(SERVER_PORT);
    their_addr.sin_addr.s_addr = inet_addr(SERVER_IP);

    //连接到服务器
    if(connect(sockfd,(struct sockaddr *)&their_addr,sizeof(struct sockaddr)) == -1)
    {
            /* 如果 connect()建立连接错误,则显示错误信息并退出 */
            perror("connect");
            //exit(1);
    }



    int ret;
    char recvbuf[512];
    char * buf = "hello! I'm client!";

    while(1)
    {
            //发送数据
            if((ret = send(sockfd,buf,strlen(buf) + 1,0)) == -1)
            {
                    perror("send :");
            }

            rt_thread_mdelay(1000);
            //接收数据
            if((ret = recv(sockfd,&recvbuf,sizeof(recvbuf),0)) == -1){
                    return ;
            }

            printf("recv :\r\n");
            printf(" % s",recvbuf);
            printf("\r\n");

            rt_thread_mdelay(2000);
    }

    close(sockfd);


    return ;
}

void tcpclient_init(void)
{
```

```
        sys_thread_new("tcpecho_thread",tcpclient_thread,NULL,5 * 1024,3);
}

MSH_CMD_EXPORT(tcpclient_init,tcpclient_init);
```

2. TCP 服务器

```
//Chapter7\04_socket\socket_tcp_server_task.c

#define SERVER_PORT_TCP
#define TCP_BACKLOG 10

char recvbuf[512];
//在 sock_fd 进行监听,在 new_fd 接收新的连接
int sock_fd,new_fd;

static void tcpecho_thread(void * arg)
{
    char * str;

    //自己的地址信息
    struct sockaddr_in my_addr;
    //连接者的地址信息
    struct sockaddr_in their_addr;
    int sin_size;

    struct sockaddr_in * cli_addr;

    //1. 创建 socket
    if((sock_fd = socket(AF_INET,SOCK_STREAM,0)) == -1)
    {
            perror("socket is error\r\n");
            //exit(1);
    }

    memset(&my_addr,0,sizeof(their_addr));
    //主机字节顺序
    //协议
    my_addr.sin_family = AF_INET;
    my_addr.sin_port = htons(6666);
    //当前 IP 地址写入
    my_addr.sin_addr.s_addr = INADDR_ANY;

    //绑定
    if(bind(sock_fd,(struct sockaddr * )&my_addr,sizeof(struct sockaddr)) == -1)
```

```
{
        perror("bind is error\r\n");
        //exit(1);
}

//开始监听
if(listen(sock_fd,TCP_BACKLOG) == -1)
{
        perror("listen is error\r\n");
        //exit(1);
}

printf("start accept\n");


//accept() 循环
while(1)
{
        sin_size = sizeof(struct sockaddr_in);

        if((new_fd = accept(sock_fd,(struct sockaddr *)&their_addr,(socklen_t *)&sin
_size)) == -1)
        {
                perror("accept");
                continue;
        }

        cli_addr = malloc(sizeof(struct sockaddr));

        printf("accept addr\r\n");

        if(cli_addr != NULL)
        {
                memcpy(cli_addr,&their_addr,sizeof(struct sockaddr));
        }

        //处理目标
        int ret;

        char * buf = "hello! I'm server!";

        while(1)
        {
                //接收数据
                if((ret = recv(new_fd,recvbuf,sizeof(recvbuf),0)) == -1){
                        printf("recv error \r\n");
```

```
                                    return ;
                        }
                        printf("recv :\r\n");
                        printf(" % s",recvbuf);
                        printf("\r\n");
                        rt_thread_mdelay(200);
                        //发送数据
                        if((ret = send(new_fd,buf,strlen(buf) + 1,0)) == -1)
                        {
                                perror("send :");
                        }

                        rt_thread_mdelay(200);
                }

                close(new_fd);
        }

        return ;
}

void tcpecho_init(void)
{
        sys_thread_new("tcpecho_thread",tcpecho_thread,NULL,5 * 1024,3);
}

MSH_CMD_EXPORT(tcpecho_init,tcpecho_init);
```

3. UDP 客户端

```
//Chapter7\04_socket\socket_udp_demo_task.c

# define SERVER_IP     "180.97.81.180"
//# define SERVER_IP   "127.0.0.1"

# define SERVER_PORT   51935

char recvline[1024];
```

```c
//UDP 任务函数
static void tcpclient_thread(void * arg)
{
    int ret;

    int sockfd = socket(PF_INET,SOCK_DGRAM,0);
    //server ip port
    struct sockaddr_in servaddr;
    struct sockaddr_in client_addr;
    char sendline[100] = "hello world!";

    memset(&servaddr,0,sizeof(servaddr));
    servaddr.sin_family = AF_INET;
    servaddr.sin_port = htons(SERVER_PORT);
    servaddr.sin_addr.s_addr = inet_addr(SERVER_IP);

    memset(&client_addr,0,sizeof(client_addr));
    client_addr.sin_family = AF_INET;
    client_addr.sin_port = htons(40001);
    client_addr.sin_addr.s_addr = htonl(INADDR_ANY);

    if(bind(sockfd,(struct sockaddr * )&client_addr,sizeof(client_addr))<0)
    {
        printf("video rtcp bind ret <0\n");
    }
    sendto(sockfd,sendline,strlen(sendline) + 1,0,(struct sockaddr * )&servaddr,sizeof
(servaddr));

    while(1)
    {
        struct sockaddr_in addrClient;
        int sizeClientAddr = sizeof(struct sockaddr_in);
        ret = recvfrom(sockfd,recvline,1024,0,(struct sockaddr * )&addrClient,(socklen
_t * )&sizeClientAddr);
        char * pClientIP = inet_ntoa(addrClient.sin_addr);

         printf(" % s - % d( % d) says: % s\n",pClientIP,ntohs(addrClient.sin_port),
addrClient.sin_port,recvline);

        sendto(sockfd,recvline,ret,0,(struct sockaddr * )&addrClient,sizeClientAddr);
    }

    close(sockfd);
    return ;
}
```

```
void udp_demo_init(void)
{
    sys_thread_new("tcpecho_thread",tcpclient_thread,NULL,5 * 1024,3);
}



MSH_CMD_EXPORT(udp_demo_init,udp_demo_init);
```

7.4　JSON

　　JSON(JavaScript Object Notation)是一种轻量级的数据交换格式,具有易于阅读和编写、易于机器解析和生成、有效地提升网络传输效率等特点。

　　在物联网通信中,JSON 应用非常广泛,许多物联网通信协议采用 JSON 来交换数据。

7.4.1　JSON 语法

　　JSON 语法是 JavaScript 语法的一个子集,包含如下内容:

　　(1) 数据在键值对中。

　　(2) 数据由逗号分隔。

　　(3) 大括号保存对象。

　　(4) 中括号保存数组。

　　JSON 数据的格式是:键:值,例如:

```
"name" :"物联网项目实战开发课程"
```

　　JSON 的键值可以有多种类型:

　　(1) 数字(整数或者浮点数),例如:

```
"age" : 25
```

　　(2) 字符串(在双引号中),例如:

```
"name" : "物联网项目实战开发课程"
```

　　(3) 逻辑值(true 或者 false),例如:

```
"flag" : false
```

　　(4) 数组(在中括号中),例如:

```
"province" :[
{ "name" :"黑龙江" },
{ "name" :"广东" }
]
```

（5）对象（在大括号中），例如：

```
{
    "name" :"张三",
    "age" :15
}
```

（6）null（没有值），例如：

```
"id" : null
```

注意：所有的标点符号都需要是英文格式下的标点符号。

7.4.2 cJSON

cJSON 是一个用 C 语言编写的 JSON 编解码库，非常轻量级，适合物联网产品。使用 cJSON 库提供标准 API，开发人员可以快速地使用 JSON 进行数据交互，解析 JSON 字符串。

cJSON 代码下载链接：https://github. com/DaveGamble/cJSON。

RT-Thread 已经内置 cJSON 库，读者只需要在 menuconfig 配置中选中 cJSON 即可，配置项位于 RT-Thread online packages→IoT-internet of things→cJSON: Ultralightweight JSON parser in ANSI C，如图 7.12 所示。

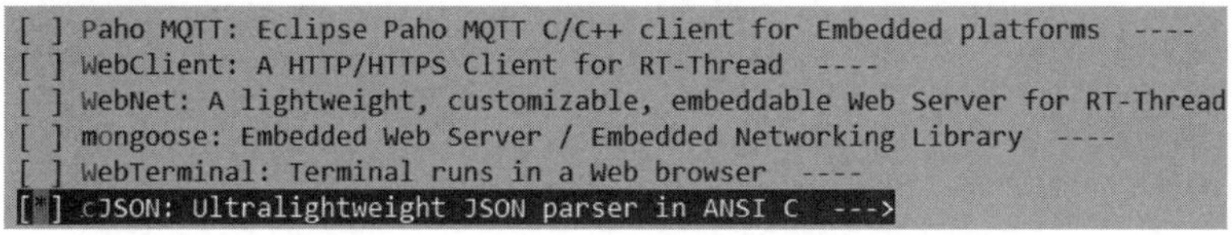

图 7.12 cJSON 配置

选中 cJSON 后，退出 menuconfig，使用 pkgs --update 命令更新下载 cJSON 软件包，如图 7.13 所示。

图 7.13 pkgs --update 下载 cJSON

下载成功后,输入 scons --target＝mdk5 命令,重新生成工程文件,打开 Chapter7\rt-thread\bsp\stm32\stm32f407-atk-explorer\project. uvprojx 工程文件,可以看到 Project 下多了一个 cJSON 子文件夹,里面存放的是 cJSON 的源码,如图 7.14 所示。

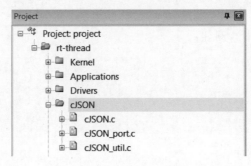

图 7.14　Project 工程

7.4.3　cJSON API

cJSON 常用的 API 可以在 cJSON.h 文件中找到:

1. cJSON 数据结构

cJSON 使用一个名为 cJSON 的数据结构来负责 JSON 数据的编解码,cJSON 结构体的代码如下:

```c
typedef struct cJSON {
    //指针,指向前后的 cJSON 结构体
    struct cJSON * next, * prev;

    //cJSON 的子对象
    struct cJSON * child;

    //类型
    int type;

    //如果类型是字符串,则指向值的字符串
    char * valuestring;
    //如果类型是整数,则存放整型数值
    int valueint;
    //如果类型是浮点数,则存放浮点型数值
    double valuedouble;

    //cJSON 的键
    char * string;
} cJSON;
```

2. 将字符串转换成 cJSON 结构体

cJSON_Parse()函数用于将 1 串 JSON 格式的字符串,转换成 1 个 cJSON 结构体,函数代码如下:

```
cJSON * cJSON_Parse(const char * value)
```

参数:

const char * value: JSON 格式的字符串数据。

返回:

cJSON: cJSON 对象指针,注意使用完后需要释放资源。如果返回 NULL 则表示解析错误。

3. 将 cJSON 结构体转换成带格式的字符串

cJSON_Print 函数用于将一个 cJSON 对象转换成符合 JSON 数据格式的字符串,函数代码如下:

```
char  * cJSON_Print(cJSON * item)
```

参数:

item: cJSON 对象指针。

返回:

char *: JSON 格式的字符串数据,注意使用完后需要释放资源。返回 NULL 则表示解析失败。

4. 将 cJSON 结构体转换成无格式的字符串

cJSON_PrintUnformatted()函数用于将一个 cJSON 对象转换成无格式的 JSON 字符串,函数代码如下:

```
char  * cJSON_PrintUnformatted(cJSON * item)
```

参数:

item: cJSON 对象指针。

返回:

char *: JSON 格式的字符串数据,注意使用完后需要释放资源。返回 NULL 则表示解析失败。

5. 删除 cJSON 对象

cJSON_Delete 函数用于删除 cJSON 对象,并释放链表占用的内存空间,函数代码如下:

```
void  cJSON_Delete(cJSON * c)
```

参数：

c：cJSON 对象指针。

返回：

无。

6. 获取 cJSON 对象数组成员个数

cJSON_GetArraySize 函数用于获取 cJSON 对象数组成员的个数，函数代码如下：

```
int    cJSON_GetArraySize(cJSON * array)
```

参数：

array：cJSON 对象指针。

返回：

int：cJSON 对象数组成员的个数。

7. 获取 cJSON 对象数组中的对象

cJSON_GetArrayItem()函数会根据传入的下标参数，返回 cJSON 对象数组中的对象，函数代码如下：

```
cJSON * cJSON_GetArrayItem(cJSON * array,int item)
```

参数：

（1）array：cJSON 对象数组指针。

（2）item：数组下标。

返回：

cJSON：cJSON 对象指针，如果返回 NULL 则表示解析错误。

用法：

假如 cJSON 对象数组的数据内容如下：

```
"province" :[
{ "name" :"黑龙江" },
{ "name" :"广东" }    .
]
```

如果调用 cJSON_GetArrayItem 函数并传入的数组下标为 1，则返回的 cJSON 对象所对应的 JSON 数据内容是：

```
{ "name" :"广东" }
```

8. 根据键获取对应的值

cJSON_GetObjectItem()函数可以根据传入的键获取对应的值，该值以一个 cJSON 的

对象形式返回,函数代码如下:

```
extern cJSON * cJSON_GetObjectItem(cJSON * object,const char * string)
```

参数:

(1) object：cJSON 对象数组指针。

(2) string：键。

返回:

char *：JSON 格式的字符串数据,返回 NULL 则表示解析失败。

用法:

假如名为 root 的 cJSON 对象的数据内容如下:

```
{
    "name" :"张三",
    "age" :15
}
```

调用代码如下:

```
cJSON * sub = cJSON_GetObjectItem(root, "age");
```

返回的 sub 的 cJSON 对象的数据内容如下:

```
{
"age" : 15
}
```

得到 sub 对象后,就可以通过 sub->valueint 获取值,可以得到数值 15。

同样对于值是字符串类型、浮点数类型的都可以获取,因为 cJSON 结构体中包含了键值对的信息,代码如下:

```
typedef struct cJSON {
    …
    //类型
    int type;

    //如果类型是字符串,则指向值的字符串
    char * valuestring;
    //如果类型是整数,则存放整数型数值
    int valueint;
    //如果类型是浮点数,则存放浮点型数值
    double valuedouble;
```

```
    //cJSON 的键
    char * string;
} cJSON;
```

9. 创建一个空的 cJSON 对象

cJSON_CreateObject()函数用于创建一个空的 cJSON 对象,函数代码如下:

```
cJSON * cJSON_CreateObject(void)
```

10. 添加 cJSON 对象

cJSON 提供一系列 API,可以在一个 cJSON 对象中新增一个子对象,函数代码如下:

```
//添加空对象
cJSON_AddNullToObject(cJSON * const object,const char * const name);

//添加布尔值为 True 的对象
cJSON_AddTrueToObject(cJSON * const object,const char * const name);

//添加布尔值为 False 的对象
cJSON_AddFalseToObject(cJSON * const object,const char * const name);

//添加布尔类型的对象
cJSON_AddBoolToObject (cJSON * const object, const char * const name, const cJSON_bool
boolean);

//添加整数类型的对象
cJSON_AddNumberToObject(cJSON * const object,const char * const name,const double number);

//添加字符串类型的对象
cJSON_AddStringToObject(cJSON * const object,const char * const name,const char * const
string);
```

11. 示例

```
    cJSON * root;
    char * result;

    //创建一个空的 cJSON 对象
    root = cJSON_CreateObject();

    //添加键值对:"name" :"张三"
    cJSON_AddStringToObject(root,"name","张三");

    //添加键值对:"age" :25
    cJSON_AddNumberToObject(root,"age",25);
```

```
        //添加键值对:"id" :null,
        cJSON_AddNullToObject(root,"id");

        //添加键值对:"student" :true,
        cJSON_AddTrueToObject(root,"student");

        //添加键值对:"teacher" :false,
        cJSON_AddFalseToObject(root,"teacher");

        //添加键值对:"flag" :false,
        cJSON_AddBoolToObject(root,"flag",0);

        //转换成 JSON 格式的字符串
        result = cJSON_PrintUnformatted(root);

        printf("% s\r\n",result);
/*
打印结果应该是:
{
    "name" :"张三",
    "age" :25,
    "id" :null,
    "student" :true,
    "teacher" :false,
    "flag" :false,
}

*/

        //最后将 root 根节点删除
        cJSON_Delete(root);

        //释放 result 的空间,必须释放此空间,不然内存里会失去一段空间,最后可导致系统崩溃
        free(result);
```

7.5 MQTT

MQTT 英文全称为 Message Queuing Telemetry Transport(消息队列遥测传输)是一种基于发布/订阅范式的二进制"轻量级"消息协议,由 IBM 公司发布。针对网络受限和嵌入式设备而设计的一种数据传输协议。MQTT 最大优点在于,可以以极少的代码和有限的带宽,为连接远程设备提供实时可靠的消息服务。

通常,MQTT 分为服务器和客户端两种协议模式,嵌入式开发板一般充当客户端,可订

阅和发布消息。

7.5.1 Paho MQTT

Paho MQTT 是 Eclipse 实现的 MQTT 协议的客户端。RT-Thread 已经支持 Paho MQTT 组件，进入 Chapter7\rt-thread\bsp\stm32\stm32f407-atk-explorer 文件夹下运行 Env，输入 menuconfig 进入配置界面。Paho MQTT 配置项位于 RT-Thread online packages→IoT - internet of things，如图 7.15 所示。

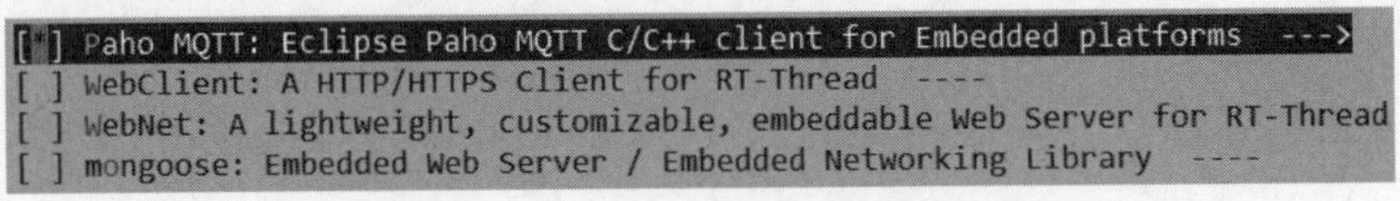

```
[*] Paho MQTT: Eclipse Paho MQTT C/C++ client for Embedded platforms  --->
[ ] WebClient: A HTTP/HTTPS Client for RT-Thread  ----
[ ] WebNet: A lightweight, customizable, embeddable Web Server for RT-Thread
[ ] mongoose: Embedded Web Server / Embedded Networking Library  ----
```

图 7.15　Paho MQTT 配置

按空格键选中 Paho MQTT 后，按回车键进入 Paho MQTT 详细配置界面，勾选 Enable MQTT example，如图 7.16 所示。

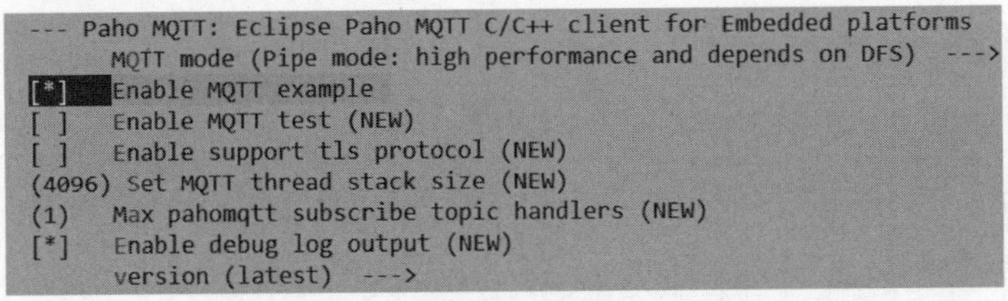

```
--- Paho MQTT: Eclipse Paho MQTT C/C++ client for Embedded platforms
      MQTT mode (Pipe mode: high performance and depends on DFS)  --->
[*]   Enable MQTT example
[ ]   Enable MQTT test (NEW)
[ ]   Enable support tls protocol (NEW)
(4096) Set MQTT thread stack size (NEW)
(1)   Max pahomqtt subscribe topic handlers (NEW)
[*]   Enable debug log output (NEW)
      version (latest)  --->
```

图 7.16　Paho MQTT 详细配置界面

退出 menuconfig，使用 pkgs --update 命令下载 Paho MQTT 软件包，如图 7.17 所示。

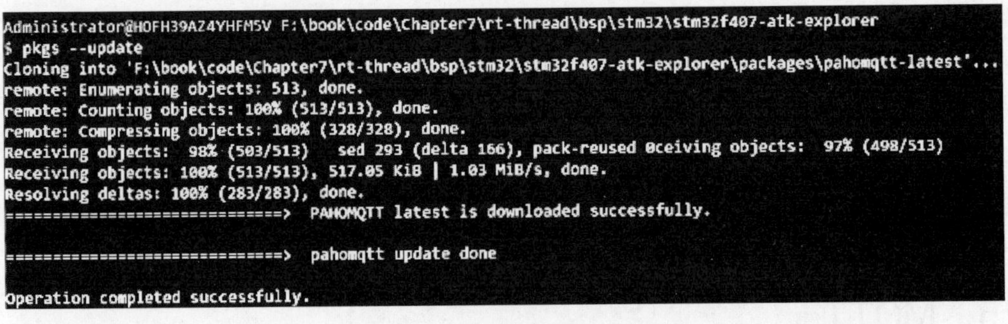

```
Administrator@HOFH39AZ4YHFM5V F:\book\code\Chapter7\rt-thread\bsp\stm32\stm32f407-atk-explorer
$ pkgs --update
Cloning into 'F:\book\code\Chapter7\rt-thread\bsp\stm32\stm32f407-atk-explorer\packages\pahomqtt-latest'...
remote: Enumerating objects: 513, done.
remote: Counting objects: 100% (513/513), done.
remote: Compressing objects: 100% (328/328), done.
Receiving objects: 98% (503/513)    sed 293 (delta 166), pack-reused 0ceiving objects:  97% (498/513)
Receiving objects: 100% (513/513), 517.05 KiB | 1.03 MiB/s, done.
Resolving deltas: 100% (283/283), done.
==============================> PAHOMQTT latest is downloaded successfully.

==============================> pahomqtt update done

Operation completed successfully.
```

图 7.17　Paho MQTT 下载

下载成功后，输入 scons --target＝mdk5 命令，重新生成工程文件，打开 Chapter7\rt-thread\bsp\stm32\stm32f407-atk-explorer\project. uvprojx 工程文件，可以看到 Project 下多了一个 paho-mqtt 文件夹，里面存放的是 Paho MQTT 的源码，如图 7.18 所示。

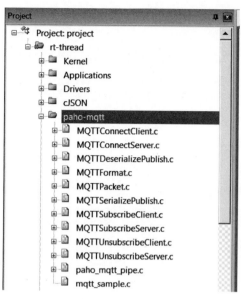

图7.18 Paho MQTT 工程

7.5.2 Paho MQTT 使用

打开 mqtt_sample.c 文件，这是一个简单的 mqtt 使用例子，读者可以参考并修改。

1. 配置服务器信息

```
//mqtt_sample.c      28 行

//MQTT 服务器的 IP 地址和端口号
#define MQTT_URI              "tcp://mq.tongxinmao.com:18831"

//订阅的主题
#define MQTT_SUBTOPIC         "/mqtt/test"

//推送的主题
#define MQTT_PUBTOPIC         "/mqtt/test"

//设置断开通知信息
#define MQTT_WILLMSG          "Goodbye!"
```

2. 设置断开通知消息

```
//mqtt_sample.c          103 行

client.condata.willFlag = 1;
```

```
client.condata.will.qos = 1;
client.condata.will.retained = 0;
//断开时推送的主题
client.condata.will.topicName.cstring = MQTT_PUBTOPIC;
//推送的消息为 MQTT_WILLMSG,上面已经定义为"Goodbye!"
client.condata.will.message.cstring = MQTT_WILLMSG;
```

3. 设置回调函数

```
//mqtt_sample.c          120 行

//成功连接上服务器时的回调函数
client.connect_callback = mqtt_connect_callback;

//上线的回调函数
client.online_callback = mqtt_online_callback;

//下线的回调函数
client.offline_callback = mqtt_offline_callback;
```

实际上,这 3 个回调函数在 mqtt_sample.c 中只是打印信息而已,读者可以根据自己的需求进行修改,代码如下:

```
//mqtt_sample.c          57 行

static void mqtt_connect_callback(MQTTClient * c)
{
    LOG_D("inter mqtt_connect_callback!");
}

static void mqtt_online_callback(MQTTClient * c)
{
    LOG_D("inter mqtt_online_callback!");
}

static void mqtt_offline_callback(MQTTClient * c)
{
    LOG_D("inter mqtt_offline_callback!");
}
```

4. 设置订阅主题

```
//mqtt_sample.c          125 行

//设置第一个订阅的主题
```

```
client.messageHandlers[0].topicFilter = rt_strdup(MQTT_SUBTOPIC);
//设置该订阅的回调函数
client.messageHandlers[0].callback = mqtt_sub_callback;
//设置该订阅的消息等级
client.messageHandlers[0].qos = QOS1;

//如果订阅多个主题,其中有些主题没有设置回调函数,则使用默认的回调函数
client.defaultMessageHandler = mqtt_sub_default_callback;
```

5. 订阅主题回调函数

设置好订阅主题后,一旦服务器有推送对应主题的消息,则客户端会调用设置好的回调函数进行数据处理。mqtt_sample.c 给出了一个简单的回调函数的例子,读者可以参考,代码如下:

```
static void mqtt_sub_default_callback(MQTTClient * c,MessageData * msg_data)
{
    //最后置 0 ,添加字符串结束符
    * ((char * )msg_data - >message - >payload + msg_data - >message - >payloadlen) = '\0';
    //打印收到的消息包括长度、消息内容、主题等
    LOG_D("mqtt sub default callback: %. * s %. * s",
            msg_data - >topicName - >lenstring. len,
            msg_data - >topicName - >lenstring. data,
            msg_data - >message - >payloadlen,
            (char * )msg_data - >message - >payload);
}
```

6. 向指定的 Topic 推送消息

Paho MQTT 提供了 paho_mqtt_publish()函数用于向服务器推送消息,函数代码如下:

```
//Chapter7\rt - thread\bsp\stm32\stm32f407 - atk - explorer\packages\pahomqtt - latest\
//MQTTClient - RT\paho_mqtt_pipe.c

int paho_mqtt_publish(MQTTClient * client,enum QoS qos,const char * topic,const char * msg_
str)
{
    MQTTMessage message;

    //只支持 QOS1
    if (qos != QOS1)
    {
        LOG_E("Not support Qos( % d) config,only support Qos(d).",qos,QOS1);
        return PAHO_FAILURE;
    }
```

```
    //QOS
    message.qos = qos;
    message.retained = 0;
    //消息内容
    message.payload = (void *)msg_str;
     //消息内容长度
    message.payloadlen = rt_strlen(message.payload);
     //调用 MQTTPublish 发送消息
    return MQTTPublish(client,topic,&message);
}
```

参数：

（1）MQTTClient * client：MQTTClient 客户端对象。

（2）enum QoS qos：MQTT QoS 类型，支持 QOS1。

（3）const char * topic：主题。

（4）const char * msg_str：消息内容。

返回：

返回 0 表示发送成功，否则表示发送失败。

7. FinSH 支持

mqtt_sample.c 文件将 MQTT 的测试用例封装成几个 FinSH 命令，代码如下：

```
#ifdef FINSH_USING_MSH
MSH_CMD_EXPORT(mqtt_start,startup mqtt client);
MSH_CMD_EXPORT(mqtt_stop,stop mqtt client);
MSH_CMD_EXPORT(mqtt_publish,mqtt publish message to specified topic);
MSH_CMD_EXPORT(mqtt_subscribe, mqtt subscribe topic);
MSH_CMD_EXPORT(mqtt_unsubscribe,mqtt unsubscribe topic);
#endif /* FINSH_USING_MSH */
```

其中命令包括有：

（1）mqtt_start：连接 MQTT 服务器。

（2）mqtt_stop：断开 MQTT 服务器连接。

（3）mqtt_publish：发布消息。

（4）mqtt_subscribe：订阅消息。

（5）mqtt_unsubscribe：取消订阅。

8. 测试

（1）MQTT 需要使用网络功能，并确保开发板的 LwIP 配置正确，且能上网。按 7.4.1 小节添加 MQTT 相关功能组件后，编译并下载程序。

打开串口工具，输入 help 并发送，可以看到 FinSH 支持的命令中多了 MQTT 相关的命令,如图 7.19 所示。

```
msh />help
RT-Thread shell commands:
reboot            - Reboot System
mqtt_start        - startup mqtt client
mqtt_stop         - stop mqtt client
mqtt_publish      - mqtt publish message to specified topic
mqtt_subscribe    - mqtt subscribe topic
mqtt_unsubscribe  - mqtt unsubscribe topic
list_fd           - list file descriptor
version           - show RT-Thread version information
```

图 7.19　FinSH 支持的命令

（2）启动 MQTT：输入 mqtt_start 命令并按回车键。开发板开始连接 mq. tongxinmao.com 服务器,有如下打印信息则表示连接成功,否则需要检测网络通信是否正常。

```
msh />mqtt_start
[0m[D/mqtt.sample] inter mqtt_connect_callback!
[0m[D/mqtt] ipv4 address port:18831
[0m[D/mqtt] HOST = 'mq.tongxinmao.com'
msh />
msh />[32m[I/mqtt] MQTT server connect success.
[32m[I/mqtt] Subscribe #0 /mqtt/test OK!
[0m[D/mqtt.sample] inter mqtt_online_callback!
[0m[D/mqtt.sample] mqtt sub callback:/mqtt/test Goodbye!
```

（3）订阅消息：可以输入 mqtt_subscribe 并发送,开发板将会订阅名为/mqtt/test 的主题。该主题名已在代码中定义好了,读者可以根据自己的需求进行修改。如果订阅成功就会有如下打印信息：

```
msh />mqtt_subscribe
mqtt_subscribe [topic] -- send an mqtt subscribe packet and wait for suback before returning.
```

（4）发布消息：可以输入 mqtt_publish hello 并按回车键,开发板会发送主题为/mqtt/test 和内容为 hello 的消息到 MQTT 服务器。由于开发板订阅的主题也是/mqtt/test,所以开发板应该会收到自己发送的消息,有如下打印信息则表示发布消息、订阅消息功能都正常。

```
msh />mqtt_publish hello
msh />
msh />[0m[D/mqtt.sample] mqtt sub callback:/mqtt/test hello
```

7.6 自己搭建 MQTT 服务器

上一节我们在开发板上实现了 MQTT 客户端功能,连接的 MQTT 服务器是 mq.tongxinmao.com,它是一个公共的 MQTT 服务器。使用 MQTT 公共服务器存在着可靠性、安全性等问题,本节主要讲如何搭建自己的私有 MQTT 服务器。

7.6.1 阿里云服务器申请

MQTT 服务器可以部署在局域网的某一台主机上,实现局域网的 MQTT 通信。也可以部署在云服务器上,实现广域网的 MQTT 通信。云服务器目前市场上有阿里云、华为云、腾讯云等,本小节以阿里云为例。如果读者只想部署 MQTT 到本地计算机,可以跳过本小节。

1. 购买

(1) 阿里云的官网地址:https://www.aliyun.com/。读者登录后,单击左侧的"云服务器 ECS"按钮,如图 7.20 所示。

图 7.20 阿里云主页

(2) 进入云服务器 ECS 后,单击"立即购买"按钮,如图 7.21 所示。

(3) 地区选择:读者可以根据自己所在区域选择对应地区的服务器。一般来说,如果没有海外业务需求,选择国内地区的服务器;如果有从谷歌服务器上下载源码的需求,选择中国香港地区的服务器;如果有海外业务需求,可以选择对应国家和地区的服务器,如图 7.22 所示。

(4) 架构选择:读者如果只是学习使用,推荐读者选"x86 计算"架构,分类选择"共享型",规格选最便宜的配置即可,如图 7.23 所示。

(5) 系统配置:镜像推荐读者选择 Ubuntu 系统,版本号为 18.04 64 位,存储默认配置

图 7.21　云服务器 ECS

图 7.22　国家和地区选择

图 7.23　架构选择

即可,购买时长根据自己的需求选择即可,单击"下一步:网络和安全组"按钮,如图 7.24 所示。

（6）进入网络和安全组页面后,直接单击"下一步：系统配置"按钮,进入系统配置选择

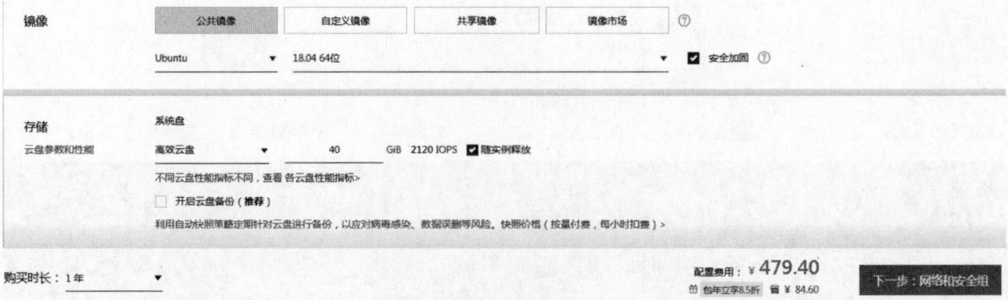

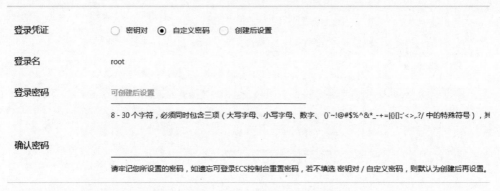

图 7.24　系统配置

页面。单击"自定义密码"按钮,设置云服务器的登录密码,单击"确认订单"按钮,付款即可,如图 7.25 所示。

登录凭证	○ 密钥对　⦿ 自定义密码　○ 创建后设置
登录名	root
登录密码	可创建后设置
	8-30个字符,必须同时包含三项(大写字母、小写字母、数字、`~!@#$%^&*_-+=|{}[]:;'<>,.?/中的特殊符号),其
确认密码	
	请牢记您所设置的密码,如遗忘可登录ECS控制台重置密码,若不填选 密钥对/自定义密码,则默认为创建后再设置。

图 7.25　密码设置

2. 设置阿里云服务器

(1) 购买阿里云服务器后,可以在阿里云首页的右上角单击"控制台"按钮,进入控制台,如图 7.26 所示。

图 7.26　阿里云首页

(2) 单击"云服务器 ECS"按钮,进入云服务器管理界面,如图 7.27 所示。

图 7.27　已开通的云产品

（3）单击左侧"实例"按钮，进入实例列表后，选择对应的云服务器，可以查看对应云服务器的公网 IP 地址，如图 7.28 所示，本书购买的云服务器的公网 IP 地址是 47.75.32.118。

实例ID/名称	标签	监控	可用区 ▾	IP地址
i-j6c74yoe2ib19jyb5yau aly_01	🏷️ 🛡️	📈	香港 可用 区 C	47.75.32.118(公) 172.31.176.128(私有)

图 7.28　云服务器 IP 地址

（4）在最右侧的"更多"下拉窗口中选择"网络和安全组"选项，单击"安全组配置"按钮，如图 7.29 所示。

图 7.29　安全组配置

（5）在对应的实例右侧，单击"配置规则"按钮，如图 7.30 所示。

安全组ID/名称	描述	所属专有网络	安全组类型	操作
sg-j6caw7yt2qgf1k9pl2m6 sg-j6caw7yt2qgf1k9pl2m...	System created securit...	vpc-j6cemowjni6rkl07rl91w	普通安全组	配置规则 | 移出

图 7.30　配置规则

(6) 单击“添加安全组规则”按钮,如图 7.31 所示。

sg-j6caw7yt2qgf1k9pl2m...
/ vpc-j6cemowjni6rkl07rl91w
教我设置
返回
添加安全组规则
快速创建规则
入方向
出方向
导入
导出

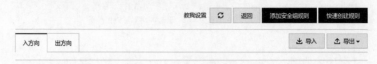

图 7.31 添加安全组规则

(7) 为了实验方便,读者可以简单地修改任意端口、任意 IP 都可以访问云服务器。如果读者有安全性需求,可以只设置某些 IP 或者某个端口号允许访问。本书实验设置出、入不限制协议,不限制端口号,不限制 IP,如图 7.32 和图 7.33 所示。

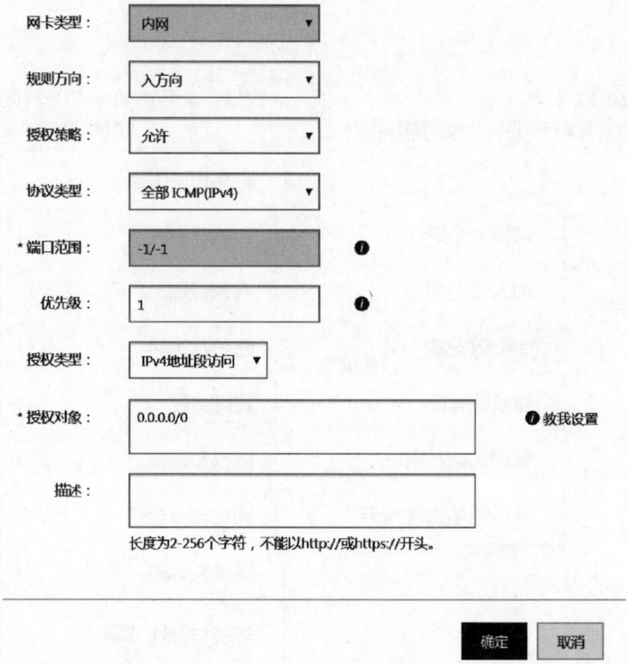

网卡类型:
内网
规则方向:
入方向
授权策略:
允许
协议类型:
全部 ICMP(IPv4)
* 端口范围:
-1/-1
优先级:
1
授权类型:
IPv4地址段访问
* 授权对象:
0.0.0.0/0
教我设置
描述:
长度为2-256个字符,不能以http://或https://开头。
确定
取消

图 7.32 入方向安全规则

7.6.2 SSH 登录

1. Xshell 软件

SSH 可以使计算机通过网络访问阿里云服务器。通常使用 Xshell 软件来实现 SSH 登录阿里云服务器。

Xshell 软件位于附录 A\软件\xshell 文件夹下,解压 Xshell+6.zip 文件,运行附录 A\软件\xshell\Xshell 6\Xshell.exe 程序,如图 7.34 所示。

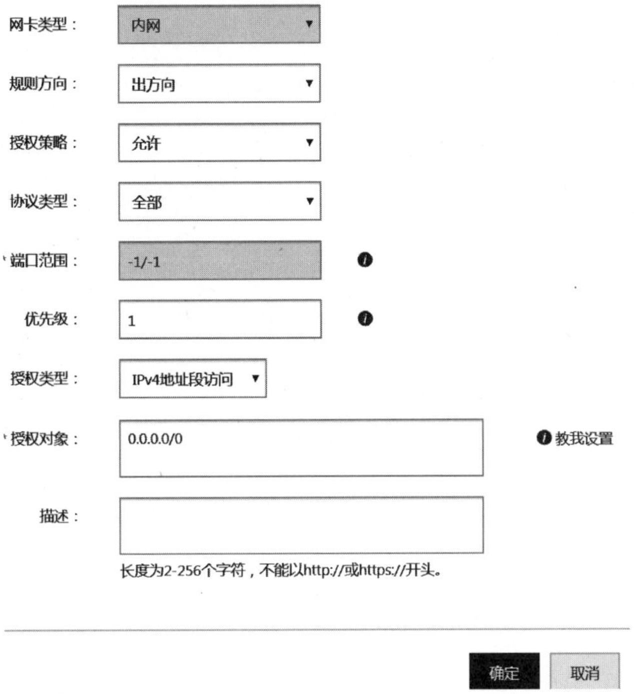

网卡类型：	内网 ▼
规则方向：	出方向 ▼
授权策略：	允许 ▼
协议类型：	全部 ▼
'端口范围：	-1/-1
优先级：	1
授权类型：	IPv4地址段访问 ▼
'授权对象：	0.0.0.0/0
描述：	

长度为2-256个字符，不能以http://或https://开头。

确定　取消

图 7.33　出方向安全规则

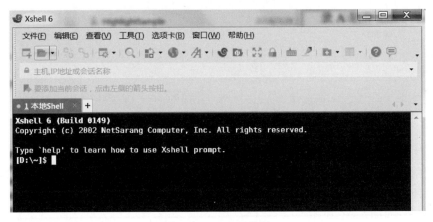

图 7.34　Xshell 软件

2. 登录云服务器

单击工具栏的 ▣ 按钮，打开"新建会话(2)属性"窗口，在"名称"一栏填入"阿里云 118"，在"主机："一栏填入申请的阿里云服务器的公网 IP 地址，本书对应的公网 IP 地址是 47.75.32.118，如图 7.35 所示。

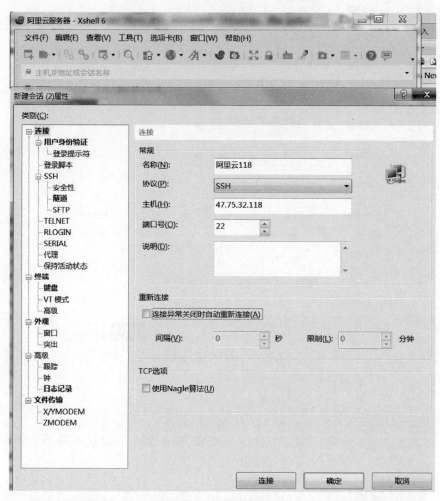

图 7.35　新建会话

3. SSH 用户身份验证

单击左侧"用户身份验证"按钮,在"用户名:"中输入 root,在"密码:"中输入之前购买阿里云服务器时的登录密码,如果忘记密码,可以在阿里云管理控制台中修改。输入密码后单击"连接"按钮,如图 7.36 所示。

4. SSH 安全警告

SSH 连接的过程中会弹出"SSH 安全警告",单击"接受并保存"按钮,如图 7.37 所示。

5. Shell 界面

成功连接云服务器后,会有如下相关打印提示信息,如图 7.38 所示。

图 7.36　SSH 用户身份验证

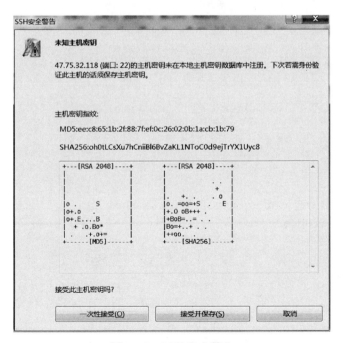

图 7.37　SSH 安全警告

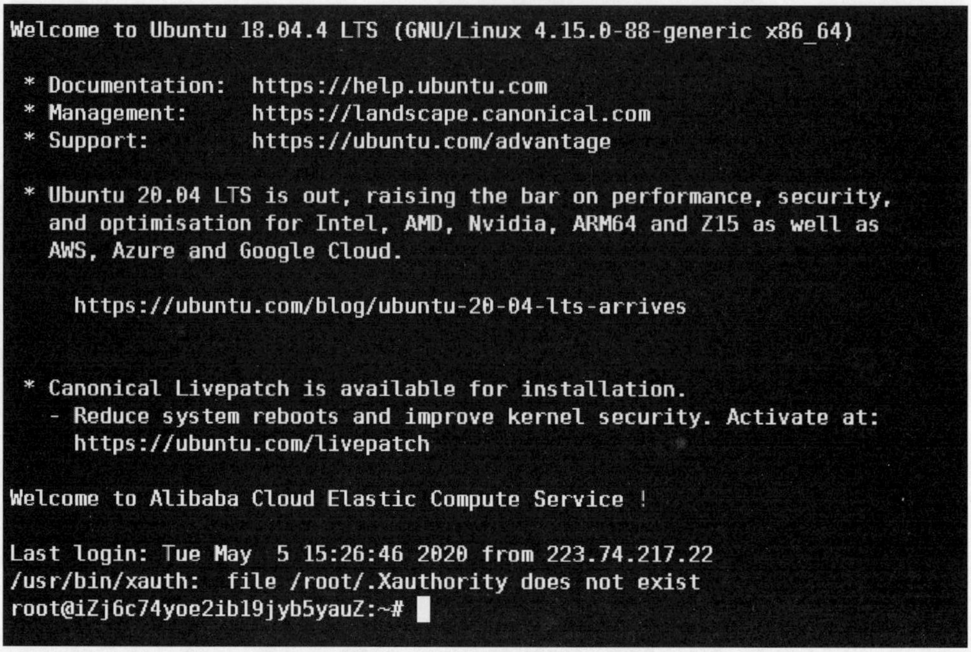

```
Welcome to Ubuntu 18.04.4 LTS (GNU/Linux 4.15.0-88-generic x86_64)

 * Documentation:  https://help.ubuntu.com
 * Management:     https://landscape.canonical.com
 * Support:        https://ubuntu.com/advantage

 * Ubuntu 20.04 LTS is out, raising the bar on performance, security,
   and optimisation for Intel, AMD, Nvidia, ARM64 and Z15 as well as
   AWS, Azure and Google Cloud.

     https://ubuntu.com/blog/ubuntu-20-04-lts-arrives


 * Canonical Livepatch is available for installation.
   - Reduce system reboots and improve kernel security. Activate at:
     https://ubuntu.com/livepatch

Welcome to Alibaba Cloud Elastic Compute Service !

Last login: Tue May  5 15:26:46 2020 from 223.74.217.22
/usr/bin/xauth:  file /root/.Xauthority does not exist
root@iZj6c74yoe2ib19jyb5yauZ:~#
```

图 7.38　Shell 界面

7.6.3　安装 MQTT 服务器

（1）在 Shell 控制台输入如下命令，引入 mosquitto 仓库并更新。

```
sudo apt-add-repository ppa:mosquitto-dev/mosquitto-ppa
sudo apt-get update
```

（2）输入如下命令，安装 mosquitto 包和 mosquitto 客户端。

```
sudo apt-get install mosquitto
sudo apt-get install mosquitto-dev
sudo apt-get install mosquitto-clients
```

（3）输入如下命令查询 mosquitto 运行状态，有 mosquitto start/running 相关打印信息则表示 mosquitto 运行成功。

```
root@instance-81tu3o5q:~# sudo service mosquitto status
mosquitto start/running, process 31262
```

（4）打开一个新 Shell 终端，输入如下命令订阅主题 mqtt。

```
mosquitto_sub -h localhost -t "mqtt" -v
```

（5）打开另外一个 Shell 终端，输入如下命令发布 Hello MQTT 消息到 mqtt 主题。

```
mosquitto_pub - h localhost - t "mqtt" - m "Hello MQTT"
```

（6）在订阅主题的终端会收到如下对应的信息，MQTT 通信成功。

```
root@instance-81tu3o5q:~ # mosquitto_sub - h localhost - t "mqtt" - v
mqtt Hello MQTT
```

可以修改 mqtt_sample.c 文件中的 MQTT_URI，换成自己的云服务器 IP 地址，本书对应的阿里云服务器 IP 地址是 47.75.32.118，mosquitto 默认的端口号是 1883，故而修改后的代码如下：

```
//MQTT 服务器的 IP 地址和端口号
#define MQTT_URI             "47.75.32.118:1883"
```

剩下的实验步骤和第 7.4.2 小节一致，读者可以自行完成实验。

第8章

物联网云平台

　　物联网云平台是整个物联网的核心,所有设备都需要通过网络接入物联网云平台中,实现设备的统一管理、数据整合、云计算等应用。

　　目前市场上已有许多功能强大、使用方便的物联网云平台,借助这些物联网云平台,中小企业不需要自己研发一套物联网云平台系统,可以将更多的研发精力放在边缘计算和应用开发上。

　　本章将介绍目前市场上主流的几种物联网云平台,以及如何在开发板上实现接入阿里云物联网平台、微软 Azure IoT 物联网平台。

8.1　主流物联网云平台介绍

　　目前国内外主流的物联网云平台有:

　　(1) 阿里云物联网平台。

　　(2) 中国移动物联网开发平台(OneNET)。

　　(3) 亚马逊物联网平台(AWS IoT)。

　　(4) 微软物联网云平台(Microsoft Azure IoT Hub)。

　　(5) Oracle IoT 架构。

　　(6) 思科物联网云连接。

　　(7) 日立 Lumada 物联网。

　　(8) 三星 Artik 物联网平台。

　　(9) 腾讯 QQ 物联。

8.1.1　阿里云物联网平台[4]

　　阿里云物联网平台为设备提供安全可靠的连接及通信能力,向下连接海量设备,支撑设备数据采集上云;向上提供云端 API,服务端通过调用云端 API 将指令下发至设备端,实现远程控制。

　　阿里云物联网平台官网:https://iot.aliyun.com。

官方文档：https：//help. aliyun. com/product/30520. html。

物联网平台也提供了其他增值功能，如设备管理、规则引擎等，为各类 IoT 场景和行业开发者赋能。其系统框架如图 8.1 所示。

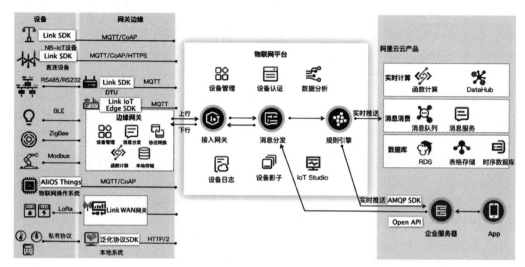

图 8.1 阿里云物联网平台框架

物联网平台主要提供以下功能：

1. 设备接入

物联网平台支持海量设备连接上云，设备与云端通过 IoT Hub 进行稳定可靠的双向通信。

（1）提供设备端 SDK、驱动、软件包等帮助不同设备、网关轻松接入阿里云。

（2）提供蜂窝（2G/3G/4G/5G）、NB-IoT、LoRaWAN、WiFi 等不同网络设备接入方案，解决企业异构网络设备接入管理痛点。

（3）提供 MQTT、CoAP、HTTP/HTTPS 等多种协议的设备端 SDK，既满足长连接的实时性需求，又满足短连接的低功耗需求。

（4）开源多种平台设备端代码，提供跨平台移植指导，赋能企业基于多种平台做设备接入。

2. 设备管理

物联网平台提供完整的设备生命周期管理功能，支持设备注册、功能定义、数据解析、在线调试、远程配置、固件升级、远程维护、实时监控、分组管理、设备删除等功能。

（1）提供设备物模型，简化应用开发。

（2）提供设备上下线变更通知服务，方便实时获取设备状态。

（3）提供数据存储能力，方便用户海量设备数据的存储及实时访问。

（4）支持 OTA 升级，赋能设备远程升级。

（5）提供设备影子缓存机制，将设备与应用解耦，解决不稳定无线网络下的通信不可靠痛点。

3. 规则引擎

物联网平台规则引擎包含以下功能:

(1) 服务端订阅:订阅某产品下所有设备的某个或多个类型消息,服务端可以通过 AMQP 客户端或消息服务(MNS)客户端获取订阅的消息。

(2) 云产品流转:物联网平台根据配置的数据流转规则,将指定 Topic 消息的指定字段流转到目的地,进行存储和计算处理。

(3) 将数据转发到另一个设备的 Topic 中,实现设备与设备之间的通信。

(4) 如果购买了实例,将数据转发到实例内的时序数据存储,实现设备时序数据的高效写入。

(5) 将数据转发到 AMQP 服务端订阅消费组,服务端通过 AMQP 客户端监听消费组获取消息。

(6) 将数据转发到消息服务(MNS)和消息队列(RocketMQ)中,保障应用消费设备数据的稳定可靠。

(7) 将数据转发到表格存储(Table Store),提供设备数据采集 + 结构化存储的联合方案。

(8) 将数据转发到云数据库(RDS)中,提供设备数据采集+关系型数据库存储的联合方案。

(9) 将数据转发到 DataHub 中,提供设备数据采集 + 大数据计算的联合方案。

(10) 将数据转发到时序时空数据库(TSDB),提供设备数据采集 + 时序数据存储的联合方案。

(11) 将数据转发到函数计算中,提供设备数据采集 + 事件计算的联合方案。

(12) 场景联动:配置简单规则,即可将设备数据无缝流转至其他设备,实现设备联动。

8.1.2　中国移动物联网开放平台(OneNET)[5]

OneNET 是中国移动打造的高效、稳定、安全的物联网开放平台。OneNET 支持适配各种网络环境和协议类型,可实现各种传感器和智能硬件的快速接入,提供丰富的 API 和应用模板以支撑各类行业应用和智能硬件的开发,有效降低物联网应用开发和部署成本,满足物联网领域设备连接、协议适配、数据存储、数据安全及大数据分析等平台级服务需求。

OneNET 已构建"云—网—边—端"整体架构的物联网能力,具备接入增强、边缘计算、增值能力、AI、数据分析、一站式开发、行业能力、生态开放 8 大特点。整个系统框架如图 8.2 所示。

OneNET 主要功能如下。

1. 设备接入

(1) 支持多种行业及主流标准协议的设备接入,提供如 NB-IoT(LWM2M)、MQTT、EDP、JT808、Modbus、HTTP 等物联网套件,满足多种应用场景的使用需求。

(2) 提供多种语言开发 SDK,帮助开发者快速实现设备接入。

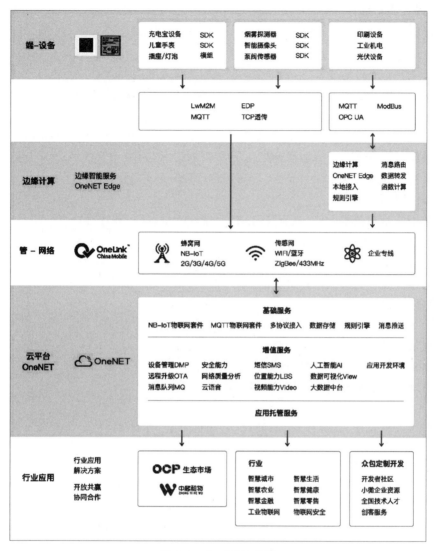

图 8.2 OneNET 框架

（3）支持用户协议自定义，通过 TCP 透传方式上传解析脚本来完成协议的解析。

2. 设备管理

（1）提供设备生命周期管理功能，支持用户进行设备注册、设备更新、设备查询、设备删除。

（2）提供设备在线状态管理功能，提供设备上下线的消息通知，方便用户管理设备的在线状态。

（3）提供设备数据存储能力，便于用户进行设备海量数据存储及查询。

（4）提供设备调试工具及设备日志，便于用户快速调试设备及定位设备问题。

3．位置定位 LBS

（1）提供基于基站的定位能力，支持 2G/3G/4G 三网的基站定位，覆盖大陆及港澳台地区。

（2）支持 NB-IoT 基站定位，满足 NB 设备的位置定位场景。

（3）提供 7 天连续时间段位置查询，可查询在定位时间段内任意 7 天的历史轨迹。

4．远程 OT

（1）提供对终端模组的远程 FOTA 升级，支持 2G/3G/4G/NB-IoT/WiFi 等类型模组。

（2）提供对终端 MCU 的远程 SOTA 升级，满足用户对应用软件的迭代升级需求。

（3）支持升级群组及策略设置，支持完整包和差分包升级。

5．消息队列 MQ

（1）基于分布式技术架构，具有高可用性、高吞吐量、高扩展性等特点。

（2）支持 TLS 加密传输，提高传输安全性。

（3）支持多个客户端对同一队列进行消费。

（4）支持业务缓存功能，具有削峰去谷特性。

6．消息可视化

（1）免编程，可视化拖曳配置，10min 完成物联网可视化大屏开发。

（2）提供丰富的物联网行业定制模板和行业组件。

（3）支持对接 OneNET 内置数据、第三方数据库、Excel 静态文件等多种数据源。

（4）自动适配多种分辨率的屏幕，满足多种场景应用。

7．人工智能 AI

（1）提供人脸对比、人脸检测、图像增强、图像抄表、车牌识别、运动检测等多种人工智能能力。

（2）通过 API 的方式为用户提供功能集成和使用。

8．视频能力 Video

（1）提供视频平台、直播及端到端解决方案等多种视频功能。

（2）提供设备侧和应用侧的 SDK，帮助快速实现视频监控、直播等设备及应用功能。

（3）支持 Onvif 视频的设备通过视频网关盒子可接入平台。

9．边缘计算 Edge

（1）支持私有化协议适配、协议转换功能，满足各类设备接入平台需求。

（2）支持设备侧就近部署，提供低时延、高安全、本地自治的网关功能。

（3）支持"云—边"协同，可实现例如 AI 能力云侧推理，以及在边缘侧执行。

10．应用开发环境

（1）提供全云端在线应用构建功能，帮助用户快速定制云上应用。

（2）支持 SaaS 应用托管于云端，提供开发、测试、打包、一键部署等功能。

（3）提供通用领域服务沉淀至环境，如支付、地图等领域服务功能。

（4）提供行业业务建模基础模型，可视化 UI 拖曳流程编排。

8.1.3　微软物联网平台 Azure

Azure 物联网(IoT)是 Microsoft 托管的云服务的集合,这些服务用于连接、监视和控制数十亿项 IoT 资产。更简单地讲,IoT 解决方案由一个或多个 IoT 设备构成,这些设备与云中托管的一个或多个后端服务通信。

Azure IoT 官网:https://azure. microsoft. com/zh-cn/overview/iot/。

Azure IoT 官方文档:https://docs. microsoft. com/zh-cn/azure。

AzureIoT 中心托管服务在云中进行托管,充当中央消息中心,用于 IoT 应用程序与其管理的设备之间的双向通信。可以使用 Azure IoT 中心,将数百万 IoT 设备和云托管解决方案后端之间建立可靠又安全的通信,生成 IoT 解决方案。几乎可以将任何设备连接到 IoT 中心。

AzureIoT 中心支持设备与云之间的双向通信。IoT 中心支持多种消息传递模式,例如设备到云的遥测、从设备上传文件及从云控制设备的请求—回复方式。IoT 中心的监视功能可跟踪各种事件(例如设备创建、设备故障和设备连接),有助于维持解决方案的良好运行。

AzureIoT 中心的功能有助于生成可缩放且功能完整的 IoT 解决方案,例如管理制造业中使用的工业设备、跟踪医疗保健中宝贵的资产及监视办公大楼使用情况。

8.1.4　亚马逊物联网平台(AWS IoT)

AWS IoT 官网:https://amazonaws-china. com/cn/iot。

AWS IoT 是面向工业、消费者和商业解决方案的 IoT 平台。它有以下优势:

1. 广泛而深入

AWS 拥有从边缘到云端的广泛而深入的 IoT 服务。设备软件、Amazon FreeRTOS 和 AWS IoT Greengrass 提供本地数据收集和分析功能。在云中,AWS IoT 是唯一一家将数据管理和丰富分析集成在易于使用的服务中的供应商,这些服务专为繁杂的 IoT 数据而设计。

2. 多层安全性

AWS IoT 提供适用于所有安全层的服务。AWS IoT 包括预防性安全机制,如设备数据的加密和访问控制。AWS IoT 还提供持续监控和审核安全配置的服务。使用者可以收到警报,以便缓解潜在的安全问题,例如将安全修复程序推送到设备。

3. 卓越的 AI 集成

AWS 将 AI 和 IoT 结合在一起,使设备更加智能化。使用者可以在云端创建模型,然后将它们部署到运行速度达到其他产品 2 倍的设备。AWS IoT 将数据发回至云端,以持续改进模型。与其他产品相比,AWS IoT 还支持更多的机器学习框架。

4. 大规模得到验证

AWS IoT 构建于可扩展、安全且经过验证的云基础设施之上，可扩展到数十亿种不同的设备和数万亿条消息。AWS IoT 还与 AWS Lambda、Amazon S3 和 Amazon SageMaker 等服务集成，从而让使用者可以构建完整的解决方案，例如使用 AWS IoT 管理摄像机并使用 Amazon Kines 进行机器学习的应用程序。

38min

8.2 阿里云物联网平台开发

阿里云物联网平台的使用主要分两部分：云平台、嵌入式设备。读者需要先注册阿里云物联网平台，并设置好设备接入，之后在嵌入式设备上集成阿里云提供的 SKD 包，实现设备接入阿里云物联网平台。

阿里云物联网平台包含 LinkDevelop 和 LinkPlatform 平台。本节将以 IoT Studio 为例进行讲解。

IoT Studio 又称作物联网应用开发（原 Link Develop），是阿里云针对物联网场景提供的生产力工具，可覆盖各个物联网行业核心应用场景，帮助开发人员高效而经济地完成设备、服务及应用开发。物联网开发服务提供了移动可视化开发、Web 可视化开发、服务开发与设备开发等一系列便捷的物联网开发工具，解决物联网开发领域发送链路长、技术栈复杂、协同成本高、方案移植困难等问题，重新定义物联网应用开发。

IoT Studio 有以下特点。

1. 可视化搭建

因为 IoT 产品链路长，用户很难同时兼备设备端、服务端、应用端开发能力，在绝大多数场景下，通过拖曳、配置的方式，即可完成与设备数据监控相关的 Web 页面、移动应用和 API 服务的开发，开发者只需关注核心业务，无须关注传统开发中的种种烦琐细节，大大降低物联网开发的成本。

2. 与设备管理无缝集成

设备相关的属性状态、事件、报警等数据均可从阿里云物联网平台设备接入和管理模块中直接获取，无缝集成，大大降低了物联网开发的成本。

3. 丰富的开发资源

无论是 Web 可视化开发，还是服务开发工作台，均提供了数量众多的组件和丰富的 API，组件库随着产品的迭代升级也越来越丰富，大大提升开发效率。

4. 无须部署

用户无须额外购买服务器等服务，产品开发完毕即可完全托管在云端，开发完毕无须部署即可立即交付及使用。

5. 一站式开发环境

物联网开发服务提供了移动可视化开发、Web 可视化开发、服务开发与设备开发等一系列便捷的物联网开发工具，用户可以在 IoT Studio 中体验软硬一条龙的开发过程。

8.2.1　IoT Studio 平台使用

1. 注册

打开 IoT Studio 官网：https://aliyun.com/products/iotstudio。单击"立即使用"按钮，如图 8.3 所示。

图 8.3　IoT Studio 官网

2. 新建项目

单击左侧的"项目管理"按钮，随后再单击"新建项目"按钮，进入新建项目界面，如图 8.4 所示。

图 8.4　项目管理界面

随后在弹出来的新建项目界面上，单击"新建空白项目"按钮，如图 8.5 所示。

图 8.5　新建项目界面

弹出新建空白项目界面后,在"项目名称"中输入 test,在"描述"中输入"这是一个测试项目",单击"确认"按钮,如图 8.6 所示。

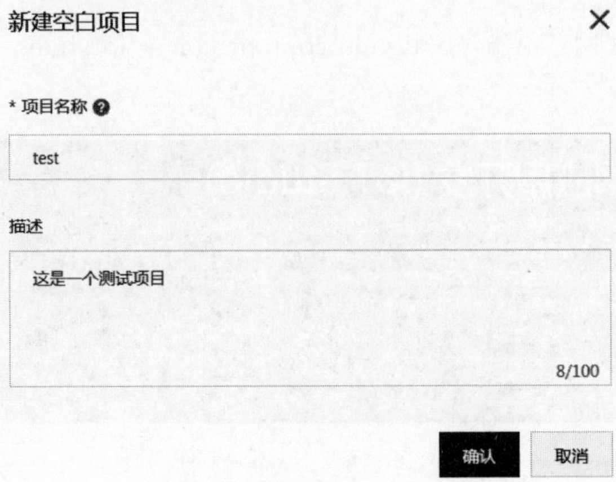

新建空白项目　　　　　　　　　　　　　　✕

* 项目名称 ❓

test

描述

这是一个测试项目

8/100

确认　取消

图 8.6　新建空白项目界面

3. 创建产品

单击左侧的"产品"按钮,在弹出的界面中,单击"创建产品"按钮,如图 8.7 所示。

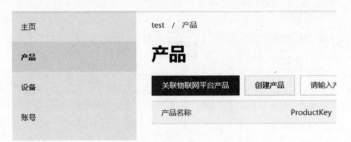

主页
产品
设备
账号

test / 产品

产品

关联物联网平台产品　创建产品　请输入产

产品名称　　　　　　　　ProductKey

图 8.7　产品界面

在"产品名称"中输入 sensor,如图 8.8 所示。

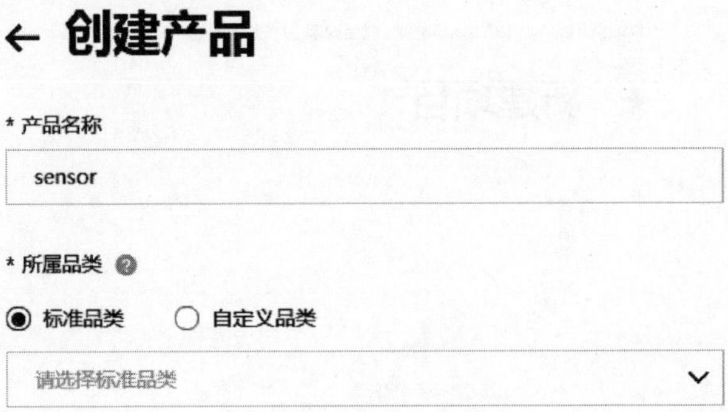

← 创建产品

* 产品名称

sensor

* 所属品类 ❓

◉ 标准品类　　○ 自定义品类

请选择标准品类　　　　　　　　　　⌄

图 8.8　创建产品

单击"请选择标准品类"下拉列表框,弹出"选择品类"选择框,阿里云物联网平台预置了许多产品类型,读者可以根据自己的需求选择对应的产品类型,本书选择"地磁检测器"选项,如图 8.9 所示。

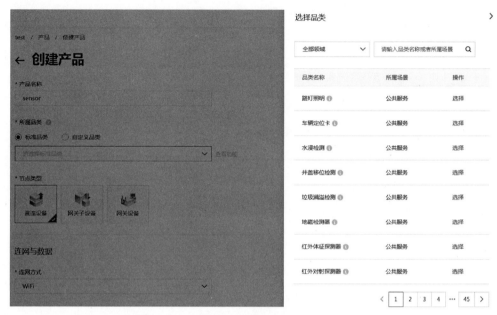

图 8.9 选择产品种类

其他选项保留默认值即可,单击"保存"按钮,如图 8.10 所示。

连网与数据

* 连网方式

WiFi

* 数据格式

ICA 标准数据格式 (Alink JSON)

认证方式

更多信息

产品描述

保存 取消

图 8.10 保存产品

4. 创建设备

页面左上角有个三角形下拉框,可以选择项目,选择我们刚才创建的 test 项目,再单击"设备"按钮,最后单击"新增设备"按钮,如图 8.11 所示。

图 8.11　设备界面

在"产品"选择下拉列表框中,选择刚才创建的产品 sensor,单击"提交"按钮,如图 8.12 所示。

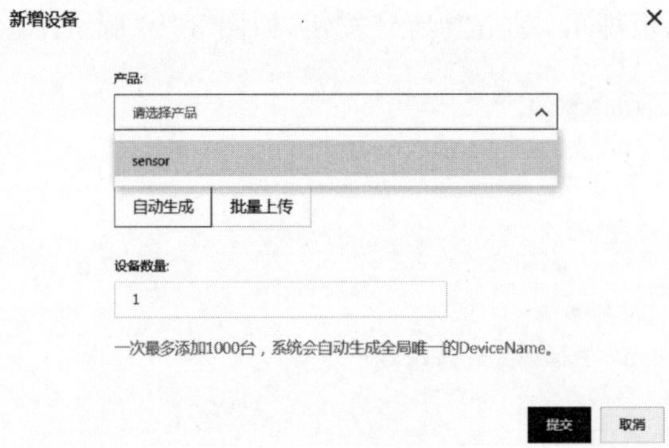

图 8.12　新增设备

在弹出的新界面中,单击"下载激活凭证"按钮,即可下载 sheet.xlsx 文件,如图 8.13 所示。保存 sheet.xlsx 文件,里面的内容后续会用到。

创建完设备后,可以在设备列表中看到我们刚才创建的设备,如图 8.14 所示。

至此,已经成功在 IoT Studio 上创建了一个设备,接下来,需要在开发板上集成阿里云物联网平台提供的 SDK,将开发板和刚才注册的设备进行绑定,并实现开发板和 IoT Studio 通信功能。

图 8.13 下载激活凭证

图 8.14 设备列表

8.2.2 iotkit-embedded

iotkit-embedded 是阿里云物联网平台提供的一套用 C 语言编写的 SDK 包。通过该 SDK 包,我们可以使嵌入式设备接入阿里云物联网平台。

SDK 使用 MQTT/HTTP 连接物联网平台,因此要求设备支持 TCP/IP 协议簇;对于 ZigBee、ZWave 之类不支持 TCP/IP 协议簇的设备,需要通过网关接入物联网平台,在这种情况下网关需要集成 SDK。

iotkit-embedded 下载地址:https://github.com/aliyun/iotkit-embedded。

SDK 提供了 API 供设备厂商调用,用于实现与阿里云 IoT 平台通信及一些其他的辅助功能,例如 WiFi 配网、本地控制等。

另外,C 语言版本的 SDK 被设计为可以在不同的操作系统上运行,例如 Linux、FreeRTOS、Windows,因此 SDK 需要 OS 或者硬件支持的操作被定义为一些 HAL 函数,在使用 SDK 开发产品时需要将这些 HAL 函数进行实现。

产品的业务逻辑、SDK、HAL 的关系如图 8.15 所示。

表 8.1 列出了 SDK 包的相关功能。

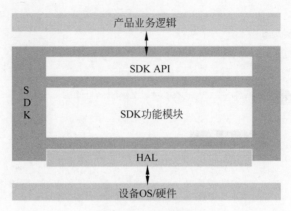

图 8.15　SDK 框架

表 8.1　SDK 包

功 能 模 块	功 能 点
设备连云	MQTT 连云,设备可通过 MQTT 与阿里云 IoT 物联网平台通信 CoAP 连云,设备可通过 CoAP 与阿里云 IoT 物联网平台通信,用于设备主动上报信息的场景 HTTPS 连云,设备可通过 HTTPS 与阿里云 IoT 物联网平台通信,用于设备主动上报信息的场景
设备身份认证	一机一密 一型一密
物模型	使用属性、服务、事件对设备进行描述及实现,包括: (1) 属性上报、设置 (2) 服务调用 (3) 事件上报
OTA	设备固件升级
远程配置	设备配置文件获取
子设备管理	用于让网关设备添加、删除子设备,以及对子设备进行控制
WiFi 配网	将 WiFi 热点的 SSID/密码传输给 WiFi 设备,包括: (1) 一键配网 (2) 手机热点配网 (3) 设备热点配网 (4) 零配
设备本地控制	局域网内,通过 CoAP 对设备进行控制,包括:ALCS Server,被控端实现 ALCS Client,控制端实现通常被希望通过本地控制设备的网关使用
设备绑定支持	设备绑定 token 维护,设备通过 WiFi、以太网接入,并且通过阿里云开放智能生活平台管理时使用
设备影子	在云端存储设备指定信息供 App 查询,避免总是从设备获取信息引入的延时
Reset 支持	当设备执行 Factory Reset 时,通知云端清除记录。例如清除设备与用户的绑定关系,清除网关与子设备的关联关系等
时间获取	从阿里云物联网平台获取当前最新的时间
文件上传	通过 HTTP/2 上传文件

8.2.3　ali-iotkit

1. 简介

ali-iotkit 是 RT-Thread 移植的用于连接阿里云 IoT 平台的软件包。基础 SDK 是阿里提供的 iotkit-embedded。

iotkit SDK 为了方便设备上云封装了丰富的连接协议，如 MQTT、CoAP、HTTP、TLS，并且对硬件平台进行了抽象，使其不受具体的硬件平台限制而更加灵活。在代码架构方面，iotkit SDK 分为三层，如图 8.16 所示。

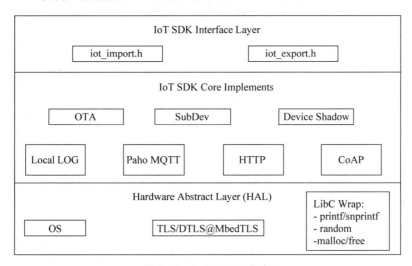

图 8.16　iotkit SDK 框架

硬件平台抽象层：简称 HAL 层(Hardware Abstract Layer)，抽象不同的嵌入式目标板，以及操作系统对 SDK 的支撑函数，包括网络收发、TLS/DTLS 通道建立和读写、内存申请是否和互斥量加锁解锁等。

中间层称为 SDK 内核实现层(IoT SDK Core Implements)：物联网平台 C-SDK 的核心实现部分，它基于 HAL 层接口完成了 MQTT/CoAP 通道等的功能封装，包括 MQTT 的连接建立、报文收发、CoAP 的连接建立、报文收发、OTA 的固件状态查询和 OTA 的固件下载等。中间层的封装使得用户无须关心内部实现逻辑，可以不经修改地应用。

最上层称为 SDK 接口声明层(IoT SDK Interface Layer)：最上层为应用提供 API，用户使用该层的 API 完成具体的业务逻辑。

2. 配置

RT-Thread 已经集成了 Ali-iotkit 软件，通过简单的 menuconfig 配置即可使用。配置项位于：RT-Thread online packages → IoT-internet of things → IoT Cloud，如图 8.17 所示。

按空格键选中 Ali-iotkit：Ali Cloud SDK for IoT platform 后，再按回车键进入详细配

置项。

（1）版本选择 v2.0.3。

（2）Config Product Key（NEW）填写我们之前下载的激活凭证 sheet.xlsx 文件中的 Productkey 项的内容。

（3）Config Device Name（NEW）填写 sheet.xlsx 文件中的 DeviceName 项的内容。

（4）Config Device Secret（NEW）填写 sheet.xlsx 文件中的 DeviceSecret 项的内容。

```
[ ] OneNET: China Mobile OneNet cloud SDK for RT-Thread  ----
[ ] GAgent: GAgent of Gizwits in RT-Thread  ----
[*] Ali-iotkit:  Ali Cloud SDK for IoT platform  --->
[ ] Azure IoT SDK: Microsoft azure cloud SDK for RT-Thread  ----
[ ] Tencent-iotkit:  Tencent Cloud SDK for IoT platform  ----
```

图 8.17　Ali-iotkit 配置项

其他配置项如图 8.18 所示。

```
--- Ali-iotkit:  Ali Cloud SDK for IoT platform
      Select Aliyun platform (LinkDevelop Platform)  --->
(a1dSQSGZ77X) Config Product Key (NEW)
(RGB-LED-DEV-1) Config Device Name (NEW)
(Ghuiyd9nmGowdZzjPqFtxhm3WUHEbIlI) Config Device Secret (NEW)
-*-   Enable MQTT
[*]     Enable MQTT sample (NEW)
[*]     Enable MQTT direct connect (NEW)
-*-     Enable SSL
[ ]   Enable COAP (NEW)
[*]   Enable OTA
        Select OTA channel (Use MQTT OTA channel)  --->
      Version (v2.0.3)  --->
```

图 8.18　Ali-iotkit 详细配置

在阿里 TLS 认证过程中数据包较大，这里需要增加 TLS 帧大小，OTA 的时候至少需要 8KB 大小，修改 menuconfig 配置项：RT-Thread online packages→security packages→mbedtls：An portable and flexible SSL/TLS library，把 Maxium fragment length in bytes 的数值改成 8192，如图 8.19 所示。

```
--- mbedtls: An portable and flexible SSL/TLS library
      Select Root Certificate  --->
[*]   Store the AES tables in ROM
(2)   Maximum window size used
(8192) Maxium fragment length in bytes
[ ]   Enable a mbedtls client example
[ ]   Enable Debug log output
      version (v2.6.0)  --->
```

图 8.19　mbedtls 配置

退出 menuconfig，输入 pkgs --update 更新 ali-iotkit 软件包，更新软件包后，输入 scons --target＝mdk5 重新生成工程文件。

需要注意的是,ali-iotkit 自带 MQTT 相关功能,如果在之前代码配置时选择了 Paho MQTT,需要把 Paho MQTT 软件包去掉,否则编译时会报错。

软件包位于 Chapter8\rt-thread\bsp\stm32\stm32f407-atk-explorer\packages\ali-iotkit-v2.0.3,软件包目录如图 8.20 所示。

docs	2020/5/13 18:38	文件夹	
iotkit-embedded	2020/5/13 18:38	文件夹	
ports	2020/5/13 18:39	文件夹	
samples	2020/5/13 18:39	文件夹	
.gitignore	2020/5/13 18:38	文本文档	
LICENSE	2020/5/13 18:38	文件	
README.md	2020/5/13 18:38	MD 文件	
SConscript	2020/5/13 18:38	文件	

图 8.20 Ali-iotkit 软件包目录

其中各文件夹说明如下:

docs:软件包说明文档。

iotkit-embedded:阿里云物联网平台提供的 SDK 包。

ports:RT-Thread 相关移植文件。

samples:RT-Thread 提供的一个简单测试程序。

8.2.4 实验

1. 上传消息到云端

(1) 打开 Chapter8\rt-thread\bsp\stm32\stm32f407-atk-explorer\project.uvprojx 工程文件,其中 SDK 包相关的代码文件包含在 ali-iotkit 子文件夹下,如图 8.21 所示。

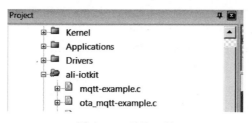

图 8.21 项目工程

(2) 编译并下载程序到开发板,先确保开发板能 ping 通阿里云服务器。输入 ping iot.aliyun.com 并发送,如果看到如下打印信息则代表网络正常。

```
msh />ping iot.aliyun.com
60 bytes from 42.120.219.14 icmp_seq = 0 ttl = 230 time = 42 ms
60 bytes from 42.120.219.14 icmp_seq = 1 ttl = 230 time = 41 ms
60 bytes from 42.120.219.14 icmp_seq = 2 ttl = 230 time = 41 ms
60 bytes from 42.120.219.14 icmp_seq = 3 ttl = 230 time = 41 ms
```

（3）打开 LinkDevelop 的设备管理界面，此时可以看到之前创建的设备的状态是"未激活"，如图 8.22 所示。

图 8.22　设备列表

（4）打开串口工具，发送 ali_mqtt_test start 命令给开发板，可以看到开发板有如下打印信息：

```
msh />ali_mqtt_test start
[inf] iotx_device_info_init(40):device_info created successfully!
[dbg] iotx_device_info_set(50):start to set device info!
[dbg] iotx_device_info_set(64):device_info set successfully!
[dbg] guider_print_dev_guider_info(271):·····························································
······································
[dbg] guider_print_dev_guider_info(272):            ProductKey :a1wUxrR2Xd4
[dbg] guider_print_dev_guider_info(273):            DeviceName :3mX9eDe8wt0FDt2hIRxf
[dbg] guider_print_dev_guider_info(274):            DeviceID :a1wUxrR2Xd4.3mX9eDe8wt0FDt2hIRxf
host:a1wuxrr2xd4.iot－as－mqtt.cn－shanghai.aliyuncs.com
[inf] iotx_mc_init(1703):MQTT init success!
[inf] _ssl_client_init(175):Loading the CA root certificate ...
[inf] iotx_mc_connect(2035):mqtt connect success!
[dbg] iotx_mc_report_mid(2259):MID Report:started in MQTT
[dbg] iotx _ mc _ report _ mid ( 2276 ): MID Report: json data = ' { " id":" a1wUxrR2Xd4 _
3mX9eDe8wt0FDt2hIRxf_mid","params":{"_sys_device_mid":"example.demo.module - id","_sys_
device_pid":"example.demo.partner - id"}}'
```

（5）如果看到[inf] iotx_mc_connect(2035)：mqtt connect success！则表示成功连接上 LinkDevelop 了。重新查看 LinkDevelop 的设备管理界面，此时可以看到之前创建的设备的状态变为"在线"，说明设备和 LinkDevelop 通信正常，如图 8.23 所示。

（6）输入 ali_mqtt_test pub open 并发送，开发板将会推送数据到云端，如果串口打印信息显示 code 值为 200，则表示推送数据成功。

```
_demo_message_arrive|203 ::Payload:
'{"code":200,"data":{"LightSwitch":"tsl parse:params not exist","RGBColor":"tsl parse:
params not exist"},"id":"1","\0
```

图 8.23　设备列表

（7）在设备列表中单击"查看"按钮，如图 8.24 所示。

图 8.24　设备列表

（8）在弹出来的设备详情页中，单击"日志服务"按钮，再单击"上行消息分析"按钮，可以看到开发板总共发送了 2 条消息，其中时间较早的消息是开发板登录时发送的，最新的信息是刚才发送的 ali_mqtt_test pub open 命令所发送的消息，如图 8.25 所示。

图 8.25　设备详情

（9）单击对应消息的 MessageID，可以查看消息的具体内容，如图 8.26 所示。

查看详情　　　　　　　　　　　　　　　　　✕

MessageID	1261248534167189504 复制
Topic	/sys/a1wUxrR2Xd4/3mX9eDe8wt0FDt2hIRxf/thing/event/property/post
时间	2020/05/15 18:54:18
内容　Text (UTF-8) ▾	{"id" : "1","version":"1.0","params" : {"RGBColor" : {"Red":201,"Green":179,"Blue":207},"LightSwitch" : 1},"method":"thing.event.property.post"}　　复制

图 8.26　消息内容

2. 云端发布消息

(1) 单击左上角的小三角形,选择 test,然后单击"产品"按钮,单击 sensor 对应的"查看"按钮,如图 8.27 所示。

图 8.27　产品列表

(2) 单击"功能定义"按钮,随后单击"自定义功能"按钮,最后单击"添加自定义功能"按钮,如图 8.28 所示。

图 8.28　功能定义

(3) 功能名称栏填写"测试 001",其他选择默认即可,单击"确认"按钮,如图 8.29所示。

(4) 单击右上角的"发布"按钮,发布新功能,如图 8.30 所示。

(5) 在弹出来的界面中,把所有的"请确认"按钮后面的 ✅ 都选上,单击"发布"按钮,如图 8.31 所示。

* 功能类型 ❓

| 属性 | 服务 | 事件 |

* 功能名称 ❓

测试001

* 标识符 ❓

Test001

* 数据类型

text (字符串) ⌄

* 数据长度:

2 | 字节

* 读写类型

◉ 读写　○ 只读

描述

请输入描述

0/100

确认　取消

图 8.29　自定义功能

图 8.30　发布功能

（6）回到刚才的设备详情页，单击"在线调试"按钮，单击"调试真实设备"按钮，单击"属性调试"按钮，调试功能选择"测试 001（Test001）"，方法选择"设置"，如图 8.32 所示。

修改调试信息的内容为{ "Test001"："1"}，如图 8.33 所示，单击"发送指令"按钮。

图 8.31　确认发布

图 8.32　在线调试

图 8.33　发送指令

（7）可以看到开发板有如下打印信息：

'/sys/a1NegcqX690/AwpDLCcqeb7TSbNevNAr/thing/service/property/set'(Length:64)
_demo_message_arrive|203 ::Payload:'{"method":"thing.service.property.set","id":
"1302514310","params":{**"Test001":"1"**},"version":"1.0.0"}'(Length:100)
_demo_message_arrive|207 :: ----

可以看到接收到 LinkDevelop 发送的{"Test001"："1"}消息，通信成功。

8.2.5　ali-iotkit 指南

ali-iotkit 软件包封装了 HTTP、MQTT、CoAP 和 OTA 等应用层协议，方便用户设备接入云平台，本小节做一些简单介绍。

1. MQTT 连接

目前阿里云支持 MQTT 标准协议接入，兼容 3.1.1 和 3.1 版本协议，具体的协议参考MQTT 3.1.1 和 MQTT 3.1 协议文档。

MQTT3.1.1 网址：http://mqtt.org/。

MQTT 3.1 协议文档：http://public.dhe.ibm.com/software/dw/webservices/ws-mqtt/mqtt-v3r1.html。

阿里云的 MQTT 特征如下：

（1）支持 MQTT 的 PUB、SUB、PING、PONG、CONNECT、DISCONNECT 和UNSUB 等报文。

（2）支持 cleanSession。

（3）不支持 will、retain msg。

（4）不支持 QOS2。

（5）基于原生的 MQTT topic 支持 RRPC 同步模式，服务器可以同步调用设备并获取设备回执结果。

2. 安全等级

（1）支持 TLSV1、TLSV1.1 和 TLSV1.2 版本的协议建立安全连接。

（2）TCP 通道基础＋芯片级加密（ID2 硬件集成）：安全级别高。

（3）TCP 通道基础＋对称加密（使用设备私钥做对称加密）：安全级别中。

（4）TCP 方式（数据不加密）：安全级别低。

3. 连接域名

华东 2 节点：productKey.iot-as-mqtt.cn-shanghai.aliyuncs.com:1883。

美西节点：productKey.iot-as-mqtt.us-west-1.aliyuncs.com:1883。

新加坡节点：productKey.iot-as-mqtt.ap-southeast-1.aliyuncs.com:1883。

4. Topic 规范

默认情况下创建一个产品后，产品下的所有设备都拥有以下 Topic 类的权限：

```
/productKey/deviceName/update pub
/productKey/deviceName/update/error pub
/productKey/deviceName/get sub
/sys/productKey/deviceName/thing/ # pub&sub
/sys/productKey/deviceName/rrpc/ # pub&sub
/broadcast/productKey/ # pub&sub
```

每个 Topic 规则称为 Topic 类，Topic 类实行设备维度隔离。每个设备发送消息时，将 deviceName 替换为自己设备的 deviceName，防止 Topic 被跨设备越权，Topic 说明如下：

（1）pub：表示数据上报到 Topic 的权限。

（2）sub：表示订阅 Ttopic 的权限。

（3）/productKey/deviceName/xxx 类型的 Topic 类：可以在物联网平台的控制台扩展和自定义。

（4）/sys 开头的 Topic 类：属于系统约定的应用协议通信标准，不允许用户自定义，约定的 Topic 需要符合阿里云 ALink 数据标准。

（5）/sys/productKey/deviceName/thing/xxx 类型的 Topic 类：网关主、子设备使用的 Topic 类，用于网关场景。

（6）/broadcast 开头的 Topic 类：广播类特定 Topic。

（7）/sys/productKey/deviceName/rrpc/request/${messageId}：用于同步请求，服务器会对消息 Id 动态生成 Topic，设备端可以订阅通配符。

（8）/sys/productKey/deviceName/rrpc/request/＋：收到消息后，发送 pub 消息到 /sys/productKey/deviceName/rrpc/response/${messageId}，服务器可以在发送请求时同步收到结果。

5. MQTT 相关操作

（1）使用 IoT_MQTT_Construct 接口与云端建立 MQTT 连接。

如果要实现设备长期在线，需要在程序代码中去掉 IoT_MQTT_Unregister 和 IoT_MQTT_Destroy 部分，使用 while 保持长连接状态。示例代码如下：

```
while(1)
{
IoT_MQTT_Yield(pclient,200);
    HAL_SleepMs(100);
}
```

订阅 Topic 主题。

（2）使用 IoT_MQTT_Subscribe 接口订阅某个 Topic。代码如下：

```
/* Subscribe the specific topic */
rc = IoT_MQTT_Subscribe(pclient,TOPIC_DATA,IoTX_MQTT_QOS1,
                _demo_message_arrive,NULL);
if (rc < 0) {
IoT_MQTT_Destroy(&pclient);
    EXAMPLE_TRACE("IoT_MQTT_Subscribe() failed,rc = %d",rc);
    rc = -1;
    goto do_exit;
}
```

（3）发布消息。使用 IoT_MQTT_Publish 接口发布信息到云端。代码如下：

```
/* Initialize topic information */
memset(&topic_msg,0x0,sizeof(iotx_mqtt_topic_info_t));
strcpy(msg_pub,"message:hello! start!");
topic_msg.qos = IoTX_MQTT_QOS1;
topic_msg.retain = 0;
topic_msg.dup = 0;
topic_msg.payload = (void *)msg_pub;
topic_msg.payload_len = strlen(msg_pub);
rc = IoT_MQTT_Publish(pclient,TOPIC_DATA,&topic_msg);
EXAMPLE_TRACE("rc = IoT_MQTT_Publish() = %d",rc);
```

（4）取消订阅。使用 IoT_MQTT_Unsubscribe 接口取消订阅云端消息。

（5）下行数据接收。使用 IoT_MQTT_Yield 数据接收函数接收来自云端的消息。请在任何需要接收数据的地方调用这个 API。如果系统允许，启动 1 个单独的线程，执行该接口。代码如下：

```
/* handle the MQTT packet received from TCP or SSL connection */
IoT_MQTT_Yield(pclient, 200);
```

（6）销毁 MQTT 连接。使用 IoT_MQTT_Destroy 接口销毁 MQTT 连接，释放内存。代码如下：

```
IoT_MQTT_Destroy(&pclient);
```

（7）检查连接状态。使用 IoT_MQTT_CheckStateNormal 接口查看当前的连接状态。该接口用于查询 MQTT 的连接状态。但是，该接口并不能立刻检测到设备断网，只会在有数据发送或是 keepalive 时才能侦测到断网。

（8）MQTT 保持连接。设备端在 keepalive_interval_ms 时间间隔内，至少需要发送 1 次报文，包括 ping 请求。

如果服务端在 keepalive_interval_ms 时间内无法收到任何报文，物联网平台会断开连接,设备端需要进行重连。

在 IoT_MQTT_Construct 函数中可以设置 keepalive_interval_ms 的取值,物联网平台通过该取值作为心跳间隔时间。keepalive_interval_ms 的取值范围是 60000～300000。示例代码如下:

```
iotx_mqtt_param_t mqtt_params;

memset(&mqtt_params,0x0,sizeof(mqtt_params));
mqtt_params.keepalive_interval_ms = 60000;
mqtt_params.request_timeout_ms = 2000;

/* Construct a MQTT client with specify parameter */
pclient = IoT_MQTT_Construct(&mqtt_params);
```

6. CoAP

(1) 支持 RFC 7252 Constrained Application Protocol 协议,具体参考:RFC 7252。

(2) 使用 DTLS v1.2 保证通道安全,具体参考:DTLS v1.2。

(3) 服务器地址 endpoint = productKey.iot-as-coap.cn-shanghai.aliyuncs.com:5684。其中 productKey 替换为所申请的产品 Key。

7. CoAP 约定

(1) 不支持"?"号形式传参数。

(2) 暂时不支持资源发现。

(3) 仅支持 UDP,并且目前必须通过 DTLS。

(4) URI 规范,CoAP 的 URI 资源和 MQTT TOPIC 保持一致,参考 MQTT 规范。

8. CoAP 应用场景

CoAP 协议适用于资源受限的低功耗设备上,尤其是 NB-IoT 的设备使用,基于 CoAP 协议将 NB-IoT 设备接入物联网平台的流程如图 8.34 所示。

9. CoAP 相关操作

(1) 建立连接

使用 IoT_CoAP_Init 和 IoT_CoAP_DeviceNameAuth 接口与云端建立 CoAP 认证连接。示例代码如下:

```
iotx_coap_context_t * p_ctx = NULL;
p_ctx = IoT_CoAP_Init(&config);
if (NULL != p_ctx) {
IoT_CoAP_DeviceNameAuth(p_ctx);
    do {
        count ++;
        if (count == 11) {
            count = 1;
        }
```

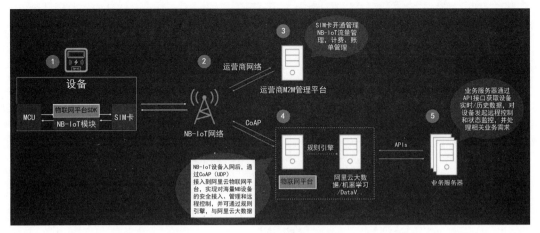

图 8.34　应用场景

```
IoT_CoAP_Yield(p_ctx);
    } while (m_coap_client_running);
IoT_CoAP_Deinit(&p_ctx);
} else {
    HAL_Printf("IoTx CoAP init failed\r\n");
}
```

（2）收发数据

SDK 使 用 接 口 IoT _ CoAP _ SendMessage 发 送 数 据，使 用 IoT _ CoAP _ GetMessagePayload 和 IoT_CoAP_GetMessageCode 接收数据。示例代码如下：

```
/* send data */
static void iotx_post_data_to_server(void * param)
{
    char path[IoTX_URI_MAX_LEN + 1] = {0};
    iotx_message_t message;
    iotx_deviceinfo_t devinfo;
    message.p_payload = (unsigned char * )"{\"name\":\"hello world\"}";
    message.payload_len = strlen("{\"name\":\"hello world\"}");
    message.resp_callback = iotx_response_handler;
    message.msg_type = IoTX_MESSAGE_CON;
    message.content_type = IoTX_CONTENT_TYPE_JSON;
    iotx_coap_context_t * p_ctx = (iotx_coap_context_t * )param;
    iotx_set_devinfo(&devinfo);
    snprintf(path, IoTX_URI_MAX_LEN, "/topic/%s/%s/update/",
            (char * )devinfo.product_key,
            (char * )devinfo.device_name);
IoT_CoAP_SendMessage(p_ctx, path, &message);
```

```
}

/* receive data */
static void iotx_response_handler(void * arg,void * p_response)
{
    int len = 0;
    unsigned char * p_payload = NULL;
    iotx_coap_resp_code_t resp_code;
IoT_CoAP_GetMessageCode(p_response,&resp_code);
IoT_CoAP_GetMessagePayload(p_response,&p_payload,&len);
    HAL_Printf("[APPL]:Message response code:0x%x\r\n",resp_code);
    HAL_Printf("[APPL]:Len:%d,Payload:%s,\r\n",len,p_payload);
}
```

（3）下行数据接收

使用 IoT_CoAP_Yield 接口接收来自云端的下行数据。可以在任何需要接收数据的地方调用这个 API，如果系统允许，启动一个单独的线程，执行该接口。

（4）销毁 CoAP 连接

使用 IoT_CoAP_Deinit 接口销毁 CoAP 连接并释放内存。

8.2.6 OTA 升级

1. 固件升级 Topic

设备端上报固件版本给云端：/ota/device/inform/productKey/deviceName。

设备端订阅该 Topic 接收云端固件升级通知：/ota/device/upgrade/productKey/deviceName。

设备端上报固件升级进度：/ota/device/progress/productKey/deviceName。

设备端请求是否固件升级：/ota/device/request/productKey/deviceName。

2. 固件升级说明

（1）设备固件版本号只需要在系统启动过程中上报一次即可，不需要周期性循环上报。

（2）根据版本号来判断设备端 OTA 是否升级成功。

（3）从 OTA 服务端控制台发起批量升级，设备升级操作记录状态是待升级，实际升级以 OTA 系统接收到设备上报的升级进度开始，设备升级操作记录状态是升级中。

（4）设备离线时，接收不到服务端推送的升级消息，当设备上线后，其主动通知服务端上线消息，OTA 服务端收到设备上线消息后，验证该设备是否需要升级，如果需要，再次推送升级消息给设备，否则不推送消息。

3. OTA 代码说明

1）初始化

OTA 模块的初始化依赖于 MQTT 连接，即先获得的 MQTT 客户端句柄 pclient。

```
h_ota = IoT_OTA_Init(PRODUCT_KEY,DEVICE_NAME,pclient);
if (NULL == h_ota) {
    rc = -1;
    printf("initialize OTA failed\n");
}
```

2）上报版本号。

在 OTA 模块初始化之后,调用 IoT_OTA_ReportVersion 接口上报当前固件的版本号,升级成功后重启并运行新固件,使用该接口上报新固件版本号,云端与 OTA 升级任务的版本号对比成功后,提示 OTA 升级成功。示例代码如下:

```
if (0 != IoT_OTA_ReportVersion(h_ota,"version2.0")) {
    rc = -1;
    printf("report OTA version failed\n");
}
```

3）下载固件

MQTT 通道获取 OTA 固件下载的 URL 后,使用 HTTPS 下载固件,边下载边存储到 Flash OTA 分区。

```
IoT_OTA_IsFetching()      //接口:用于判断是否有固件可下载
IoT_OTA_FetchYield()      //接口:用于下载一个固件块
IoT_OTA_IsFetchFinish()   //接口:用于判断是否已下载完成
```

示例代码如下:

```
// 判断是否有固件可下载
if (IoT_OTA_IsFetching(h_ota)) {
    unsigned char buf_ota[OTA_BUF_LEN];
    uint32_t len,size_downloaded,size_file;
    do {
        // 循环下载固件
        len = IoT_OTA_FetchYield(h_ota,buf_ota,OTA_BUF_LEN,1);
        if (len >0) {
            // 写入 Flash 等存储器中(边下载边存储)
        }
    } while (!IoT_OTA_IsFetchFinish(h_ota));// 判断固件是否下载完毕
}
```

4）上报下载状态

使用 IoT_OTA_ReportProgress 接口上报固件下载进度。

```
if (percent - last_percent > 0) {
IoT_OTA_ReportProgress(h_ota,percent,NULL);
}
IoT_MQTT_Yield(pclient,100);
```

5）判断下载固件是否完整

固件下载完成后，使用 IoT_OTA_Ioctl 接口校验固件的完整性。

```
int32_t firmware_valid;
IoT_OTA_Ioctl(h_ota,IoT_OTAG_CHECK_FIRMWARE,&firmware_valid,4);
if (0 == firmware_valid) {
    printf("The firmware is invalid\n");
} else {
    printf("The firmware is valid\n");
}
```

6）销毁 OTA 连接

使用 IoT_OTA_Deinit 销毁 OTA 连接并释放内存。

8.2.7　API 说明

本小节介绍几个重要的 iotkit-embedded API 使用说明，相关 API 描述信息来自阿里云，更多详细内容参阅 iotkit-embedded wiki。

网址：https://github.com/aliyun/iotkit-embedded/wiki。

1. 基础 API

1）IoT_OpenLog

函数代码如下：

```
voidIoT_OpenLog(const char * ident);
```

接口说明：

日志系统的初始化函数，本接口被调用后，SDK 才有可能向终端打印日志文本，但打印的文本详细程度还是由 IoT_SetLogLevel() 确定，默认情况下无日志输出。

参数说明

const char * ident：日志的标识符字符串，例如：IoT_OpenLog("linkkit")。

返回值：

无返回值。

2）IoT_CloseLog

函数代码如下：

```
void IoT_CloseLog(void);
```

接口说明：

日志系统的销毁函数，本接口被调用后，SDK 停止向终端打印任何日志文本，但之后可以调用 IoT_OpenLog() 接口重新使能日志输出，关闭和重新使能日志系统之后，需要重新调用 IoT_SetLogLevel() 接口设置日志级别，否则日志系统虽然使能了，但也不会输出文本。

3) IoT_SetLogLevel

函数代码如下：

```
voidIoT_SetLogLevel(IoT_LogLevel level);
```

接口说明：

日志系统的日志级别配置函数，本接口用于设置 SDK 的日志显示级别，需要在调用 IoT_OpenLog() 后被调用。

参数说明：

IoT_LogLevel level：需要显示的日志级别。

返回值说明：

无返回值。

参数附加说明：

```
typedef enum _IoT_LogLevel {
IoT_LOG_EMERG = 0,
IoT_LOG_CRIT,
IoT_LOG_ERROR,
IoT_LOG_WARNING,
IoT_LOG_INFO,
IoT_LOG_DEBUG,
} IoT_LogLevel;
```

4) IoT_DumpMemoryStats

函数代码如下：

```
void IoT_DumpMemoryStats(IoT_LogLevel level);
```

接口说明：

该接口可显示出 SDK 各模块的内存使用情况，当 WITH_MEM_STATS＝1 时生效，显示级别设置得越高，显示的信息就越多。

参数说明：

IoT_LogLevel level：需要显示的日志级别。

返回值说明：

无返回值。

5）IoT_SetupConnInfo

函数代码如下：

```
int IoT_SetupConnInfo(const char * product_key,
                const char * device_name,
                const char * device_secret,
                void ** info_ptr);
```

接口说明：

在连接云端之前，需要做一些认证流程，如一型一密获取 DeviceSecret 或者根据当前所选认证模式向云端进行认证。

该接口在 SDK 基础版中需要在连接云端之前由用户显式调用，而在高级版中 SDK 会自动进行调用，不需要用户显式调用。

参数说明：

const char * product_key：设备三元组的 ProductKey。

const char * device_name：设备三元组的 DeviceName。

const char * device_secret：设备三元组的 DeviceSecret。

void ** info_ptr：该 void ** 数据类型为 iotx_conn_info_t，在认证流程通过后，会得到云端的相关信息，用于建立与云端连接时使用。

返回值说明：

0：成功。

<0：失败。

参数附加说明：

```
typedef struct {
    uint16_t        port;
    char            host_name[HOST_ADDRESS_LEN + 1];
    char            client_id[CLIENT_ID_LEN + 1];
    char            username[USER_NAME_LEN + 1];
    char            password[PASSWORD_LEN + 1];
    const char       * pub_key;
} iotx_conn_info_t, * iotx_conn_info_pt;
```

6）IoT_Ioctl

函数代码如下：

```
int IoT_Ioctl(int option, void * data);
```

接口说明:

在 SDK 连接云端之前,用户可用此接口进行 SDK 部分参数的配置或获取,如连接的 region 是否使用一型一密等。

该接口在基础版和高级版中均适用,需要注意的是,该接口需要在 SDK 建立网络连接之前调用关于一型一密。

参数说明:

int option:选择需要配置或获取的参数。

void * data:在配置或获取参数时需要的 buffer,依据 option 而定。

返回值说明:

0:成功。

<0:失败。

参数附加说明:

```
typedef enum {
IoTX_IOCTL_SET_DOMAIN,              /* value(int*):iotx_cloud_domain_types_t */
IoTX_IOCTL_GET_DOMAIN,              /* value(int*) */
IoTX_IOCTL_SET_DYNAMIC_REGISTER,    /* value(int*):0 - Disable Dynamic Register,1 - Enable
                                       Dynamic Register */
IoTX_IOCTL_GET_DYNAMIC_REGISTER     /* value(int*) */
} iotx_ioctl_option_t;
```

IoTX_IOCTL_SET_DOMAIN:设置需要访问的 region,data 为 int * 类型,取值如下:

```
IoTX_CLOUD_DOMAIN_SH,华东2(上海)
IoTX_CLOUD_DOMAIN_SG,新加坡
IoTX_CLOUD_DOMAIN_JP,日本(东京)
IoTX_CLOUD_DOMAIN_US,美国(硅谷)
IoTX_CLOUD_DOMAIN_GER,德国(法兰克福)
IoTX_IOCTL_GET_DOMAIN:获取当前的 region,data 为 int * 类型
```

IoTX_IOCTL_SET_DYNAMIC_REGISTER:设置是否需要直连设备动态注册(一型一密),data 为 int * 类型,取值如下:

0:不使用直连设备动态注册。

1:使用直连设备动态注册。

IoTX_IOCTL_GET_DYNAMIC_REGISTER:获取当前设备注册方式,data 为 int * 类型。

2. MQTT API

1) IoT_MQTT_Construct

函数代码如下:

```
void * IoT_MQTT_Construct(iotx_mqtt_param_t * pInitParams)
```

接口说明：

与云端建立 MQTT 连接，入参 pInitParams 为 NULL 时将会使用默认参数建立连接。

参数说明：

iotx_mqtt_param_t * pInitParams：MQTT 初始化参数，填写 NULL 时将以默认参数建立连接。

返回值说明：

NULL：失败。

非 NULLMQTT：句柄。

参数附加说明：

```
typedef struct {
    uint16_t                    port;
    const char                  * host;
    const char                  * client_id;
    const char                  * username;
    const char                  * password;
    const char                  * pub_key;
    const char                  * customize_info;
    uint8_t                     clean_session;
    uint32_t                    request_timeout_ms;
    uint32_t                    keepalive_interval_ms;
    uint32_t                    write_buf_size;
    uint32_t                    read_buf_size;
    iotx_mqtt_event_handle_t    handle_event;
} iotx_mqtt_param_t, * iotx_mqtt_param_pt;
```

port:云端服务器端口

host:云端服务器地址

client_id:MQTT 客户端 ID

username:登录 MQTT 服务器用户名

password:登录 MQTT 服务器密码

pub_key:MQTT 连接加密方式及密钥

clean_session:选择是否使用 MQTT 的 clean session 特性

request_timeout_ms:MQTT 消息发送的超时时间

keepalive_interval_ms:MQTT 心跳超时时间

write_buf_size:MQTT 消息发送 buffer 最大长度

read_buf_size:MQTT 消息接收 buffer 最大长度

handle_event:用户回调函数,用于接收 MQTT 模块的事件信息

customize_info:用户自定义上报信息,是以逗号为分隔符 kv 字符串,如用户的厂商信息,模组信息

自定义字符串为"pid = 123456,mid = abcd";

pInitParams 结构体的成员配置为 0 或 NULL 时将使用内部默认参数

2）IoT_MQTT_Destroy

函数代码如下：

```
int IoT_MQTT_Destroy(void ** phandle);
```

接口说明：

销毁指定 MQTT 连接并释放资源。

参数说明：

void ** phandle：MQTT 句柄，可为 NULL。

返回值说明：

0：成功。

<0：失败。

3）IoT_MQTT_Yield

函数代码如下：

```
int IoT_MQTT_Yield(void * handle, int timeout_ms);
```

接口说明：

用于接收网络报文并将消息分发到用户的回调函数中。

参数说明：

void * handle：MQTT 句柄，可为 NULL。

int timeout_ms：尝试接收报文的超时时间。

返回值说明

0：成功。

4）IoT_MQTT_CheckStateNormal

函数代码如下：

```
int IoT_MQTT_CheckStateNormal(void * handle);
```

接口说明：

获取当前 MQTT 连接状态。

参数说明：

void * handle：MQTT 句柄，可为 NULL。

返回值说明：

0：未连接。

1：已连接。

5）IoT_MQTT_Subscribe

函数代码如下：

```
int IoT_MQTT_Subscribe(void * handle,
                    const char * topic_filter,
                    iotx_mqtt_qos_t qos,
                    iotx_mqtt_event_handle_func_fpt topic_handle_func,
                    void * pcontext);
```

接口说明：

向云端订阅指定的 MQTT Topic。

参数说明：

void * handle：MQTT 句柄，可为 NULL。

const char * topic_filter：需要订阅的 topic。

iotx_mqtt_qos_t qos：采用的 QoS 策略。

iotx_mqtt_event_handle_func_fpttopic_handle_func：用于接收 MQTT 消息的回调函数。

void * pcontext：用户 Context，会通过回调函数送回。

返回值说明：

0：成功。

<0：失败。

6) IoT_MQTT_Subscribe_Sync

函数代码如下：

```
int IoT_MQTT_Subscribe_Sync(void * handle,
                    const char * topic_filter,
                    iotx_mqtt_qos_t qos,
                    iotx_mqtt_event_handle_func_fpt topic_handle_func,
                    void * pcontext,
                    int timeout_ms);
```

接口说明：

向云端订阅指定的 MQTT Topic，该接口为同步接口。

参数说明：

void * handle：MQTT 句柄，可为 NULL。

const char * topic_filter：需要订阅的 Topic。

iotx_mqtt_qos_t qos：采用的 QoS 策略。

iotx_mqtt_event_handle_func_fpttopic_handle_func：用于接收 MQTT 消息的回调函数。

void * pcontext：用户 Context，会通过回调函数送回。

int timeout_ms：该同步接口的超时时间。

返回值说明：

0：成功。

<0：失败。

7）IoT_MQTT_Unsubscribe

函数代码如下：

```
int IoT_MQTT_Unsubscribe(void * handle, const char * topic_filter);
```

接口说明：

向云端取消订阅指定的 Topic。

参数说明：

void * handle：MQTT 句柄，可为 NULL。

const char * topic_filter：需要取消订阅的 Topic。

返回值说明

0：成功。

<0：失败。

8）IoT_MQTT_Publish

函数代码如下：

```
int IoT_MQTT_Publish(void * handle, const char * topic_name, iotx_mqtt_topic_info_pt topic_
msg);
```

接口说明：

向指定 topic 推送消息。

参数说明：

void * handle：MQTT 句柄，可为 NULL。

const char * topic_name：接收此推送消息的目标 topic。

iotx_mqtt_topic_info_pt topic_msg：需要推送的消息。

返回值说明：

>0：成功（当消息是 QoS1 时，返回值就是这个上报报文的 MQTT 消息 ID 对应协议里的 messageId）。

0：成功（当消息是 QoS0 时）。

<0：失败。

9）IoT_MQTT_Publish_Simple

函数代码如下：

```
int IoT_MQTT_Publish_Simple(void * handle, const char * topic_name, int qos, void * data, int
len)
```

接口说明：

向指定 Topic 推送消息。

参数说明：

void * handle：MQTT 句柄,可为 NULL。

const char * topic_name：接收此推送消息的目标 Topic。

int qos：采用的 QoS 策略。

void * data：需要发送的数据。

int len：数据长度。

返回值说明：

>0：成功(当消息是 QoS1 时,返回值就是这个上报报文的 MQTT 消息 ID 对应协议里的 messageId)。

0：成功(当消息是 QoS0 时)。

<0：失败。

8.3　中国移动物联网开放平台 OneNET 开发

OneNET 是中国移动打造的高效、稳定、安全的物联网开放平台。OneNET 的官网地址是 https://open.iot.10086.cn。读者可以先登录 OneNET 官网并注册账号。

8.3.1　资源模型

OneNET 资源模型主要分为 3 层：用户、产品、设备。模型框架如图 8.35 所示。

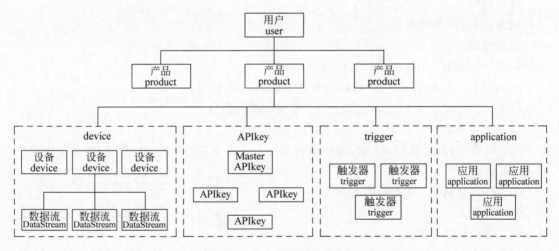

图 8.35　OneNET 资源模型

1. 产品(product)

用户的最大资源集为产品,产品下资源包括设备、设备数据、设备权限、数据触发服务及基于设备数据的应用等多种资源,用户可以创建多个产品。

2. 设备(device)

设备为真实终端在平台的映射,真实终端连接平台时,需要与平台设备建立一一对应关系,终端上传的数据被存储在数据流中,设备可以拥有一个或者多个数据流。

3. 数据流与数据点

数据流用于存储设备的某一类属性数据,例如温度、湿度、坐标等信息;平台要求设备上传并存储数据时,必须以 key-value 的格式上传数据,其中 key 为数据流名称,value 为实际存储的数据点,value 格式可以为 int、float、string、json 等多种自定义格式。

4. APIkey

APIkey 为用户进行 API 调用时的密钥,用户访问产品资源时,必须使用该产品目录下对应的 APIkey。

5. 触发器(trigger)

触发器为产品目录下的消息服务,可以进行基于数据流的简单逻辑判断并触发 HTTP 请求或者邮件。

6. 应用(application)

应用编辑服务,支持用户以拖曳控件并关联设备数据流的方式生成简易网页展示等应用。

8.3.2　创建产品

(1) 登录 OneNET 官网,注册完账号后,单击右上角的"开发者中心"按钮,如图 8.36 所示。

图 8.36　OneNET 主页

(2) 将鼠标移到左上角的 图标,网站会自动弹出 OneNET 支持的全部产品,单击"多协议接入"按钮,如图 8.37 所示。

(3) 单击"MQTT(旧版)"按钮,再单击"添加产品"按钮,如图 8.38 所示。

(4) 输入"产品名称",选择"产品行业"和"产品类别",如图 8.39 所示。

(5) 继续填写技术参数部分。如果开发的产品使用移动网络(2G、4G、5G、NB-IoT)接入 OneNET,则联网方式选择"移动蜂窝网络",否则选 WiFi。

设备接入协议选择"MQTT(旧版)",操作系统选"无"。

网络运营商可以根据自己的宽带情况选择,如果不知道如何选择则选择"其他"。

填写完毕后单击"确定"按钮,如图 8.40 所示。

(6) 创建完毕后,可以在产品列表中看到我们刚才创建的 test_mqtt 产品,如图 8.41 所示。

图 8.37 全部产品

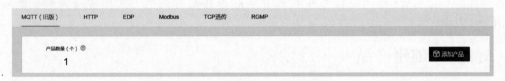

图 8.38 多协议接入界面

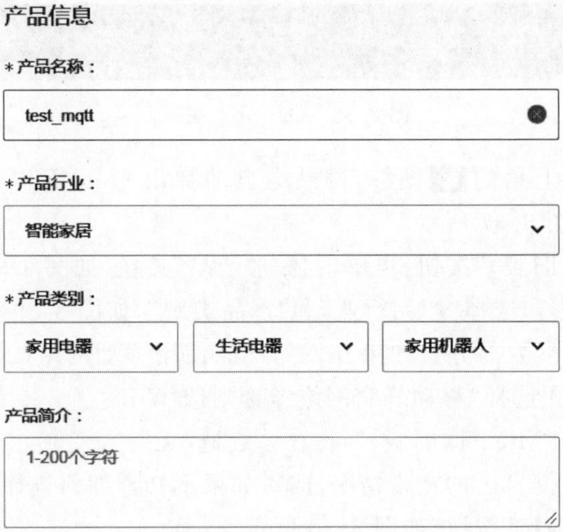

产品信息

*产品名称：

test_mqtt

*产品行业：

智能家居

*产品类别：

| 家用电器 | 生活电器 | 家用机器人 |

产品简介：

1-200个字符

图 8.39 产品信息

图 8.40 设置技术参数

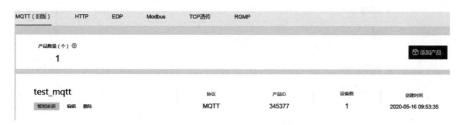

图 8.41 产品列表

8.3.3 创建设备

（1）在产品列表中单击产品名（例如本书创建的是 test_mqtt），进入产品概述页面，在这里我们可以查看产品 ID 和 Master-APIkey。这两个数据我们要记录下来，后面会用到。如图 8.42 所示。

图 8.42 产品概述

（2）单击左侧的"设备列表"按钮，进入设备列表后，单击右侧的"添加设备"按钮，如图 8.43 所示。

图 8.43　设备列表 1

（3）在添加设备列表中，填写"设备名称"和"鉴权信息"，如图 8.44 所示。

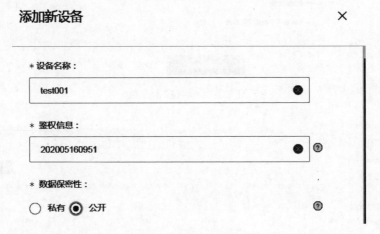

图 8.44　添加新设备

（4）创建完设备后，可以在设备列表中看到我们刚才创建的设备，单击"详情"按钮，如图 8.45 所示。

图 8.45　设备列表 2

（5）单击"添加 APIKey"按钮，如图 8.46 所示。

（6）根据自己的需求，可以自由填写 APIkey，如图 8.47 所示。

（7）填写完 APIkey 后，可以看到设备详情页中已经有了 APIkey 内容了。记录下设备 ID、鉴权信息、APIKey 三项内容，后面需要用到。如图 8.48 所示。

图 8.46　设备详情 1

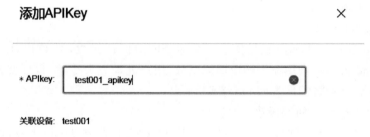

图 8.47　添加 APIKey

图 8.48　设备详情 2

8.3.4 设备接入 OneNET

1. 简介

RT-Thread 提供一套 OneNET 软件包，通过该软件包，设备可以非常方便地连接上 OneNET 平台，完成数据的发送、接收、设备注册和控制等功能。

RT-Thread OneNET 软件包功能特点如下：

（1）断线重连

RT-Thread OneNET 软件包实现了断线重连机制，在断网或网络不稳定导致连接断开时，软件会维护登录状态，重新连接，并自动登录 OneNET 平台。提高连接的可靠性，增加了软件包的易用性。

（2）自动注册

RT-Thread OneNET 软件包实现了设备自动注册功能。不需要在 Web 页面上手动地一个一个创建设备、输入设备名字和鉴权信息。当开启设备注册功能后，设备在第一次登录 OneNET 平台时，会自动调用注册函数向 OneNET 平台注册设备，并将返回的设备信息保存下来，用于下次登录。

（3）自定义响应函数

RT-Thread OneNET 软件包提供了一个命令响应回调函数，当 OneNET 平台下发命令后，RT-Thread 会自动调用命令响应回调函数，用户处理完命令后，返回要发送的响应内容，RT-Thread 会自动将响应发回 OneNET 平台。

（4）自定义 Topic 和回调函数

RT-Thread OneNET 软件包除了可以响应 OneNET 官方 Topic 下发的命令外，还可以订阅用户自定义的 Topic，并为每个 Topic 单独设置一个命令处理回调函数。方便用户开发自定义功能。

（5）上传二进制数据

RT-Thread OneNET 软件包除了支持上传数字和字符串外，还支持二进制文件上传。当启用了 RT-Thread 的文件系统后，可以直接将文件系统内的文件以二进制的方式上传至云端。

2. 配置

打开 Env 工具，输入 menuconfig 开启 OneNET，配置项位于：RT-Thread online packages →IoT - internet of things→IoT Cloud→OneNET，如图 8.49 所示。

建议在开启 OneNET 的同时，把 ali-iotkit 软件包去掉，避免冲突。

按空格选中 OneNET 之后，按回车键进入 OneNET 详细配置项，填写设备相关信息，如图 8.50 所示。

（1）device id：填写图 8.48 的设备 ID。

（2）auth info：填写图 8.48 的鉴权信息。

（3）api key：填写图 8.48 的 APIKey。

```
[*] OneNET: China Mobile OneNet cloud SDK for RT-Thread  --->
[ ] GAgent: GAgent of Gizwits in RT-Thread  ----
[ ] Ali-iotkit:  Ali Cloud SDK for IoT platform  ----
[ ] Azure IoT SDK: Microsoft azure cloud SDK for RT-Thread  ----
[ ] Tencent-iotkit:  Tencent Cloud SDK for IoT platform  ----
```

图 8.49 menuconfig 配置

```
--- OneNET: China Mobile OneNet cloud SDK for RT-Thread
[*]    Enable OneNET sample
[*]    Enable support MQTT protocol
[ ]    Enable OneNET automatic register device
(597939283) device id
(202005160951) auth info
(O7RyWS2=CnKA4eA2OYdtudW8hR8=) api key
(345377) product id
(gwaK2wJT5wgnSbJYz67CVRGvwkI=) master/product apikey
       version (latest)  --->
```

图 8.50 OneNET 详细配置项

（4）product id：填写图 8.42 的产品 ID。

（5）master/product apikey 填写图 8.42 的 Master-APIkey。

配置完毕后退出 menuconfig，输入 pkgs --update 下载并更新 OneNET 软件包。再输入 scons --target＝mdk5 构建项目工程。

打开 Chapter8\rt-thread\bsp\stm32\stm32f407-atk-explorer\project.uvprojx 工程文件，可以看到 Project 中多了 onenet 文件夹，此文件夹里面存放了 OneNET 软件包的代码，如图 8.51 所示。

图 8.51 项目工程

3．上传实验

（1）先查看设备列表，此时可以注意到设备是处于离线状态，如图 8.52 所示。

（2）编译并下载程序，打开串口工具，输入 onenet_mqtt_init 命令并发送，开发板会自动连接 OneNET 平台，有如下打印信息则表示开发板连接成功，否则需要检查一下网络状态和设备信息是否正确。

设备ID	设备名称		设备状态
597952816	test001		离线

图 8.52　设备状态

```
msh />
msh />[32m[I/mqtt] MQTT server connect success.
[0m[D/onenet.mqtt] Enter mqtt_online_callback!
```

（3）成功连接上 OneNET 平台之后，我们可以查看 OneNET 的设备列表页面，可以看到设备此时是在线状态，如图 8.53 所示。

设备ID	设备名称		设备状态
597952816	test001		在线

图 8.53　设备列表

（4）读者可以输入 onenet_upload_cycle 命令并发送，此时开发板会每隔 5s 向数据流 temperature 上传一个随机值，并将上传的数据打印到串口，打印信息如下：

```
[D/onenet.sample] buffer :{"temperature":60}
[D/onenet.sample] buffer :{"temperature":67}
[D/onenet.sample] buffer :{"temperature":7}
[D/onenet.sample] buffer :{"temperature":64}
[D/onenet.sample] buffer :{"temperature":48}
```

（5）在 OneNET 的设备列表中，单击"数据流"按钮，进入数据流页面，如图 8.54 所示。

设备ID	设备名称	设备状态	最后在线时间	操作
597952816	test001	在线	2020-05-16 17:33:07	详情　数据流　更多操作∨

图 8.54　设备列表

（6）单击"实时刷新"开关按钮，开启数据流实时刷新功能，可以看到 temperature 项数据和开发板上传的数据一致，如图 8.55 所示。

（7）单击 temperature 数据项，可以打开数据图表，可以用折线图的方式展示数据的变化情况。同样，可以把"实时刷新"开关按钮打开，如图 8.56 所示。

图 8.55　数据流展示

图 8.56　数据图表

4．接收实验

（1）在输入 onenet_mqtt_init 命令初始化时，响应回调函数默认指向了空，想要接收命令，必须设置命令响应回调函数，在串口中输入命令 onenet_set_cmd_rsp，这个响应函数在接收到命令后会把命令打印出来。

```
msh />onenet_set_cmd_rsp
```

（2）在 OneNET 的设备列表页面，单击"下发命令"按钮，如图 8.57 所示。

（3）选中"字符串"单选按钮，输入 hello stm32f407 内容，单击"发送"按钮，如图 8.58 所示。

图 8.57   设备列表

图 8.58   下发命令

（4）查看串口数据，可以看到如下打印信息，说明开发板可以成功接收到 OneNET 的下发内容。

```
[D/onenet.mqtt] topic $ creq/9314b94e－cf9a－54c0－ab2e－5cd8fa6fb8bf receive a message
[D/onenet.mqtt] message length is 15
[D/onenet.sample] recv data is hello stm32f407
```

8.3.5   OneNET 软件包指南

1. OneNET 初始化

在 Env 里面已经配置好了连接云平台需要的各种信息，直接调用 onenet_mqtt_init 函数进行初始化即可，设备会自动连接到 OneNET 平台。

2. 推送数据

当需要上传数据时，可以按照数据类型选择对应的 API 来上传数据。示例代码如下：

```
char str[] = { "hello world" };

/* 获得温度值 */
temp = get_temperature_value();
/* 将温度值上传到 temperature 数据流 */
```

```
onenet_mqtt_upload_digit("temperature",temp);

/* 将 hello world 上传到 string 数据流 */
onenet_mqtt_upload_string("string",str);
```

除了支持上传数字和字符串外，软件包还支持上传二进制文件。

可以通过 onenet_mqtt_upload_bin 或 onenet_mqtt_upload_bin_by_path 来上传二进制文件。示例代码如下：

```
uint8_t buf[] = {0x01,0x02,0x03};

/* 将根目录下的 1.bin 文件上传到 bin 数据流 */
onenet_mqtt_upload_bin_by_path("bin","/1.bin");
/* 将 buf 中的数据上传到 bin 数据流 */
onenet_mqtt_upload_bin(("bin",buf,3);
```

3. 命令接收

OneNET 支持下发命令，命令是用户自定义的。用户需要自己实现命令响应回调函数，然后利用 onenet_set_cmd_rsp_cb 将回调函数装载上。当设备收到平台下发的命令后，会调用用户实现的命令响应回调函数，等待回调函数执行完成后，将回调函数返回的响应内容再发给云平台。保存响应的内存必须是动态申请出来的，在发送完响应后，程序会自动释放申请的内存。示例代码如下：

```
static void onenet_cmd_rsp_cb(uint8_t * recv_data,size_t recv_size,uint8_t ** resp_data,
size_t * resp_size)
{
  /* 申请内存 */

  /* 解析命令 */

  /* 执行动作 */

  /* 返回响应 */
}

int main()
{
    /* 用户代码 */

    onenet_mqtt_init();

    onenet_set_cmd_rsp_cb(onenet_cmd_rsp_cb);

    /* 用户代码 */

}
```

4. 信息获取

(1) 数据流信息获取

用户可以通过 onenet_http_get_datastream 来获取数据流的信息,包括数据流 id、数据流最后更新时间、数据流单位、数据流当前值等,获取的数据流信息会保存在传入的 datastream 结构体指针所指向的结构体中。示例代码如下:

```
struct rt_onenet_ds_info ds_temp;

/* 获取 temperature 数据流的信息后保存到 ds_temp 结构体中 */
onenet_http_get_datastream("temperature",ds_temp);
```

(2) 数据点信息获取

数据点信息可以通过以下 3 个 API 来获取:

```
cJSON * onenet_get_dp_by_limit(char * ds_name,size_t limit);
cJSON * onenet_get_dp_by_start_end(char * ds_name,uint32_t start,uint32_t end,size_t limit);
cJSON * onenet_get_dp_by_start_duration(char * ds_name,uint32_t start,size_t duration,size_t limit);
```

这 3 个 API 返回的都是 cJSON 格式的数据点信息,其区别只是查询的方法不一样,下面通过示例来讲解如何使用这 3 个 API。

```
/* 获取 temperature 数据流的最后 10 个数据点信息 */
dp = onenet_get_dp_by_limit("temperature",10);

/* 获取 temperature 数据流 2018 年 7 月 19 日 14 点 50 分 0 秒到 2018 年 7 月 19 日 14 点 55 分 20s 的前 10 个数据点信息 */
/* 第二、第三个参数是 UNIX 时间戳 */
dp = onenet_get_dp_by_start_end("temperature",1531983000,1531983320,10);

/* 获取 temperature 数据流 2018 年 7 月 19 日 14 点 50 分 0 秒往后 50s 内的前 10 个数据点信息 */
/* 第二个参数是 UNIX 时间戳 */
dp = onenet_get_dp_by_start_end("temperature",1531983000,50,10);
```

注意:设置命令响应回调函数之前必须先调用 onenet_mqtt_init() 函数,在初始化函数里会将回调函数指向 RT_NULL。

命令响应回调函数里存放响应内容的 buffer 必须是 malloc 出来的,在发送完响应内容后,程序会将这个 buffer 释放掉。

8.3.6　OneNET 软件包移植说明

OneNET 软件包已经将硬件平台相关的特性剥离了出去，因此 OneNET 本身需要移植的工作非常少，如果不启用自动注册功能就不需要移植任何接口。

如果启用了自动注册，用户需要新建 onenet_port.c，并将文件添加至工程。onenet_port.c 主要在实现开启自动注册后，获取注册信息、获取设备信息和保存设备信息等功能。接口定义代码如下：

```c
/* 检查是否已经注册 */
rt_bool_t onenet_port_is_registed(void);
/* 获取注册信息 */
rt_err_t onenet_port_get_register_info(char * dev_name,char * auth_info);
/* 保存设备信息 */
rt_err_t onenet_port_save_device_info(char * dev_id,char * api_key);
/* 获取设备信息 */
rt_err_t onenet_port_get_device_info(char * dev_id,char * api_key,char * auth_info);
```

1. 获取注册信息

获取注册信息的函数代码如下：

```c
rt_err_t onenet_port_get_register_info(char * ds_name, char * auth_info);
```

开发者只需要在该接口内，实现注册信息的读取和复制即可。示例代码如下：

```c
onenet_port_get_register_info(char * dev_name,char * auth_info)
{
    /* 读取或生成设备名字和鉴权信息 */

    /* 将设备名字和鉴权信息分别复制到 dev_name 和 auth_info 中 */
}
```

2. 保存设备信息

保存设备信息的函数代码如下：

```c
rt_err_t onenet_port_save_device_info(char * dev_id, char * api_key);
```

开发者只需要在该接口内，将注册返回的设备信息保存在设备里即可，示例代码如下：

```c
onenet_port_save_device_info(char * dev_id,char * api_key)
{
    /* 保存返回的 dev_id 和 api_key */

    /* 保存设备状态为已注册状态 */
}
```

3．检查是否已注册

检查是否已经注册的函数代码如下：

```
rt_bool_t onenet_port_is_registed(void);
```

开发者只需要在该接口内，判断返回本设备是否已经在 OneNET 平台注册即可，示例代码如下：

```
onenet_port_is_registed(void)
{
    /* 读取并判断设备的注册状态 */

    /* 返回设备是否已经注册 */
}
```

4．获取设备信息

获取设备信息的函数代码如下：

```
rt_err_t onenet_port_get_device_info(char * dev_id, char * api_key, char * auth_info);
```

开发者只需要在该接口内，读取并返回设备信息即可，示例代码如下：

```
onenet_port_get_device_info(char * dev_id,char * api_key,char * auth_info)
{
    /* 读取设备 id、api_key 和鉴权信息 */

    /* 将设备 id、api_key 和鉴权信息分别复制到 dev_id、api_key 和 auth_info 中 */
}
```

第 9 章

IoT 模块开发

前几章我们都是使用 STM32F407 的有线网卡来接入网络，而实际应用中更多的是采用无线网络。

本章将介绍目前市场上应用比较多的几种 IoT 模块，并在 STM32F407 开发板实现这些 IoT 模块的开发。主要用到的 IoT 模块有：

（1）WiFi 模块：ESP8266。

（2）2G 模块：SIM800A。

（3）4G 模块：移远 EC20。

（4）NB-IoT 模块：移远 BC20。

9.1 AT 指令

AT 指令是应用于终端设备与 PC 应用之间的连接与通信的指令，AT 即 Attention。

AT 指令在物联网中应用得非常广泛，无论是 WiFi 芯片，还是 2G、4G、NB-IoT，它们的通信方式都是通过 AT 指令。故而本小节先简单介绍一下 AT 指令。需要注意的是，不同的芯片之间的具体指令会有差异，读者需要以对应芯片的 AT 指令说明文档为准。

AT 指令的优点如下：

（1）命令简单易懂，并且采用标准串口来收发 AT 命令，这样就对设备控制大大简化了，转换成简单串口编程了。

（2）AT 命令提供了一组标准的硬件接口——串口。较新的电信网络模块，几乎采用串口硬件接口。

（3）AT 命令功能较全，可以通过一组命令完成设备的控制，如完成呼叫、短信、电话簿、数据业务、传真等。

9.1.1 发展历史

AT 指令最早是由贺氏公司（Hayes）为了控制 Modem 而开发的控制协议。协议本身采用文本形式，每个命令都以 AT 开头。

贺氏公司破产后,移动电话生产厂商诺基亚、爱立信、摩托罗拉和 HP 共同为 GSM 研制了一整套 AT 指令,用来控制手机 GSM 模块。其中就包括对 SMS 的控制。AT 指令在此基础上演化并被加入 GSM 07.05 标准及现在的 GSM07.07 标准。

在随后的 GPRS 控制、3G 模块,以及工业上常用的 PDU,均采用 AT 指令集来控制,这样 AT 指令在这一些产品上成为事实的标准。

现在 AT 指令已经广泛应用在各种通信模块,包括本章涉及的 WiFi、2G、4G、NB-IoT 模块等。

9.1.2　指令格式

AT 指令格式:AT 指令都以"AT"开头,以(即"\r"回车符)结束,模块运行后,串口默认的设置为:8 位数据位、1 位停止位、无奇偶校验位、无硬件流控制(CTS/RTS)。

注意:发送 AT 指令,最后还要加上"\n"换行符,这是串口终端要求。有一些命令后面可以加额外信息,如电话号码。

每个 AT 指令执行后,通常 DCE 都给状态值,用于判断指令执行的结果。

AT 返回状态包括三种情况 OK、ERROR 和命令相关的错误原因字符串,返回状态前后都有一个字符。

(1) OK 表示 AT 指令执行成功。

(2) ERROR 表示 AT 指令执行失败。

(3) NO DIAL TONE 只出现在 AT 指令返回状态中,表示没有拨号音,这类返回状态要查指令手册。

还有一些指令本身是向 DCE 查询数据,数据返回时,一般是+打头指令。返回格式:
+指令:指令结果。

如:AT+CMGR=8(获取第 8 条信息)

返回+CMGR:"REC UNREAD","+8613508485560","01/07/16,15:37:28+32",Once more。

9.2　WiFi 模块 ESP8266

9.2.1　ESP8266 芯片简介

ESP8266 芯片是乐鑫公司推出的一款面向物联网应用的高性价比、高集成度的 WiFi MCU。目前在物联网行业中应用广泛,绝大多数低成本的 WiFi 方案使用的是 ESP8266 芯片,特别是移动设备、可穿戴电子产品等。乐鑫官网:https://www.espressif.com/。

ESP8266 芯片实物如图 9.1 所示。

ESP8266 芯片的优点如下。

图 9.1　ESP8266 芯片

1. 超高性价比

ESP8266 芯片的价格为 5 元左右,模组为 10 元左右,性价比极高。特别是在物联网的应用中,对价格特别敏感。ESP8266 芯片有着超强的性能,又有着极具性价比的价格,可以说是物联网产品中最受欢迎的芯片之一。

2. 高性能

ESP8266EX 芯片内置超低功耗 Tensilica L106 32 位 RISC 处理器,CPU 时钟频率最高可达 160 MHz,支持实时操作系统(RTOS)和 WiFi 协议栈,可将高达 80% 的处理能力留给应用编程和开发。

3. 高度集成

ESP8266EX 芯片集成了 32 位 Tensilica 处理器、标准数字外设接口、天线开关、射频Balun、功率放大器、低噪声放大器、过滤器和电源管理模块等,仅需很少的外围电路,可将PCB 所占空间降低。外设包括 UART、GPIO、I^2S、I^2C、SDIO、PWM、ADC 和 SPI。

4. 低功耗

ESP8266EX 芯片专为移动设备、可穿戴电子产品和物联网应用而设计,通过多项专有技术实现了超低功耗。ESP8266EX 芯片具有的省电模式适用于各种低功耗应用场景。

9.2.2　ESP8266 芯片开发模式

1. MCU 开发模式

ESP8266 芯片内置 32 位 RISC 处理器,属于 MCU(单片机)。读者完全可以直接在ESP8266 芯片上编写程序和开发应用,具体信息读者可以参考本书提供的"附录 A\学习资料\2 ESP8266\ESP8266 编程指南.pdf"文件。

当 ESP8266 芯片作为 MCU 开发时,整个嵌入式硬件框架如图 9.2 所示。

ESP8266 芯片可接收传感器模块的数据和其他数据输入装置的数据,并通过ESP8266 芯片本身的 WiFi 功能和云服务器进行通信;同时 ESP8266 芯片也具有数据输出的能力。

图 9.2　MCU 框架

这种方式在一些小型的物联网产品中应用非常广泛,一方面将 ESP8266 芯片当作 MCU 可以省去额外增加 MCU 的费用;另外一方面减少了系统硬件的复杂度,从而降低了功耗。

ESP8266 芯片的 MCU 开发方式比较复杂,本书暂不详细介绍,读者感兴趣可以阅读乐鑫官网相关资料。

2. WiFi 芯片模式

ESP8266 芯片虽然本身也是一颗 MCU 芯片,但是由于其外设资源较少,在一些比较复杂的物联网应用场合中,单独使用 ESP8266 芯片当作 MCU 已经无法满足系统需求。通常这个时候会把 ESP866 芯片当作一颗 WiFi 芯片,系统另外增加一颗 MCU 做主控芯片,整个系统的框架如图 9.3 所示。

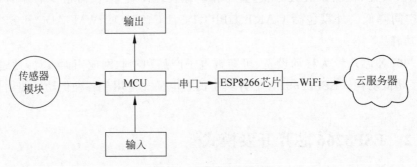

图 9.3　WiFi 芯片模式

MCU 芯片通过串口和 ESP8266 芯片通信,其通信指令为 AT 指令。传感器模块、输入、输出均由 MCU 处理。ESP8266 芯片只负责把 MCU 的串口数据转换成 WiFi 网络数据,同时将 WiFi 网络数据通过串口发送给 MCU。

这种开发方式适合一些比较复杂的应用场合,同时降低了系统的耦合性。如果整个系统设计合理,后续就可以随时把 ESP8266 芯片更换成其他通信芯片,而不需要对整套系统重新开发。同样,这种开发方式的缺点也很明显:多了 MCU 的成本和功耗。

9.2.3　AT 指令

当我们把 ESP8266 芯片当作 WiFi 芯片使用时，通常 MCU 和 ESP8266 芯片之间采用 AT 指令进行通信。本节介绍 ESP8266 芯片常用的 AT 指令。读者可以使用 USB 转串口工具连接计算机和 ESP8266 模块，如图 9.4 所示。

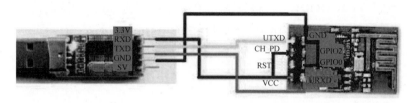

图 9.4　硬件连接图

计算机成功连接上 ESP8266 模块后，可以打开计算机串口软件，设置波特率为 115200，勾选"加回车换行"，发送 AT 指令后可以看到 ESP8266 返回 AT OK，说明通信成功。如图 9.5 所示。

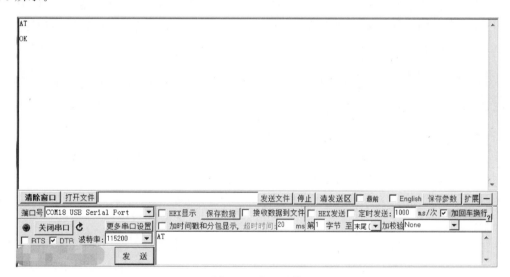

图 9.5　串口通信

1. AT+RST

功能：重启 ESP8266 模块。

发送此指令后，ESP8266 模块将会重启，通常作为上电后发的第一条指令。

2. AT+CWMODE=<mode>

功能：设置 ESP8266 模块的工作模式。ESP8266 模块有 3 种工作模式：

（1）mode=1：Station 模式。在此模式下，ESP8266 模块将作为终端节点，可以连接路由器。通常我们采用此模式。

（2）mode＝2：AP 模式。在此模式下,ESP8266 模块将作为 WiFi 热点功能使用,其他设备(手机、计算机)可以扫描到 ESP8266 模块的热点信息,并连接到 ESP8266 模块的 WiFi热点。一般在局域网下,在没有其他热点时,才会使用此模式。

（3）mode＝3：AP＋Station 模式。ESP8266 模块作为终端节点使用,可以连接到其他热点;模块本身也可以作为发射热点发射信号,供其他设备连接。

例如发送"AT＋CWMODE＝1"将设置 ESP8266 模块为 Station 模式。

3．AT＋CWSAP＝<ssid>,<pwd>,<chl>,<ecn>

功能：配置 AP 参数(指令只有在 AP 模式开启后才有效)。

<ssid>：接入点名称。

<pwd>：密码。

<chl>：通道号。

<ecn>：加密方式。0：OPEN,1：WEP,2：WPA_PSK,3：WPA2_PSK,4：WPA_WPA2_PSK。

4．AT＋CWLAP

功能：发送此指令之前,需先发送"AT＋CWMODE＝1",设置 ESP8266 模块为 Station模式。此指令用于查看当前无线路由器列表,发送此指令后,通常需要等待一会,ESP8266模块扫描完附近的无线路由器列表后,会返回无线路由器的热点信息,返回格式如下：

（1）正确：(终端返回 AP 列表)。

```
+ CWLAP:<ecn>,<ssid>,<rssi>
OK
```

说明：

<ecn>：0:OPEN,1:WEP,2:WPA_PSK,3:WPA2_PSK,4:WPA_WPA2_PSK。

<ssid>：字符串参数,接入点名称。

<rssi>：信号强度。

例如：

```
AT + CWMODE = 1

OK
AT + CWLAP
+ CWLAP:(4,"15919500", - 31,"0c:d8:6c:f8:db:6b",1, - 6,0,4,4,7,0)
+ CWLAP:(4,"Netcore_FD55A7", - 67,"70:af:6a:fd:55:a7",1, - 29,0,4,4,7,0)

OK
```

（2）错误：ERROR。

5．AT＋CWJAP＝<ssid>,<pwd>

功能：发送此指令之前,需先发送 AT＋CWMODE＝1,设置 ESP8266 模块为 Station

模式。此指令用于加入当前无线网络。

说明：

(1) <ssid>:字符串参数,接入点名称。

(2) <pwd>:字符串参数,密码,最长 64 字节的 ASCII 码。

响应：

(1) 正确:OK。

(2) 错误:ERROR。

例如发送 AT+CWJAP_DEF="15919500","11206582488"指令。注意要用英文的双引号。发送此指令后,ESP8266 模块将尝试连接名为"15919500"的热点,密码是"11206582488"。串口返回的结果如下:

```
AT + CWJAP_DEF = "15919500","11206582488"
WIFI CONNECTED
WIFI GOT IP

OK
```

6. AT+CIPMUX=<mode>

功能：设置 ESP8266 模块的连接状态。mode 的取值如下:

0:单连接,ESP8266 模块只会维护一个 TCP 或者 UDP 连接。适用于一些简单的应用场合或者不需要 ESP8266 模块连接多个服务器的场合。推荐读者优先使用此模式,编程相对简单。

1:多连接,ESP8266 模块会维护多个连接。

7. AT+CIPSTART

功能：连接到服务器。

指令：

(1) 单路连接时(+CIPMUX=0),指令为: AT+CIPSTART= <type>,<addr>,<port>。

(2) 多路连接时(+CIPMUX=1),指令为 AT+CIPSTART=<id>,<type>,<addr>,<port>。

响应：如果格式正确且连接成功,返回 OK,否则返回 ERROR。

如果连接已经存在,返回 ALREAY CONNECT。

说明：

<id>: 0~4,连接的 id 号。

<type>:字符串参数,表明连接类型,"TCP"——建立 TCP 连接,"UDP"——建立 UDP连接。

<addr>:字符串参数,远程服务器 IP 地址。

<port>:远程服务器端口号。

以单连接为例,实验步骤如下:

(1) 安装附录 A\软件\TCPUDP 测试工具\TCPUDPDebug102_Setup. exe 软件,然后打开安装好的"TCP&UDP 测试工具"软件,单击"创建服务器"按钮,输入本机端口号 8888,单击"确定"按钮,如图 9.6 所示。

图 9.6 TCP&UDP 测试工具

(2) 单击左侧"服务器模式"下的"本机(192.168.0.103):8888",再单击"启动服务器"按钮,如图 9.7 所示。

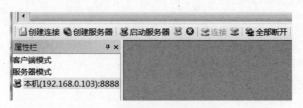

图 9.7 TCP&UDP 测试工具

(3) 使用 SSCOM 串口软件,发送 AT＋CIPSTART＝"TCP","192.168.0.103",8888 指令,可以看到串口应答数据,说明 ESP8266 模块已经成功连接上刚刚由 TCP&UDP 测试工具创建的 TCP 服务器了。

```
AT + CIPSTART = "TCP","192.168.0.103",8888
CONNECT

OK
```

(4) 查看 TCP&UDP 测试工具,可以看到 ESP8266 模块的连接信息,包括 ESP8266 模块的目标 IP 地址和目标端口等,如图 9.8 所示。

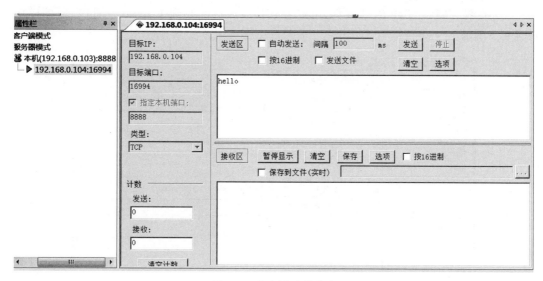

图 9.8 客户端连接信息

8. AT+CIPSEND

功能：发送网络数据。

指令：

(1) 单路连接时(+CIPMUX=0)，指令为：AT+CIPSEND=<length>。

(2) 多路连接时(+CIPMUX=1)，指令为：AT+CIPSEND= <id>,<length>。

响应：收到此指令后先换行返回">"，然后开始接收串口数据。当数据长度等于 length 的长度时发送数据。

如果未建立连接或连接被断开，返回 ERROR。

如果数据发送成功，返回 SEND OK。

说明：

<id>：需要用于传输连接的 ID 号。

<length>：数字参数，表明发送数据的长度，最大长度为 2048。

以单连接为例，实验如下：

(1) 成功连接上服务器后，发送指令 AT+CIPSEND=5，此时串口打印信息如下：

```
>
```

(2) 再发送字符串 hello，此时串口打印如下数据，表示发送成功：

```
Recv 5 bytes

SEND OK
```

（3）查看 TCP&UDP 测试工具，可以看到接收区已经收到了 hello 字符串，通信成功，如图 9.9 所示。

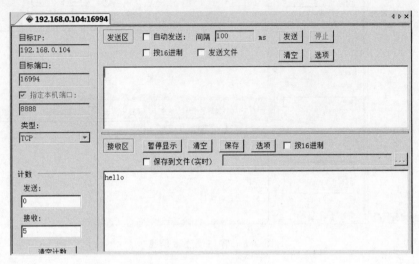

图 9.9　客户端窗口

9. 接收数据

在 TCP&UDP 测试工具的发送区中输入 test，单击"发送"按钮，如图 9.10 所示。

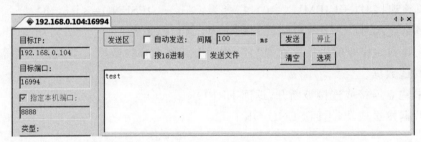

图 9.10　发送区

查看 SSCOM 串口软件，可以看到串口打印数据如下：

```
+ IPD,4:test
```

当 ESP8266 模块主动发送"+IPD"指令时，表示接收到了网络数据。指令格式如下：

```
+ IPD,<len>:<data>
```

<len>：表示数据长度。

<data>：表示数据内容。

10. 透传模式

ESP8266 模块支持透传模式，具体操作如下：

（1）发送 AT＋CIPMODE＝1 指令后，ESP8266 模块将进入透传模式。

（2）发送 AT＋CIPSEND 指令后开始透传，ESP8266 模块响应"＞"。此时，往 ESP8266 模块串口发送的数据都会透传到服务器。

退出透传方法：发送单独一包数据"＋＋＋"，则退出透传模式。

本小节介绍了 ESP8266 模块常用的 AT 指令，其他 AT 指令读者可以参考乐鑫官方文档，该文档位于本书提供的资料中，路径是"附录 A\学习资料\2 ESP8266\AT 指令集 018.pdf"。

9.2.4 代码分析

本节实验的硬件平台是 STM32F407 开发板＋ESP8266 模块。其中 STM32F407 实现主控芯片功能，ESP8266 模块实现 WiFi 芯片功能。STM32F407 通过串口 3 和 ESP8266 模块通信。

1. 代码框架

打开 Chapter9\01 ESP8266\Project\ESP8266.uvprojx 工程文件，ESP8266 模块和 AT 指令的相关代码文件位于 network 文件夹下，如图 9.11 所示。

整个代码框架分为以下 5 层。

（1）串口驱动层：该层对应的文件是 uart3.c，主要实现 STM32F407 的串口 3 的相关驱动代码，是整个代码最底层的部分。

（2）AT HAL 层：该层对应的文件是 at_hal.c，属于硬件抽象层，隐藏了串口 3 驱动的细节，为 AT 上层提供封装接口，使 AT 和串口分离，减少代码的耦合性。

（3）AT common 层：该层对应的文件是 at_common.c，是 AT 指令的核心部分，使应用层具备了 AT 发送的能力。通常我们编写代码只需要使用 AT common 层的接口即可，并且该层通常不需要改动。

（4）芯片驱动层：该层对应的文件是 esp8266.c，是 ESP8266 模块驱动的核心代码。该层调用 AT common 层的接口，实现向 ESP8266 模块发送 AT 指令的功能。

图 9.11 项目工程文件

（5）network API 层：该层对应的文件是 network_api.c。network API 层在 ESP8266 模块驱动层的基础上，在此封装出与具体芯片驱动无关的 API，使得应用程序可以不关心底层芯片驱动细节，从而可以直接使用 network API 编程。

系统框架分为 5 层的最大的作用在于把 ESP8266 芯片驱动剥离出来，成为独立的芯片驱动层。在我们需要增加 2G、4G、NB-IoT 等芯片时，只需要增加对应的芯片驱动即可，AT

HAL 层、AT common 层代码可以复用,同时应用层调用统一的 network API,不管芯片如何更改,应用层的代码几乎可以不用修改。

系统框架如图 9.12 所示。

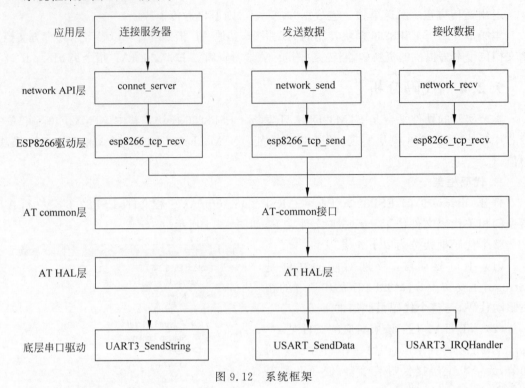

图 9.12 系统框架

2. 串口驱动层

打开 uart3.c 文件,该文件主要实现串口 3 的初始化、发送和接收代码。

1) 初始化

串口 3 得到初始化流程跟本书的第 4 章第 4.7 节相似。唯一不同的是串口 3 对应的引脚是 PB10 和 PB11,读者需要正确配置,代码如下:

```
//Chapter9\01 ESP8266\USER\UART3\uart3.c       19 行

void UART3_Init(u32 bound)
{
    GPIO_InitTypeDef GPIO_InitStructure;
    USART_InitTypeDef USART_InitStructure;
    NVIC_InitTypeDef NVIC_InitStructure;

    //使能 GPIOB 时钟
    RCC_AHB1PeriphClockCmd(RCC_AHB1Periph_GPIOB,ENABLE);
```

```
//使能串口3时钟
RCC_APB1PeriphClockCmd(RCC_APB1Periph_USART3,ENABLE);

//设置PB10引脚复用成 USART3 引脚
GPIO_PinAFConfig(GPIOB,GPIO_PinSource10,GPIO_AF_USART3);
//设置PB11引脚复用成 USART3 引脚
GPIO_PinAFConfig(GPIOB,GPIO_PinSource11,GPIO_AF_USART3);

//设置串口3相关引脚(PB10 PB11)
GPIO_InitStructure.GPIO_Pin = GPIO_Pin_10 | GPIO_Pin_11;
GPIO_InitStructure.GPIO_Mode = GPIO_Mode_AF; //复用功能
GPIO_InitStructure.GPIO_Speed = GPIO_Speed_100MHz;
GPIO_InitStructure.GPIO_OType = GPIO_OType_PP;
GPIO_InitStructure.GPIO_PuPd = GPIO_PuPd_UP;
GPIO_Init(GPIOB,&GPIO_InitStructure);


//设置波特率
USART_InitStructure.USART_BaudRate = bound;
USART_InitStructure.USART_WordLength = USART_WordLength_8b;
USART_InitStructure.USART_StopBits = USART_StopBits_1;
USART_InitStructure.USART_Parity = USART_Parity_No;
USART_InitStructure.USART_HardwareFlowControl = USART_HardwareFlowControl_None;
USART_InitStructure.USART_Mode = USART_Mode_Rx | USART_Mode_Tx;
USART_Init(USART3,&USART_InitStructure);

//使能串口3
USART_Cmd(USART3,ENABLE);
USART_ClearFlag(USART3,USART_FLAG_TC);
USART_ITConfig(USART3,USART_IT_RXNE,ENABLE);

//配置串口3中断
NVIC_InitStructure.NVIC_IRQChannel = USART3_IRQn;
NVIC_InitStructure.NVIC_IRQChannelPreemptionPriority = 3;
NVIC_InitStructure.NVIC_IRQChannelSubPriority = 3;
NVIC_InitStructure.NVIC_IRQChannelCmd = ENABLE;
NVIC_Init(&NVIC_InitStructure);
}
```

2）发送函数

串口3的发送函数代码比较简单,调用标准库的函数即可,代码如下:

```
//Chapter9\01 ESP8266\USER\UART3\uart3.c     93 行

//发送数组,传入的参数有指针和数据长度
void UART_Send_Data(u8 * buf,u8 len)
```

```
{
    u8 t;
    for(t = 0;t<len;t++)
    {
      while(USART_GetFlagStatus(USART3,USART_FLAG_TC) == RESET);
      USART_SendData(USART3,buf[t]);
    }
    while(USART_GetFlagStatus(USART3,USART_FLAG_TC) == RESET);
}

//发送字符串,遇到字符串结束符时,停止发送
void UART3_SendString(char * s)
{
    while( * s)
    {
            while(USART_GetFlagStatus(USART3,USART_FLAG_TC) == RESET);
            USART_SendData(USART3 , * s++);
    }
}
```

3) 中断接收函数

当 STM32F407 收到 ESP8266 芯片发过来的数据时,会产生串口中断。由于每次中断只会接收 1 个字符,故而我们需要把接收到的字符存放到 Uart3_Buf 数组中。同时需要有一个变量 First_Int 来记录当前存放到 Uart3_Buf 数组的哪个位置。

同时,我们需要把__delay_uart3 变量设置为 50,该变量在定时器 2 中断处理函数 TIM2_IRQHandler 中进行自减。最后把_uart3_data_flg 变量设置为 1,表示有串口数据。

串口 3 接收中断服务函数代码如下:

```
//Chapter9\01 ESP8266\USER\UART3\uart3.c      63行

void USART3_IRQHandler(void)
{
    u8 rec_data;
    if(USART_GetITStatus(USART3,USART_IT_RXNE) != RESET)
    {
        //获取接收到的字符
        rec_data = (u8)USART_ReceiveData(USART3);
        //将接收到的字符存放到 Uart3_Buf 数组,位置为 First_Int
        Uart3_Buf[First_Int] = rec_data;
        //First_Int 缓存指针向后移动
        First_Int++;
        //如果缓存满了,将缓存指针指向缓存首地址
        if(First_Int >Buf3_Max)
        {
```

```
            First_Int = 0;
        }
        //__delay_uart3 设置为 50,该变量在定时器中断中自减
        __delay_uart3 = 50;
        //uart3_data_flg 标志设置为 1,表示有串口数据.
        _uart3_data_flg = 1;
        USART_ClearFlag(USART3,USART_FLAG_RXNE);
    USART_ClearITPendingBit(USART3,USART_IT_RXNE);
    }
}
```

4)串口接收函数

USART3_IRQHandler 串口中断接收函数 1 次只会接收 1 个字符,并将字符存到 Uart3_Buf 数组中,并将_uart3_data_flg 标志设置为 1,表示有串口数据,同时对__delay_uart3 赋值 50。

接下来考虑以下两种情况:

(1)如果一直有串口数据,则__delay_uart3 会一直被赋值成 50。

(2)如果串口已经发送完数据了,则不会再产生串口中断,也不会重新对__delay_uart3 进行赋值。而 TIM2_IRQHandler 中断函数每次产生中断则会对__delay_uart3 进行自减。

综上所述,我们可以得出一个结论:如果串口数据已经接收完整,则__delay_uart3 最终会自减到 0,同时_uart3_data_flg 会在串口中断中被设置为 1。

故而,我们可以用__delay_uart3 是否等于 0 并且_uart3_data_flg 是否等于 1 来判断是否有完整的一帧串口数据。

TIM2_IRQHandler 定时器中断函数代码如下:

```
//Chapter9\01 ESP8266\USER\TIMER\timer.c    40 行

void TIM2_IRQHandler(void)
{
    if(TIM_GetITStatus(TIM2,TIM_IT_Update) == SET)
    {
        if(__delay_uart3 > 0)
        {
            __delay_uart3 -- ;
        }
    }
    TIM_ClearITPendingBit(TIM2,TIM_IT_Update);
}
```

串口接收函数代码如下:

```
//Chapter9\01 ESP8266\USER\UART3\uart3.c      114 行
u16 recv_uart3_data(u8 * buf,u16 size)
{
    //如果__delay_uart3 等于 0 并且_uart3_data_flg 等于 1 说明有完整的一帧串口数据
    if((__delay_uart3 == 0) && (_uart3_data_flg == 1))
    {

            u32 len = min(First_Int,size);

            _uart3_data_flg = 0;

            memcpy(buf ,Uart3_Buf,len);

            return len;
    }
    return 0;
}
```

3. AT HAL 层

AT HAL 层的代码比较简单，主要是对串口 3 的函数进行再次封装，使其芯片驱动和串口驱动分离，起到解耦的作用。相关代码如下：

```
//Chapter9\01 ESP8266\network\at_hal.c

# include "stdio.h"
# include "string.h"

# include "uart3.h"

//发送单个字符功能
void at_hal_send_char(char b)
{
    while(USART_GetFlagStatus(USART3,USART_FLAG_TC) == RESET);
    USART_SendData(USART3,b); //UART2_SendData( * b);
}

//发送字符串功能
void at_hal_send_string(char * s)
{
    UART3_SendString(s);
}

//发送回车换行符
void at_hal_send_lr(void)
{
```

```
            UART3_SendString("\r\n");
}


//清除串口接收缓存
void clean_delay_uart(void)
{
    u16 k;
    for(k = 0;k<Buf3_Max;k++)           //将缓存内容清零
    {
            Uart3_Buf[k] = 0x00;
    }
    First_Int = 0;                       //接收字符串的起始存储位置

    __delay_uart3 = 0;
    _uart3_data_flg = 0;
}


/ ******************************************************************************
*  函数名 :Find
*  描   述 :判断缓存中是否含有指定的字符串
*  输   入 :
*  输   出 :
*  返   回 :unsigned char:1 找到指定字符,0 未找到指定字符
*  注   意 :
   ****************************************************************************** /

u8 Find(char * a)
{
  if(strstr(Uart3_Buf,a)!= NULL)
        return 1;
    else
                    return 0;
}

//获取缓存
char * get_at_recv_data(void)
{
    return Uart3_Buf;
}

//获取缓存最大值
u16 get_at_buff_len(void)
{
    return Buf3_Max;
```

```
}

//获取完整的一帧串口数据
u16 recv_at_data(u8 * buf,u16 len)
{
    return recv_uart3_data(buf,len);
}
```

4. AT common 层

AT common 封装了几个常用的 AT 发送函数,提供给应用层、芯片驱动层使用。通常 AT common 相关的代码不需要修改,与平台无关。相关代码如下:

```
//Chapter9\01 ESP8266\network\at_common.c

/ ******************************************************************
 * 函数名 :CLR_Buf2
 * 描  述 :清除串口 2 缓存数据
 * 输  入 :
 * 输  出 :
 * 返  回 :
 * 注  意 :
 ****************************************************************** /
void CLR_Buf2(void)
{
    clean_delay_uart();
}


/ ******************************************************************
 * 函数名 :Second_AT_Command
 * 描  述 :发送 AT 指令函数
 * 输  入 :发送数据的指针、发送等待时间(单位:s)
 * 输  出 :
 * 返  回 :
 * 注  意 :
 ****************************************************************** /

void AT_Command(char * b)
{
    CLR_Buf2();

    for (; * b!= '\0';b++)
    {
        at_hal_send_char( * b); //UART2_SendData( * b);
    }
    at_hal_send_lr();
```

```
}

u8 AT_Command_Try(char * b,char * a,u8 wait_cnt)
{
    u8 cnt = 0;

    CLR_Buf2();

    while(!Find(a))
    {
        AT_Command(b);
        delay_ms(500);
        cnt ++;
        if(cnt > wait_cnt)
        {
            return 1;
        }
    }

    return 0;
}



/ *****************************************************************************
* 函数名 :Second_AT_Data
* 描  述 :发送 AT 指令函数
* 输  入 :发送数据的指针、长度
* 输  出 :
* 返  回 :
* 注  意 :
***************************************************************************** /
void AT_Data(char * b,u32 len)
{
    u32 j;

    CLR_Buf2();

    for (j = 0;j < len;j++)
    {
        at_hal_send_char( * b);
        b++;
    }
    at_hal_send_char(0x1A); //UART2_SendData( * b);
```

```
}

//发送数据
void AT_send_data(char * buf,u32 len)
{
    char * b = buf;
    u32 j;

    CLR_Buf2();

    for (j = 0;j < len;j++)
    {
            at_hal_send_char( * b); //UART2_SendData( * b);
            b++;
    }
}
```

5. 芯片驱动层

芯片驱动层使用 AT common 提供的接口,实现具体芯片的驱动。目前的芯片驱动层只有 ESP8266 一款芯片,对应的文件是 esp8266.c。ESP8266 驱动最终会连接到一个名为 15919500 的热点,密码是 11206582488。读者需要根据自己的实际情况修改。代码如下:

```
//Chapter9\01 ESP8266\network\esp8266.c

/ ************************************************************************
* 函数名 :Connect_Server
* 描   述 :GPRS 连接服务器函数
* 输   入 :
* 输   出 :
* 返   回 :
* 注   意 :
************************************************************************ /
void esp8266_Connect_Server(char * ip,u16 port)
{
    u8 connect_str[100];
    u32 ret;

    AT_Command("AT + CWMODE = 1");
    delay_ms(10);

    Set_ATE0();
```

```
printf("扫描 WiFi\r\n");

AT_Command("AT + CWLAP");
delay_ms(2000);

//将扫描到的 WiFi 热点都通过串口 1 打印出来
ret = recv_at_data(connect_str,sizeof(connect_str));
uart1SendChars((u8 * )connect_str,ret);

//连接到热点名为 15919500,密码是 11206582488
ret = AT_Command_Try("AT + CWJAP_DEF = \"15919500\",\"11206582488\"","OK",20);
if(ret != 0)
{
        printf("\r\n 无法连接到 WiFi \r\n");
}else{
        printf("\r\n 连接 WiFi 成功\r\n");
}

//单连接
AT_Command("AT + CIPMUX = 0");
delay_ms(50);

memset(connect_str,0,100);
sprintf(connect_str,"AT + CIPSTART = \"TCP\",\" % s\", % d",ip,port);

//TCP 连接到服务器
if(connect_str != NULL)
{
        ret = AT_Command_Try((char * )connect_str,"OK",10);
}
else
{
        ret = AT_Command_Try((char * )__string,"OK",10);
}

if(ret != 0)
{
        printf("\r\n 无法连接到服务器 \r\n");
}else{
        printf("\r\n 连接服务器成功\r\n");
}

//Connect_Server(NULL);

//进入透传模式
AT_Command("AT + CIPMODE = 1");
```

```
        delay_ms(50);
        AT_Command("AT + CIPSEND");
        delay_ms(100);
        CLR_Buf2();
}

void Send_OK(void)
{
        AT_Command_Try("AT + CIPSEND",">",2);
        AT_Command_Try("OK\32\0","SEND OK",8);; //回复 OK
}


void esp8266_tcp_send(char * buf,int len)
{
        AT_send_data(buf,len);
}

int esp8266_tcp_recv(u8 * buf,u32 size)
{
        int ret = recv_at_data(buf,size);
        if(ret != 0)
        {
                CLR_Buf2();
        }
        return ret;
}
```

6. network API 层

network API 层封装了芯片驱动,并为应用层提供了统一的 API,代码如下:

```
//Chapter9\01 ESP8266\network\network_api.c

# define __NETWORK_API_C__

# include "esp8266.h"
# include "common.h"
# include "network_api.h"



/ * 初始化网络 API,传入的参数取值范围:

    NETWORD_TYPE_BC26            :          BC26 模组 NB - IoT
    NETWORD_TYPE_EC20            :          EC20 模组 4G
    NETWORD_TYPE_ESP8266         :          ESP8266 模组    WiFi
```

```
* /
void network_init(u8 type)
{
    sys_config.network_type = type;
}

/ *
连接到服务器
char * ip      :        服务器 IP 地址
u16 port       :        端口号

* /
void connect_server(char * ip,u16 port)
{
    switch(sys_config.network_type)
    {
            case NETWORK_TYPE_ESP8266:
                    esp8266_Connect_Server(ip,port);
                    break;

            case NETWORK_TYPE_BC26:

                    break;
    }
}


/ *
发送网络数据
u8  * buf    :        要发送的数据
int len      :        长度
* /

void network_send(u8 * buf,int len)
{
    switch(sys_config.network_type)
    {
            case NETWORK_TYPE_ESP8266:
                    esp8266_tcp_send(buf,len);
                    break;

            case NETWORK_TYPE_BC26:

                    break;
    }
}


/ *
```

```
接收网络数据
u8 * buf :接收缓存
int len :最大接收长度

返回值:收到的网络数据长度
*/

int network_recv(u8 * buf,u32 size)
{
    switch(sys_config.netword_type)
    {
            case NETWORK_TYPE_ESP8266:

                    return esp8266_tcp_recv(buf,size);

                    break;

            case NETWORD_TYPE_BC26:

                    break;
    }

    return 0;
}




//将数组转成字符串
u16 byte_to_string(u8 * buf,u16 len)
{
    u16 i;
    u16 size = min(len,sizeof(network_sendbuff));

    memset(network_sendbuff,0,sizeof(network_sendbuff));
    for(i = 0;i < size;i++)
    {
            sprintf(network_sendbuff + (i * 2),"%x",buf[i]);
    }

    return (size * 2);
}
```

7. main 函数

main 函数主要做一些初始化工作,并连接到服务器,以及发送 hello 字符串给服务器,之后一直等待网络数据的到来,代码如下:

```
//Chapter9\01 ESP8266\Main\main.c

int main(void)
{
    u16 ret;
    //设置系统中断优先级分组2
    NVIC_PriorityGroupConfig(NVIC_PriorityGroup_2);
    //初始化延时函数
    delay_init();

    //定时器初始化
    TIM2_Init(9,8399);
    //串口1初始化
    uart1_init(115200);
    //串口3初始化
    UART3_Init(115200);

    //设置网络接口类型为ESP8266
    network_init(NETWORD_TYPE_ESP8266);

    //连接到192.168.0.103,端口号是8888
    connect_server("192.168.0.103",8888);

    //发送hello数据
    network_send("hello",5);

    while(1)
    {
            //先将接收缓存清空
            memset(recv_buf,0,sizeof(recv_buf));
            //从网络中接收数据
            ret = network_recv(recv_buf,sizeof(recv_buf));
            //如果接收到的数据长度不等于0,说明有数据
            if(ret != 0)
            {
                    //打印数据
                    printf("recv data is [ % s]\r\n",recv_buf);
                    //将数据返回服务器
                    network_send(recv_buf,ret);
            }
    }
}
```

9.2.5 实验

（1）打开 TCP&UDP 测试工具，创建端口号为 8888 的服务器并启动。

（2）将 ESP8266 模块连接到 STM32F407 开发的 UART3 端口上。STM32F407 的

UART3 端口在网口附近。

(3) 打开 SSCOM 串口软件,并连接到 STM3232F407 开发的串口 1。

(4) 打开 Chapter9\01 ESP8266\Project\ESP8266.uvprojx 工程文件,编译并下载程序。

(5) 下载程序后,需要断掉 ESP8266 模块的 VCC,然后重新给 ESP8266 模块的 VCC 引脚供电,同时复位或者重启一下 STM32F407 开发板。

(6) 查看串口打印信息,有如下信息则代表成功连接上 15919500 热点,并且成功连接上 IP 地址为 192.168.0.104,端口号为 8888 的服务器。读者需要根据自己的实验环境修改这些热点信息和服务器 IP 地址端口号。成功连接的串口打印信息如下:

```
扫描 WiFi
K
+ CWLAP:(4,"15919500", - 32,"0c:d8:6c:f8:db:6b",1, - 9,0,4,4,7,0)
+ CWLAP:(4,"Netcore_FD55A7", - 62,"70:
连接 WiFi 成功
TCP 连接成功
```

(7) 查看 TCP&UDP 测试工具,可以看到接收到 STM32F407 通过 ESP8266 模块发送过来的网络数据 hello,开发板的 IP 地址是 192.168.0.102,如图 9.13 所示。

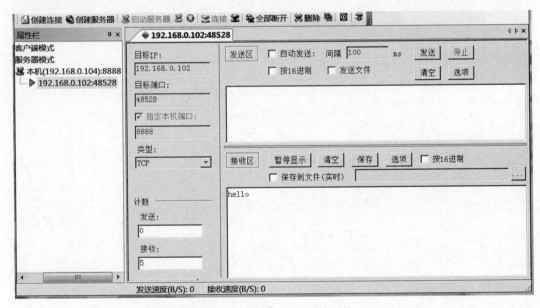

图 9.13　TCP&UDP 测试工具

(8) 在发送区输入任意字符,例如 ABCDEF,单击"发送"按钮,可以看到接收区也会收到同样的字符串,如图 9.14 所示。

(9) 查看 SSCOM 串口软件,可以看到开发板也成功接收到了字符串 ABCDEF,打印信息如下:

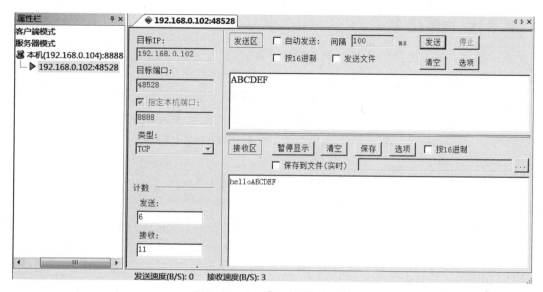

图 9.14 TCP&UDP 测试工具

```
recv data is [ABCDEF]
```

至此,STM32F407 通过 AT 指令控制 ESP8266 模块的实验已成功。

注意:(1) 实验时,一定先要断开 ESP8266 模块的 VCC 电源,然后重新给 ESP8266 模块的 VCC 重新上电,同时复位一下开发板。

(2) 需要根据自己的实验环境,修改代码中的热点信息和服务器 IP 地址端口号。

9.3 2G/4G 模块

在室外没有 WiFi 热点的情况下,通常会使用 2G/4G 模块来实现设备上网的功能,例如共享单车。

2G 模块一般使用 SIM800C 模组,而 4G 模块一般使用 EC20 模组。不过对于 STM32F407 芯片来说,2G 模块和 4G 模块的开发流程基本一致,代码也相似,故而本节将 2G 模块和 4G 模块放在一起讲解。

2G 模块和 4G 模块的相同点:

(1) 硬件上都可以使用串口和 STM32F407 通信。

(2) 都需要使用对应运营商的手机卡。

(3) 都支持 AT 指令。

9.3.1　AT 指令

不同的芯片模组之间的 AT 指令会有一些差异,读者需要查阅对应芯片模组的官方文档。本书附录提供了 SIM800C 和 EC20 的 AT 指令文档。

SIM800C:附录 A\学习资料\3 SIM800C 芯片资料\SIM900A_AT 命令手册_V1.05.pdf。

EC20:附录 A\学习资料\4 4G EC20\EC20_R2.1_AT_Commands_Manual.pdf。

本节以 SIM800C 为例。SIM800C 的 AT 指令主要分为 GSM 指令集、GPRS 指令集、SIMCOM 厂家指令集。

(1) GSM 指令集:国际电信联盟标准 AT 指令集,包括语音通话、短信等相关的 AT 指令。

(2) GPRS 指令集:GPRS 英文全称为 General Packet Radio Service,中文名称为通用无线分组业务,是一种基于 GSM 系统的无线分组交换技术,提供端到端的、广域的无线 IP 连接。SIM800C 提供了标准的 GPRS AT 指令,读者可以通过这些 AT 指令实现上网功能。

(3) SIMCOM 厂家指令集:是 SIMCOM 公司自身特有的 AT 指令集,包括 HTTP、FTP 等功能。

本节重点介绍 GPRS 相关指令。

1. AT+CGREG?

该指令用于查询 SIM800C 网络注册状态,只有 SIM800C 返回"+CREG:0,1"后,才能进行其他操作。

2. AT+CGDCONT

该指令用于定义 PDP 移动场景,例如:AT+CGDCONT=1,"IP","CMNET"。该指令定义了 PDP 的互联网协议为 IP,接入点为 CMNET。

3. AT+CGATT

发送 AT+CGATT=1 指令,激活 PDP,从而获取 IP 地址。

4. AT+CIPCSGP

发送 AT+CIPCSGP=1,"CMNET"指令,设置模块连接方式为 GPRS 链接方式,接入点为 CMNET(对于移动和联通一样)。

5. AT+CIPSTART

发送 AT+CIPSTART="TCP","47.75.32.118","38149"指令,SIM800C 使用 TCP 连接到服务器,服务器的 IP 地址是 47.75.32.118,端口号是 38149。

需要注意的是,SIM800C 模块只能连接到公网 IP。

6. AT+CIPSEND

发送 AT+CIPSEND 指令后,SIM800C 会返回">",之后输入要传输的数据,在发送 CTRL+Z(或者以十六进制的方式发送 0x1a),即可将所要发送的数据发送到指定 IP 或域名的服务器上。

7．AT+CIPCLOSE

发送 AT+CIPCLOSE 指令,关闭 TCP 连接。

8．AT+CIPSHUT

发送 AT+CIPSHUT 指令,关闭移动场景。

9．AT+CIPHEAD

发送 AT+CIPHEAD=1 指令,设置接收数据显示 IP 头,方便判断数据来源。

10．接收数据

当收到 SIM800C 主动发送的数据包中带有"+IPD"字符串标识,则意味着这是一个网络数据包。

9.3.2　代码分析

我们在 9.2.4 节中已经将系统分为 5 层:串口驱动层、AT HAL 层、AT common 层、芯片驱动层、network API 层。SIM800C 属于芯片驱动层,我们只需要在 9.2.4 节的代码中增加 sim800c.c 文件,实现 SIM800C 的相关 AT 设置,并在 network API 中增加 SIM800C 的驱动接口即可。

sim800c.c 代码如下:

```
//Chapter9\02 SIM800C\network\sim800c.c

# include "stdio.h"
# include "string.h"

# include "usart1.h"

# include "at_hal.h"
# include "at_common.h"
# include "common.h"

//TCP 连接
const char * __string = "AT+CIPSTART=\"UDP\",\"106.13.62.194\",8000"; //IP 登录服务器

/ *****************************************************************
* 函数名 :Connect_Server
* 描　述 :GPRS 连接服务器函数
* 输　入 :
* 输　出 :
* 返　回 :
* 注　意 :
***************************************************************** /
void SIM800C_Connect_Server(char * ip,u16 port)
```

```
{
    u8 connect_str[100];
    u16 ret;

    //等待网络注册
    Wait_CREG();

    //关闭连接
    at_hal_send_string("AT + CIPCLOSE = 1");
    delay_ms(100);
    //关闭移动场景
    AT_Command("AT + CIPSHUT");
    //设置 GPRS 移动台类别为 B,支持包交换和数据交换
    AT_Command("AT + CGCLASS = \"B\"");
    //设置 PDP 上下文、互联网接协议、接入点等信息
    AT_Command("AT + CGDCONT = 1,\"IP\",\"CMNET\"");
    //附着 GPRS 业务
    AT_Command("AT + CGATT = 1");
    //设置 GPRS 连接模式
    AT_Command("AT + CIPCSGP = 1,\"CMNET\"");
    //设置接收数据显示 IP 头(方便判断数据来源,仅在单路连接有效)
    AT_Command("AT + CIPHEAD = 1");


    memset(connect_str,0,100);
    sprintf(connect_str,"AT + CIPSTART = \"UDP\",\" % s\", % d",ip,port);

    if(connect_str != NULL)
    {
        ret = AT_Command_Try((char * )connect_str,"OK",5);
    }
    else
    {
        ret = AT_Command_Try((char * )__string,"OK",5);
    }

    if(ret != 0)
    {
        printf("\r\n 连接服务器失败 !!!\r\n");
    }else{
        printf("\r\n 连接服务器成功 !!!\r\n");
    }

    delay_ms(100);
    CLR_Buf2();
```

```
}

static u8 send_buf[1024];
void SIM800C_tcp_send(u8 * buf, int len)
{
    u8 ret;

    memset(send_buf, 0, sizeof(send_buf));
    sprintf(send_buf, "AT + CIPSEND = % d", len);

    printf(" % s\r\n", send_buf);
    //判断 SIM 模块是否返回">"
    ret = AT_Command_Try(send_buf, ">", 4);

    if(ret == 1)
    {

            //printf(" % s % d % d \r\n", __FILE__, __LINE__, len);
            AT_Data((char *)buf, len);;          //回复 OK
    }else{
            at_hal_send_char(0x1A);
    }

    /*
    测试用的函数
    */
}


u32 SIM800C_tcp_recv(u8 * buf)
{
    u32 ret = 0;
    u8 offset = 0;
    char * p;

    char * p_data = get_at_recv_data();

    if(strstr(p_data, " + IPD")!= NULL)          //若缓存字符串中含有^SISR
    {
            delay_ms(100);
```

```
        /*
        printf_s("收到新信息:\r\n");

        printf_s(Uart2_Buf);
        printf_s("\r\n");
        */
        p = p_data;
        while(1)
        {
                offset ++;
                if( * p == ':')
                {
                        break;
                }
                p ++;

        }

        memcpy(buf,p_data + offset,get_at_data_index());
        ret = get_at_data_index() - offset;


        CLR_Buf2();
    }

    return ret;
    /*
    测试用的函数
    */
}
```

network_api.c 文件中增加对 SIM800C 驱动的支持,代码如下:

```
//Chapter9\02 SIM800C\network\network_api.c

/*
连接到服务器
char * ip    :        服务器 IP 地址
u16 port    :        端口号

*/
void connect_server(char * ip,u16 port)
{
    switch(sys_config.network_type)
    {
```

```
            case NETWORD_TYPE_ESP8266:
                    esp8266_Connect_Server(ip,port);
                    break;

            case NETWORD_TYPE_BC26:

                    break;

            case NETWORD_TYPE_SIM800C:
                    SIM800C_Connect_Server(ip,port);
                    break;
        }
}


/ *
发送网络数据
u8 * buf :要发的数据
int len :长度
* /

void network_send(u8 * buf,int len)
{
    switch(sys_config.network_type)
    {
            case NETWORK_TYPE_ESP8266:
                    esp8266_tcp_send(buf,len);
                    break;

            case NETWORK_TYPE_BC26:

                    break;

            case NETWORK_TYPE_SIM800C:
                    SIM800C_tcp_send(buf,len);
                    break;
        }
}


/ *
接收网络数据
u8 * buf    :         接收缓存
int len     :         最大接收长度

返回值:收到的网络数据长度
```

```
     * /

int network_recv(u8 * buf,u32 size)
{
    switch(sys_config.network_type)
    {
            case NETWORK_TYPE_ESP8266:

                    return esp8266_tcp_recv(buf,size);

                    break;

            case NETWORK_TYPE_BC26:

                    break;

            case NETWORK_TYPE_SIM800C:
                    SIM800C_tcp_recv(buf,size);

                    break;
    }

    return 0;
}
```

9.3.3 实验

本实验 SIM800C 是通过中国移动或者中国联通的基站实现网络功能,整个系统框架如图 9.15 所示。

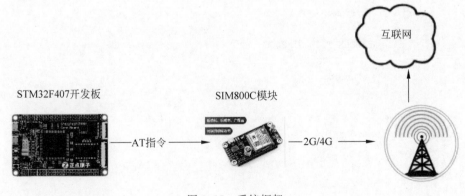

图 9.15 系统框架

本实验 SIM800C 只能连接到公网 IP,没办法直接发送数据到计算机做实验。

读者可以使用 http://tcplab.openluat.com/网站提供的 TCP 测试工具。该网站会提供一个服务器(公网 IP 和端口号),读者只需要设置 SIM800C 模块连接到这个公网服务器,然后发送数据即可,实验如下:

(1) 打开 http://tcplab.openluat.com/网站,可以看到网站已经分配了一个公网服务器供我们做实验,本次实验的 IP 地址是 180.91.81.180,端口是 54712,如图 9.16 所示。

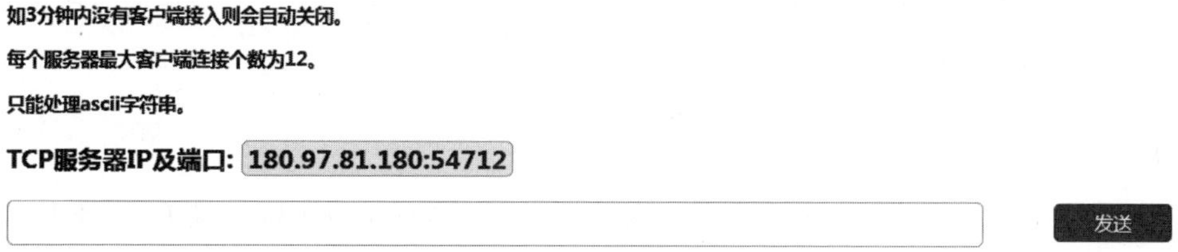
如3分钟内没有客户端接入则会自动关闭。
每个服务器最大客户端连接个数为12。
只能处理ascii字符串。
TCP服务器IP及端口: 180.97.81.180:54712
发送

图 9.16 公网服务器 IP 地址

(2) 修改代码,让 SIM800C 模块连接到该公网服务器,并发送 hello 数据。

(3) 查看 http://tcplab.openluat.com/网站,可以看到 SIM800C 模块已经成功连接并发送数据 hello,如图 9.17 所示。

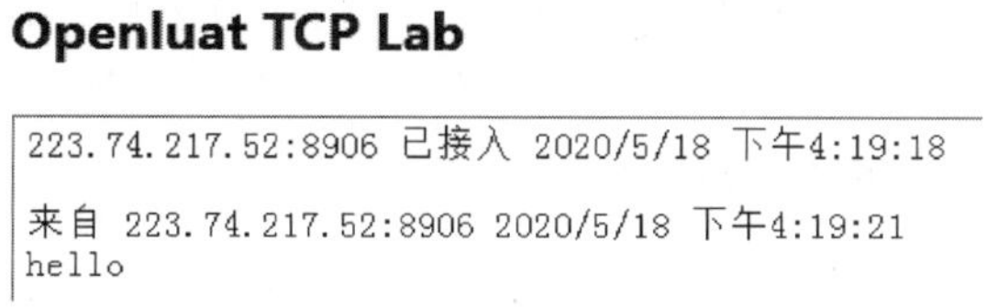
Openluat TCP Lab
223.74.217.52:8906 已接入 2020/5/18 下午4:19:18
来自 223.74.217.52:8906 2020/5/18 下午4:19:21
hello

图 9.17 TCP 连接信息

9.4 NB-IoT 模块

NB-IoT 即窄带物联网(Narrow Band Internet of Things, NB-IoT),NB-IoT 支持低功耗设备在广域网的蜂窝数据连接,也被叫作低功耗广域网(LPWAN)。是万物互联网络的一个重要分支。

目前市场上有很多不同厂家的 NB-IoT 模组,例如移远的 BC26,中移物联的 M5311 等。如果读者想要接入中移物联的 OneNET 平台,推荐使用 M5311。一般情况下,BC26 足以满足读者的应用需求,本书也将以 BC26 为例,介绍 NB-IoT 模块的开发。

9.4.1 BC26 简介

BC26 是移远通信于 2017 年 12 月推出的一款基于 MTK 平台的 NB-IoT 模组。其模组外观如图 9.18 所示。

QUECTEL
BC26 NF QX-AXXXX
BC26NF-04-B8

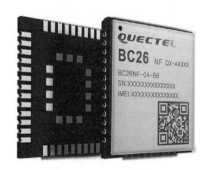

图 9.18 BC26 模组

移远通信是上海一家物联网模组设计研发制造商,旗下产品包含 2G、3G、4G、5G、NB-IoT 等,官网是:https://www.quectel.com/cn/。

BC26 是一款高性能、低功耗、多频段、支持 GNSS 定位功能的 NB-IoT 无线通信模块。其尺寸仅为 18.7 mm×16.0 mm×2.1 mm,能最大限度地满足终端设备对小尺寸模块产品的要求,同时有效帮助客户减小产品尺寸并降低产品成本。它有以下优点:

(1) 支持北斗和 GPS 双卫星导航系统,定位更加精准、抗多路径干扰能力更强。

(2) 支持 AGPS 技术。

(3) 支持低电压供电:2.1～3.63 V。

(4) LCC 封装,超低功耗、超高灵敏度。

(5) 支持丰富的外部接口和多种网络服务协议栈,同时支持中国移动 OneNET、中国电信 IoT、华为 OceanConnect 及阿里云等物联网云平台,应用广泛。

(6) 封装设计兼容移远通信 GSM/GPRS/GNSS 模块,易于产品升级。

(7) 支持 QuecOpen®,可省去外围 MCU。

9.4.2　AT 指令

BC26 的 AT 指令和 2G 模块的 SIM800C 有些不同,读者可以翻阅本书提供的官方 AT 指令文档:附录 A\学习资料\5 BC26 资料\1 文档\BC26_AT_Manual.pdf。

本小节介绍 BC26 常用的 AT 指令。

1. AT+CGREG?

该指令用于查询 SIM800C 网络注册状态,只有 BC26 返回"+CREG:0,1"后,才能进行其他操作。

2. AT+CESQ

发送 AT+CESQ 指令,查询信号强度(CESQ 值范围为 0～63),BC26 将返回类似如下语句:

```
+CESQ: 42,0,255,255,2,54
OK
```

其中:42 为 CESQ 值,近似于 CSQ 值 21,信号较好。

3. AT+QGACT

该指令用于设置 PDN 上下文。例如发送 AT+QGACT=1,1,"iot",使能 PDN 上下文,并使用 IPv4,接入点名称为 iot。

4. AT+CGPADDR

该指令用于显示 BC26 分配到的 IP 地址,例如发送 AT+CGPADDR=1。

5. AT+QSOC

该指令用于创建 socket,例如发送 AT+QSOC=1,1,1,将会创建一个 TCP 的 socket id。

6. AT+QSOCON

该指令用于在已创建的 socket 上进行网络连接,例如发送 AT+QSOCON=1,8888,"47.75.32.118"将会使用 TCP 连接到 IP 地址为 47.75.32.118,端口号为 8888 的服务器。

7. AT+QSOSEND

该指令用于向网络中发送数据,指令的格式如下:

```
AT+QSOSEND=<socketid>,<len>
```

参数如下:

<socketid>:socket id,必须先发送 AT+QSOC 指令创建 socket id。

<len>:要发送的数据长度。

发送该指令后,即可向 BC26 发送串口数据,数据将会通过网络发送到服务器。

注意:发送的数据必须是 16 进制的字符串。例如要发送的数据是 0x12 0x34,则应该转换成字符串 1234,且发送的数据长度为 4。

---

8. 接收数据

当收到 BC26 主动发送"+QSONMI"指令时,代表接收到了网络数据包,例如"+QSONMI=0,4"代表 socket id 为 0 的连接收到了长度为 4 的数据包。

此时,我们需要向 BC26 发送"AT+QSORF=0,4"指令,从 socket id 为 0 的连接读取 4 字节长度的数据。之后 BC26 会返回数据,例如返回 0,123.57.41.13,1002,4,31323334,0。其中:

(1) 0:表示 socket id 为 0。

(2) 123.57.41.13:数据发送方的 IP 地址。

(3) 1002:数据发送方的端口号。

(4) 4:数据长度。

(5) 31323334:数据内容,该数据内容属于 16 进制的字符串,对应的数据应该是 0x31,0x32,0x33,0x34 也就是 ASCII 码表的 1234。

9.4.3 代码分析

我们在 9.2.4 节中已经将系统分为 5 层:串口驱动层、AT HAL 层、AT common 层、芯片驱动层、network API 层。BC26 属于芯片驱动层,我们只需要在 9.2.4 节的代码中增加 nbiot_bc26.c 文件,实现 BC26 的相关 AT 设置,并在 network API 中增加 BC26 的驱动接口即可。

nbiot_bc26.c 代码如下:

```
//Chapter9\03 bc26\network\nbiot_bc26.c

# include "stdio.h"
# include "string.h"

# include "usart1.h"

# include "at_hal.h"
# include "at_common.h"
# include "network_api.h"

# include "common.h"

//TCP 连接
static const char * __string = "AT + QSOCON = 1,6666,\"106.13.62.194\""; //IP 登录服务器

/ ******************************************************************************
 * 函数名 :Connect_Server
 * 描   述 :GPRS 连接服务器函数
 * 输   入 :
 * 输   出 :
 * 返   回 :
 * 注   意 :
 ****************************************************************************** /
void bc26_Connect_Server(char * ip,u16 port)
{
    char connect_str[100];
    u32 ret;

    Wait_CREG();      //等待网络注册

    printf("网络注册成功\r\n");

    AT_Command("AT + CESQ");
    delay_ms(10);

    Set_ATE0();

    AT_Command("AT + QGACT = 1,1,\"iot\"");
    delay_ms(10);

    AT_Command("AT + CGPADDR = 1");
    delay_ms(10);

    AT_Command("AT + QSOC = 1,1,1");
    delay_ms(10);
```

```
        memset(connect_str,0,100);
        sprintf(connect_str,"AT + QSOCON = 1, % d,\" % s\"",port,ip);

        //TCP 连接到服务器
        if(connect_str != NULL)
        {
                AT_Command_Try((char * )connect_str,"OK",10);
        }
        else
        {
                AT_Command_Try((char * )__string,"OK",10);
        }

        printf("连接成功\r\n");

        //Connect_Server(NULL);

        CLR_Buf2();
}


/ ********************************************************************************
 * 函数名 :tcp_heart_beat
 * 描　述 :发送数据应答服务器的指令,该函数有两功能
                        1:接收到服务器的数据后,应答服务器
                        2:服务器无下发数据时,每隔 10 秒发送一帧心跳,保持与服务器连接
 * 输　入 :
 * 输　出 :
 * 返　回 :
 * 注　意 :
 ******************************************************************************** /

void bc26_Send_OK(void)
{
    AT_Command_Try("AT + CIPSEND",">",2);
    AT_Command_Try("OK\32\0","SEND OK",8);;  //回复 OK
}


void bc26_tcp_send(u8  * buf,int len)
{
    u8 send_head[30];
    u8 ret ;

    ret = byte_to_string(buf,len);
```

```c
    memset(send_head,0,sizeof(send_head));
    sprintf(send_head,"AT + QSOSEND = 1, % d",ret);
    AT_send_data(send_head,strlen(send_head));

    AT_send_data(network_sendbuff,ret);

    at_hal_send_lr();
}

u8 bc26_recv_data[1024];

int bc26_tcp_recv(u8 * buf,u32 size)
{
    u32 ret = 0;
    u8 offset = 0;
    char * p;
    char send_head[50];
    char len_str[10];
    int i = 0;
    int index = 0;
    int j = 0;
    u8 cnt = 0;

    char * p_data = get_at_recv_data();

    //收到了 + QSONMI
    if(strstr(p_data," + QSONMI")!= NULL)
    {
            delay_ms(100);

            //获取数据长度和 socket id
            p_data = p_data + 8;
            memset(len_str,0,sizeof(len_str));
            while( * p_data)
            {
                    len_str[i] = * p_data;
                    i++;
                    p_data ++;
            }

            CLR_Buf2();

            //发送
            sprintf(send_head,"AT + QSORF = % s",len_str);
            AT_send_data(send_head,strlen(send_head));
```

```
                //等待数据接收完整
                delay_ms(100);

                int ret = recv_at_data(network_recvbuff,sizeof(network_recvbuff));
                if(ret != 0)
                {
                        //找到数据内容,由于数据内容的格式是
                        //0,123.57.41.13,1002,4,31323334,0
                        //所以我们只要找第4个逗号和第5个逗号之间的内容即可
                        p = network_recvbuff;
                        index = 0;
                        for(i = 0;i < sizeof(network_recvbuff);i ++)
                        {
                                if( * p == ',')
                                {
                                        //找到了逗号,cnt++
                                        cnt ++;
                                        //地址再偏移
                                        p++;
                                }

                                //找到第5个逗号,说明数据已经结束了
                                if(cnt == 5)
                                {
                                        break;
                                }
                                if(cnt == 4)
                                {
                                        //记录数据
                                        bc26_recv_data[index ++] =  * p;
                                }
                                p ++;
                        }
                        //不等于0,说明接收到数据
                        if(index != 0)
                        {
                                j = 0;
                                //需要对数据再转换
                                for(i = 0;i < index;)
                                {
                                        if(j > = size)
                                                return size;
                                        buf[j] = bc26_recv_data[i] * 16 + bc26_recv_data
[i + 1];

                                        i += 2;
                                        j++;
```

```
                    }
                            return j;
                    }

                    CLR_Buf2();
            }

            return 0;

        }

    return ret;
    /*
    测试用的函数
    */
}
```

network_api. c 增加对 BC26 的支持,代码如下:

```
//Chapter9\03 bc26\network\network_api.c

/*
连接到服务器
char * ip       :       服务器 IP 地址
u16 port        :       端口号

*/
void connect_server(char * ip,u16 port)
{
    switch(sys_config.network_type)
    {
            case NETWORK_TYPE_ESP8266:
                    esp8266_Connect_Server(ip,port);
                    break;
            case NETWORK_TYPE_BC26:
                    bc26_Connect_Server(ip,port);
                    break;

            case NETWORK_TYPE_SIM800C:
                    SIM800C_Connect_Server(ip,port);
                    break;
    }
}
```

```
/*
发送网络数据
u8 * buf    :        要发送的数据
int len     :        长度
*/

void network_send(u8 * buf, int len)
{
    switch(sys_config.network_type)
    {
        case NETWORK_TYPE_ESP8266:
                esp8266_tcp_send(buf, len);
                break;

        case NETWORK_TYPE_BC26:
                bc26_tcp_send(buf, len);
                break;

        case NETWORK_TYPE_SIM800C:
                SIM800C_tcp_send(buf, len);
                break;
    }
}


/*
接收网络数据
u8 * buf    :        接收缓存
int len     :        最大接收长度

返回值:收到的网络数据长度
*/

int network_recv(u8 * buf, u32 size)
{
    switch(sys_config.network_type)
    {
        case NETWORK_TYPE_ESP8266:

                return esp8266_tcp_recv(buf, size);

                break;

        case NETWORK_TYPE_BC26:
```

```
                         return bc26_tcp_recv(buf,size);

                     break;

            case NETWORK_TYPE_SIM800C:
                     SIM800C_tcp_recv(buf,size);
                     break;
        }

        return 0;
}
```

9.4.4 实验

BC26 的实验和 SIM800C 一样,读者可以参考 9.3.3 节的内容。

(1) 打开 http://tcplab.openluat.com/网站,可以看到网站已经分配一个公网服务器给我们做实验,IP 地址是 180.91.81.180,端口是 54712,如图 9.19 所示。

如3min内没有客户端接入则会自动关闭。

每个服务器最大客户端连接个数为12。

只能处理ASCII字符串。

TCP服务器IP及端口: 180.97.81.180:54712

发送

图 9.19　公网服务器 IP 地址

(2) 修改代码,让 BC26 模块连接到该公网服务器,并发送 hello 数据。

(3) 查看 http://tcplab.openluat.com/网站,可以看到 BC26 模块已经成功连接并发送数据 hello,如图 9.20 所示。

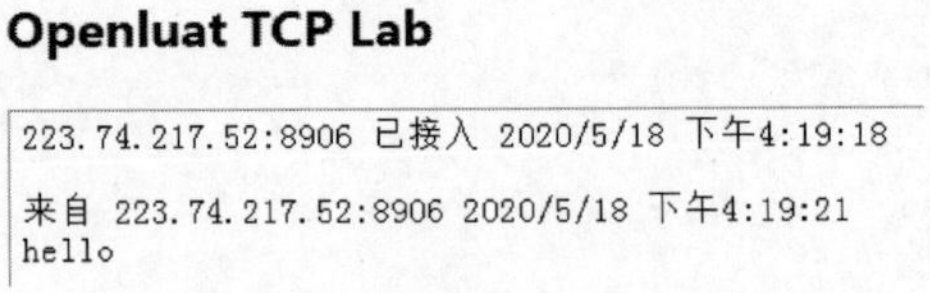

Openluat TCP Lab

223.74.217.52:8906 已接入 2020/5/18 下午4:19:18

来自 223.74.217.52:8906 2020/5/18 下午4:19:21
hello

图 9.20　TCP 连接信息

第 10 章

实战项目：环境信息采集系统

本章将从零开始搭建一个环境信息采集系统，并通过这个实战项目，带领读者实现第一个物联网项目。

10.1 系统框架

21min

该项目硬件上采用 STM32F407 芯片作为主控芯片，网卡采用 DP83848 芯片，环境检测传感器采用 DHT11 温湿度传感器。

软件系统框架上，STM32F407 芯片运行 RT-Thread 系统，并通过 OneNET 软件包接入 OneNET 平台，同时，读者可以在手机 App 上查看数据。

系统软硬件框架如图 10.1 所示。

图 10.1　系统框架

该系统主要分 3 大部分：

（1）嵌入式：也称为边缘计算，主要以 STM32F407、DP83848、DHT11 温湿度传感器为主，实现节点数据采集、数据上传等功能。

（2）云平台：在 OneNET 的基础上，构建一套 Web 界面，用来显示传感器的数据。Web 界面提供一个仪表盘用来实时显示数据，同时提供一个折线图，用来显示数据的变化趋势，如图 10.2 所示。

（3）手机 App：在 OneNET 基础上开发一套手机 App 应用，用户可以直接在手机上实时查看数据。手机 App 的界面如图 10.3 所示。

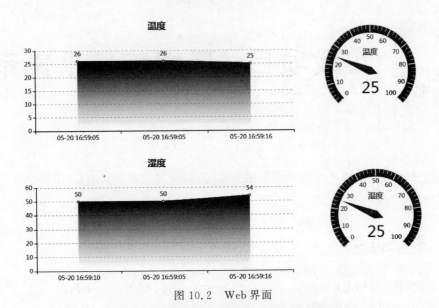

图 10.2　Web 界面

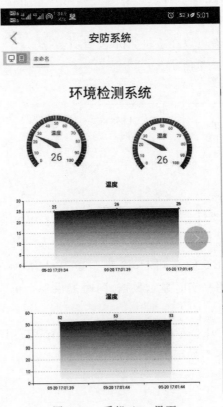

图 10.3　手机 App 界面

26min

10.2 嵌入式开发

嵌入式硬件开发的主要工作是：

（1）驱动 DHT11 传感器，读取温度、湿度数值。

（2）DP83848 网卡驱动、LwIP 实现。

（3）OneNET 数据上传。

其中，RT-Thread 已经集成了 DP83848 驱动、LwIP、OneNET 软件包。我们只需要实现 DHT11 的数据采集并通过 OneNET 上传到云端即可。

10.2.1 DHT11 传感器介绍

DHT11 是一款已校准数字信号输出的温湿度传感器。其湿度精度±5％RH，温度精度±2℃，量程湿度 20～90％RH，量程温度 0～50℃。广泛应用在气象站、家电、除湿器等。

1. 硬件原理图

DHT11 实物如图 10.4 所示。

图 10.4 DHT11 传感器

引脚说明如表 10.1 所示。

表 10.1 引脚说明

Pin	名　　称	备　　注
1	VDD	供电，3～5.5V DC
2	DATA	串行数据，单总线。使用上拉电阻拉高，上拉电阻推荐阻值范围：4.7～5.1kΩ
3	NC	空脚，需悬空
4	GND	接地

DHT11 和单片机连接原理图如图 10.5 所示。

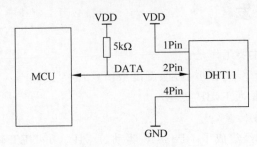

图 10.5　连接原理图

2. 工作原理

DHT11 使用单一总线通信，即 DATA 引脚和单片机连接。DATA 总线要么处于空闲状态，要么处于通信状态。

空闲状态：当单片机没有与 DHT11 通信时，总线处于空闲状态，在上拉电阻的作用下，DATA 引脚处于高电平。

通信状态：当单片机和 DHT11 正在通信时，总线处于通信状态。

一次完整的通信过程如下：

（1）单片机将驱动总线的 IO 配置为输出模式，准备向 DHT11 发送数据。

（2）单片机将总线拉低至少 18ms，以此来发送起始信号。再将总线拉高并延时 20～40μs，以此表示起始信号结束。

（3）单片机将驱动总线的 IO 配置成输入模式，准备接收 DHT11 的数据。

（4）当 DHT11 检测到单片机发送的起始信号后，就开始应答，回传采集到的传感器数据。DHT11 先将总线拉低 80μs 作为对单片机的应答（ACK），然后将总线拉高 80μs。起始信号和应答信号时序图如图 10.6 所示。

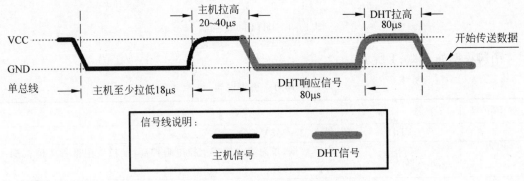

图 10.6　起始应答时序图

（5）DHT11 应答单片机后，接下来回传温湿度数据，以固定的帧格式发送，格式如图 10.7 所示。

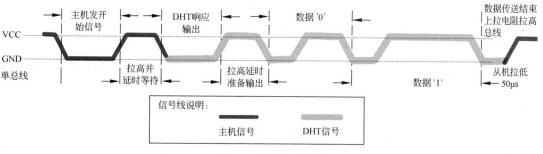

8b 湿度整数值					8b 湿度小数值	8b 温度整数数值	8b 温度小数值	8b 校验和
B7	B6	B5	…	B0	B7~B0	B7~B0	B7~B0	B7~B0

图 10.7　帧格式

（6）当一帧数据传输完成后，DHT11 释放总线。

整个通信的时序图如图 10.8 所示。

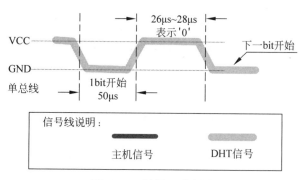

图 10.8　完整时序图

一帧为 40 位，而每位的传输时序逻辑为：每位都以 $50\mu s$ 的低电平（DHT11 将总线拉低）为先导，然后紧接着 DHT11 拉高总线，如果这个高电平持续时间为 $26\sim28\mu s$，则代表逻辑 0，如果持续 $70\mu s$ 则代表逻辑 1。

逻辑 0 信号时序图如图 10.9 所示。

图 10.9　逻辑 0 时序图

逻辑 1 信号时序图如图 10.10 所示。

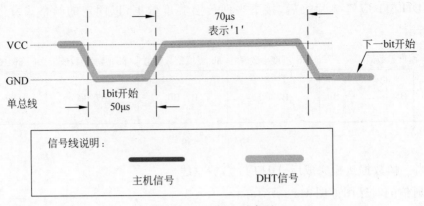

图 10.10　逻辑 1 时序图

10.2.2　DHT11 驱动

打开 Chapter10\01_stm32f407_dht11\Project\DHT11. uvprojx 工程文件,DHT11 驱动文件位于 Project→Devices→dht11. c,如图 10.11 所示。

图 10.11　项目工程

本书提供的 STM32F407 芯片用来驱动 DHT11 DATA 的 IO 引脚为 GPIOG_1,读者可以根据自己的实际情况修改。

1. 设置 IO 引脚输出模式

单片机发送起始信号时,需要设置驱动 DATA 的 IO 引脚为输出模式,代码如下:

```
//Chapter10\01_stm32f407_dht11\USER\DHT11\dht11.c     30 行

void Dht11_OutputMode(void)
{
    GPIO_InitTypeDef GPIO_InitStruct;

    GPIO_DeInit(GPIOG);
```

```
RCC_AHB1PeriphClockCmd(RCC_AHB1Periph_GPIOG,ENABLE);

GPIO_InitStruct.GPIO_Pin = GPIO_Pin_1;
GPIO_InitStruct.GPIO_Mode = GPIO_Mode_OUT;
GPIO_InitStruct.GPIO_Speed = GPIO_Speed_50MHz;
GPIO_InitStruct.GPIO_OType = GPIO_OType_PP;
GPIO_InitStruct.GPIO_PuPd = GPIO_PuPd_UP;
GPIO_Init(GPIOG,&GPIO_InitStruct);
}
```

2. 设置 IO 引脚输入模式

单片机发送完起始信号后，需要把驱动 DATA 的 IO 引脚设置成输入模式，等待 DHT11 传输数据，代码如下：

```
//Chapter10\01_stm32f407_dht11\USER\DHT11\dht11.c      41 行

void Dht11_InputMode(void)
{
    GPIO_InitTypeDef GPIO_InitStruct;

    GPIO_DeInit(GPIOG);
    RCC_AHB1PeriphClockCmd(RCC_AHB1Periph_GPIOG,ENABLE);

    GPIO_InitStruct.GPIO_Pin = GPIO_Pin_1;
    GPIO_InitStruct.GPIO_Mode = GPIO_Mode_IN;
    GPIO_InitStruct.GPIO_Speed = GPIO_Speed_50MHz;
    GPIO_InitStruct.GPIO_PuPd = GPIO_PuPd_NOPULL;
    GPIO_Init(GPIOG,&GPIO_InitStruct);
}
```

3. 读取 8 位数据

根据 DHT11 数据传输的格式，每位都以 $50\mu s$ 的低电平（DHT11 将总线拉低）为先导，然后紧接着 DHT11 拉高总线，如果这个高电平持续时间为 $26\sim28\mu s$，则代表逻辑 0，如果持续 $70\mu s$ 则代表逻辑 1。

故而我们可以在检测到 DHT11 拉高总线后，等待 $50\mu s$，检测总线的电平状态，如果此时电平已经被拉低，说明数据位是 0；如果此时电平还处于高电平，说明数据位是 1。

读取 8 位数据的代码如下：

```
/Chapter10\01_stm32f407_dht11\USER\DHT11\dht11.c          74 行

u8 DHT11_ReadByte(void)
{
```

```
    u8 bit_value;
    u8 value = 0;
    u8 count;

    for(count = 0;count<8;count++)
    {
        if(!PGin(1))
        {
            while(!PGin(1)); //等待 50μs
            //判断是 0 还是 1
            delay_us(50);
            if(PGin(1))
            bit_value = 1;
            else
            bit_value = 0;
        }
        value << = 1;
        value | = bit_value;
        while(PGin(1));
    }
    return value;
}
```

4. 读取温度和湿度

DHT11 一次传输 40 位数据,包括温度整数、温度小数、湿度整数、湿度小数、校验和。其中只有温度整数、湿度整数有意义。读取温度和湿度的代码如下:

```
//Chapter10\01_stm32f407_dht11\USER\DHT11\dht11.c      110 行

void DHT11_Read(u8 * pTemp,u8 * pHum)
{
    //设置为输出模式
    Dht11_OutputMode();

    //主机启动读写信号
    PGout(1) = 0;          //拉低
    delay_ms(19);          //保持 19ms
    PGout(1) = 1;          //拉高

    //设置为输入模式
    Dht11_InputMode();

    //等待 DHT11 应答
    while(PGin(1));
```

```
//DHT11 响应
if(!PGin(1))
{
    //DHT11 响应信号
    while(!PGin(1)); //等待低周期结束
    while(PGin(1)); //等待低周期结束

    //读取 40 位数据

    //读取湿度的整数值
    * pHum = DHT11_ReadByte();

    //读取湿度的小数值,暂不支持
    DHT11_ReadByte();

    //读取温度的整数值
    * pTemp = DHT11_ReadByte();

    //读取温度的小数值,暂不支持
    DHT11_ReadByte();

    //读取校验值,忽略
    DHT11_ReadByte();

    PGout(1) = 1;
}
}
```

5. main 函数

main 函数对 DHT11、串口等进行初始化,之后读取 DHT11 传感器的数据并打印出来,代码如下:

```
//Chapter10\01_stm32f407_dht11\main\main.c    12 行

int main(void)
{
    //设置系统中断优先级分组 2
    NVIC_PriorityGroupConfig(NVIC_PriorityGroup_2);
    //初始化延时函数
    delay_init();

    //串口 1 初始化
    uart1_init(115200);
```

```
                //DHT11 传感器初始化
                DHT11_Init();

                while(1)
                {
                        //温度
                        Temp = 0;
                        //湿度
                        Hum = 0;
                        DHT11_Read(&Temp,&Hum);
                        snprintf(Info_Buf,50,"Temperature: % d Humidity: % d\r\n",Temp,Hum);
                        printf(" % s",Info_Buf);
                        delay_ms(500);
                        delay_ms(500);
                        delay_ms(500);
                        delay_ms(500);
                }
        }
```

6. 实验

(1) 将 DHT11 传感器的 DATA 引脚接到 STM32F407 的 GPIOC_5 引脚上,VCC 引脚连接 3.3V。

(2) 编译并下载程序。

(3) 打开串口软件,查看串口数据,可以看到串口每隔 2s 打印如下信息:

```
read temp :27.0 hump: 56.0
read temp :27.0 hump: 56.0
```

10.2.3 RT-Thread 移植 DHT11 驱动

10.2.2 节我们在裸机上使用 ST 的标准库实现了对 DHT11 的数据读取。由于最后我们的 STM32F407 开发板需要在 RT-Thread 系统上运行,故而我们需要把 DHT11 驱动移植到 RT-Thread 上。

驱动的移植主要是对 GPIO 口和精准延时函数的操作。

1. GPIO 移植

RT-Thread 提供了一套 GPIO 操作的 API 函数,我们只需要把 DHT11 代码中所有使用标准库的 GPIO 操作替换成 RT-Thread 提供的 GPIO 操作 API 即可。

（1）定义 DATA 引脚，代码如下：

```
//Chapter10\02_rtt_dht11\dht11.h    19行

/* 定义 DHT11 引脚 */
#define DHT11_DATA_PIN GET_PIN(G,1)
```

（2）设置输入、输出模式及读取温度、湿度等代码修改如下：

```
//Chapter10\02_rtt_dht11\dht11.c  18行
void Dht11_OutputMode(void)
{
    rt_pin_mode(DHT11_DATA_PIN,PIN_MODE_OUTPUT);
}

void Dht11_InputMode(void)
{
    rt_pin_mode(DHT11_DATA_PIN,PIN_MODE_INPUT_PULLUP);
}
u8 DHT11_ReadByte(void)
{
    u8 bit_value;
    u8 value = 0;
    u8 count;

    for(count = 0;count<8;count++)
    {
        if(!rt_pin_read(DHT11_DATA_PIN))
        {
            while(!rt_pin_read(DHT11_DATA_PIN)); //等待50μs
            //判断是0还是1
            delay_us(50);
            if(rt_pin_read(DHT11_DATA_PIN))
            bit_value = 1;
            else
            bit_value = 0;
        }
        value <<= 1;
        value |= bit_value;
        while(rt_pin_read(DHT11_DATA_PIN));
    }
    return value;
}

void DHT11_Read(u8 * pTemp,u8 * pHum)
```

```
{
    //设置为输出模式
    Dht11_OutputMode();

    //主机启动读写信号
    rt_pin_write(DHT11_DATA_PIN ,0);                    //拉低
    delay_ms(19);                                       //保持19ms
    rt_pin_write(DHT11_DATA_PIN ,1);                    //拉高

    //设置为输入模式
    Dht11_InputMode();

     //等待 DHT11 应答
     while(rt_pin_read(DHT11_DATA_PIN));

    //DHT11 响应
     if(!rt_pin_read(DHT11_DATA_PIN))
     {
         //DHT11 响应信号
         while(!rt_pin_read(DHT11_DATA_PIN));           //等待低周期结束
         while(rt_pin_read(DHT11_DATA_PIN));            //等待低周期结束

         //读取 40 位数据

         //读取湿度的整数值
         * pHum = DHT11_ReadByte();

         //读取湿度的小数值,暂不支持
         DHT11_ReadByte();

         //读取温度的整数值
         * pTemp = DHT11_ReadByte();

         //读取温度的小数值,暂不支持
         DHT11_ReadByte();

         //读取校验值,忽略
         DHT11_ReadByte();

         rt_pin_write(DHT11_DATA_PIN ,1);
     }
}
```

2. 精准延时函数

在裸机开发中,我们使用 delay_us 和 delay_ms 函数,但是 RT-Thread 并没有这两个函

数。而且 RT-Thread 提供的 rt_thread_mdelay 函数会产生线程切换,不适合在驱动中使用。故而我们需要重新实现 delay_us 和 delay_ms 函数。

(1) delay_us 函数

对于 STM32,RT-Thread 已经实现了一个类似 delay_us 功能的函数,其函数名是 rt_hw_us_delay,代码如下:

```
//Chapter10\rt-thread\bsp\stm32\libraries\HAL_Drivers\drv_common.c   99 行

void rt_hw_us_delay(rt_uint32_t us)
{
    rt_uint32_t start, now, delta, reload, us_tick;
    start = SysTick->VAL;
    reload = SysTick->LOAD;
    us_tick = SystemCoreClock / 1000000UL;
    do {
        now = SysTick->VAL;
        delta = start > now ? start - now : reload + start - now;
    } while(delta < us_tick * us);
}
```

这是一个精确到 μs 的延时函数,而且不会产生线程切换,适合在驱动开发中使用。但是需要注意:rt_hw_us_delay 延时不能超过 $1000\mu s$。

(2) delay_ms 函数

在 rt_hw_us_delay 精准的 μs 级别延时基础上,我们可以通过 for 循环来实现 ms 级别的延时,代码如下:

```
void rt_hw_ms_delay(rt_uint32_t ms)
{
    rt_uint32_t i;

    for(i = 0; i < ms; i ++)
    {
            rt_hw_us_delay(500);
            rt_hw_us_delay(500);
    }
}
```

3. menuconfig 配置

本书已提供移植好的驱动文件,代码位于 Chapter10\02_rtt_dht11 文件夹下。把该文件夹下所有的代码文件复制到 Chapter10\rt-thread\bsp\stm32\stm32f407-atk-explorer\applications。

修改 Chapter10 \ rt-thread \ bsp \ stm32 \ stm32f407-atk-explorer \ applications \ SConscript 文件，增加如下代码：

```
import rtconfig
from building import *

cwd = GetCurrentDir()
CPPPATH = [cwd, str(Dir('#'))]
src = Split("""
main.c
""")

if GetDepend(['BSP_USING_DTH11']):
    src += Glob('dht11.c')
    src += Glob('stm32_delay.c')


group = DefineGroup('Applications', src, depend = [''], CPPPATH = CPPPATH)

Return('group')
```

修改 Chapter10\rt-thread\bsp\stm32\stm32f407-atk-explorer\board\Kconfig 文件，在 menu "Board extended module Drivers" 后面增加如下代码：

```
config BSP_USING_DTH11
    bool "Enable DTH11 Demo"
    default n
```

本书提供的配套源代码已经修改好，读者可以直接使用。

运行 menuconfig，把 DHT11 的选项打开即可，DHT11 选项位于 Hardware Drivers Config→ Board extended module Drivers→Enable DTH11 Demo，如图 10.12 所示。

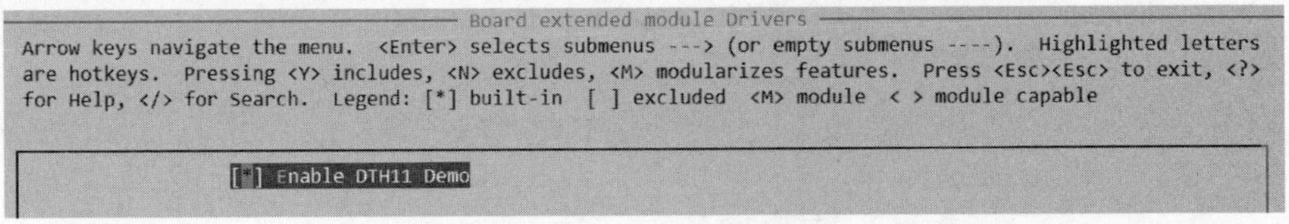

图 10.12 menuconfig 选项

按空格键勾选 Enable DTH11 Demo 选项后，退出 menuconfig，输入 scons --target=mdk5 重新构建工程。

打开 Chapter10\rt-thread\bsp\stm32\stm32f407-atk-explorer\project. uvprojx 工程文件，可以看到 Applications 下多了 dht11. c 和 stm32_delay. c 两个文件。

10.2.4　OneNET 上传数据

第 8 章第 3 节已经实现了如何配置 OneNET 软件包，并上传数据到 OneNET 平台。在该基础上，我们只需要修改代码，调用 OneNET 相关接口实现温度、湿度数据的上传即可。

1. 配置 OneNET 软件包

OneNET 软件包的配置参考本书 8.3 节。

2. OneNET 数据上传

使用 RT-Thread 的 FinSH 功能，添加 onenet_upload_dht11_cycle 命令。该命令创建一个最高优先级任务，该任务用于获取 DHT11 传感器数据，并上传到 OneNET 云平台，代码如下：

```
# include <stdlib.h>

# include <onenet.h>

# define DBG_ENABLE
# define DBG_COLOR
# define DBG_SECTION_NAME     "onenet.sample"
# if ONENET_DEBUG
# define DBG_LEVEL         DBG_LOG
# else
# define DBG_LEVEL         DBG_INFO
# endif /* ONENET_DEBUG */

# include <rtdbg.h>

# include "dht11.h"

/* upload random value to temperature */
static void onenet_upload_dht11_entry(void * parameter)
{
    u8 Temp, Hum;
    int ret;

    ret = onenet_mqtt_init();
```

```
    if(ret != 0)
    {
        LOG_E("RT - Thread OneNET package(V % s) initialize failed. ",ONENET_SW_VERSION);
        return ;
    }

    //上电后先延迟 2s,等 DHT11 稳定功能和 OneNET 连接成功
    rt_thread_delay(rt_tick_from_millisecond(2 * 1000));
    while (1)
    {
    //获取湿度和温度数据
        DHT11_Read(&Temp,&Hum);

        if (onenet_mqtt_upload_digit("humidity",Hum) < 0)
        {
            LOG_E("upload has an error,stop uploading");
            break;
        }
        else
        {
            LOG_D("buffer :{\"humidity\": % d}",Hum);
        }

                rt_thread_delay(rt_tick_from_millisecond(500));

        if (onenet_mqtt_upload_digit("temperature",Temp) < 0)
        {
            LOG_E("upload has an error,stop uploading");
            break;
        }
        else
        {
            LOG_D("buffer :{\"temperature\": % d}",Temp);
        }

        rt_thread_delay(rt_tick_from_millisecond(5 * 1000));
    }
}

int onenet_upload_dht11_cycle(void)
{
    rt_thread_t tid;
```

```
    //创建任务
    tid = rt_thread_create("onenet_send",
                            onenet_upload_dht11_entry,
                            RT_NULL,
                            2 * 1024,
                            1,
                            5);
    if (tid)
    {
        rt_thread_startup(tid);
    }

    return 0;
}


#ifdef FINSH_USING_MSH
#include <finsh.h>
//添加 onenet_upload_dht11_cycle 命令
MSH_CMD_EXPORT(onenet_upload_dht11_cycle,send data to OneNET cloud cycle for dht11);

#endif
```

编译并下载代码，在串口中发送 onenet_upload_dht11_cycle 命令即可上传温度、湿度数据到 OneNET 云平台。

3. OneNET 云平台属性添加

之前创建的 OneNET 平台，设备只有 temperature（温度）属性，我们需要增加 humidity（湿度）属性。

（1）登录 OneNET 平台，单击左侧的"数据流模板"按钮，再单击右侧的"添加数据流模板"按钮，如图 10.13 所示。

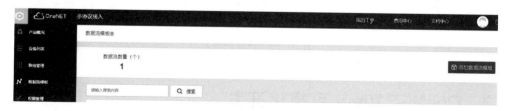

图 10.13 数据流模板

（2）在数据流名称中填入 humidity，单击"添加"按钮，如图 10.14 所示。

（3）进入设备列表→数据流，可以查看到 humidity（湿度）和 temperature（温度）的数据，如图 10.15 所示。

添加数据流模板　　　　　　　　　　　　　　　　×

* 数据流名称：

| humidity | ⊗ |

单位名称：

| 1-30个字 |

单位符号：

| 1-30个字 |

　　　　　　　　　　　　添加　　　　　取消

图 10.14　添加数据流

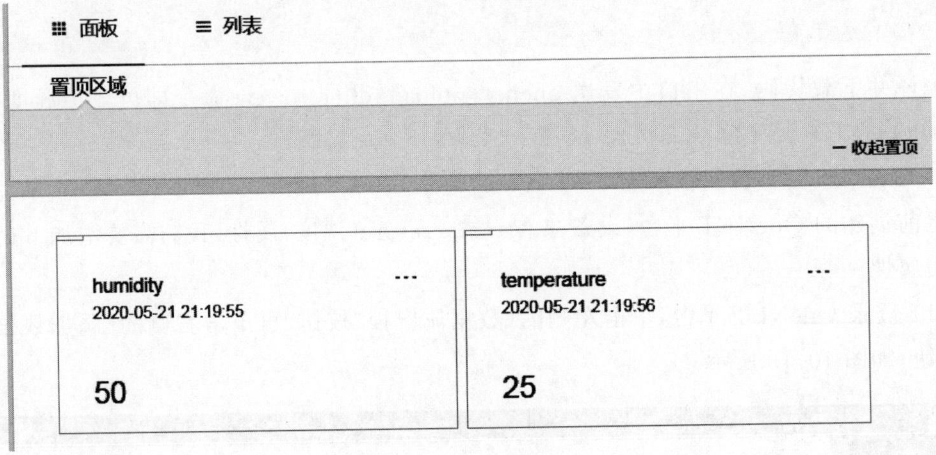

⊞ 面板　　　≡ 列表

置顶区域

一收起置顶

humidity　　　　　　...	temperature　　　　　...
2020-05-21 21:19:55	2020-05-21 21:19:56
50	25

图 10.15　数据流展示

▶ 13min

10.3　OneNET View 可视化开发

　　OneNET 提供 OneNET View 可视化开发功能，利用该功能，我们可以快速构建一套 Web 界面。

　　OneNET View 支持创建 3D 项目，免编程、可视化拖曳配置，集成汇总、转换功能的数据层，支持多种数据源接入，功能强大的数据过滤器可对杂乱数据进行多种逻辑加工，灵活地嵌入搭建,让 2D/3D 结合成为可能。

10min 快速、灵活完成物联网可视化大屏开发,轻松满足智能家居、智慧城市、水利水电、智慧医疗等数据可视化需求。

1. 产品能力

(1) 拖曳式编辑:免编程、10min 可快速搭建应用界面。

(2) 多数据源对接:支持 OneNET 内置数据、第三方数据库、Excel 静态文件等多种数据源。

(3) 行业模板:提供物联网行业可视化模板,可快速创建可视化应用,自动适配多种分辨率的屏幕,满足多种场景应用。

(4) 自动屏幕适配:自动适配多种分辨率的屏幕,满足多种场景应用。

(5) 3D 项目:支持 3D 项目,可通过拖曳 3D 组件快速完成场景搭建,并支持 2D/3D 混合。

(6) 数据过滤:可通过代码编辑器对数据进行快速过滤筛选或逻辑加工。

2. 产品优势

(1) 丰富的组件:提供多种地图、表盘、图表等多种分类的 2D/3D 组件,总数超过 100 个。

(2) 数据无缝对接:免编程、免运维,10min 快速生成物联网展示应用。

(3) 快速开发:支持 OneNET 内置数据、第三方数据库、Excel 静态文件多种数据源。

(4) 数据过滤:可通过代码编辑器对数据进行快速过滤筛选或逻辑加工。

10.3.1　Web 可视化

(1) 单击左侧的"应用管理"按钮,再单击右侧的"添加应用"按钮,如图 10.16 所示。

图 10.16　应用管理

(2) 在应用名称框内输入"环境检测系统",应用阅览权限选择"私有",上传应用 LOGO 后,单击"新增"按钮,如图 10.17 所示。

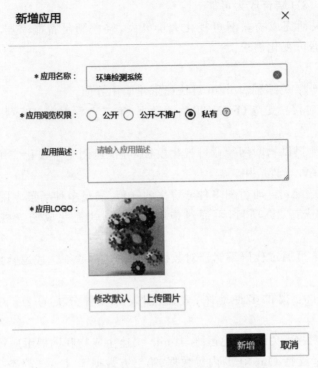

图 10.17　新增应用

（3）单击应用管理中新建的环境检测系统，如图 10.18 所示。

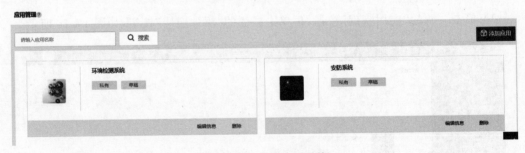

图 10.18　环境检测系统

（4）在应用详情中单击"编辑应用"按钮，如图 10.19 所示。

（5）进入应用编辑界面，如图 10.20 所示。

（6）OneNET 提供了非常多的组件，本书使用到折线图、仪表盘，每种组件的使用可以参考官方文档：https://open.iot.10086.cn/doc/view/。

（7）单击左侧"组件库"下的"折线图"，即可在中间区域出现对应的折线图组件，如图 10.21 所示。

应用管理 – 应用详情?

环境检测系统　编辑信息

创建时间:　2020-05-21 21:36:46

发布链接:　https://open.iot.10086.cn/iotbox/appsquare/appview?openid=ccaeffb0944ec9940831e128f5e86da2　复制

关联设备:　暂无

审核状态:　草稿

应用嵌入代码:　查看代码

⚠ 需要此功能请先联系4001-100-866 转 3，说明情况提交申请后方可使用。

编辑应用　　　全屏观看

图 10.19　应用详情

图 10.20　应用编辑

（8）单击刚才新建的折线图组件，右侧会显示该组件的相关属性设置，单击"样式"按钮，在标题中输入"温度"，如图 10.22 所示。

（9）单击"属性"按钮，不勾选"显示图例"按钮。设备选择我们之前创建的 test001，数据流选择 temperature，如图 10.23 所示。

（10）配置完后，可以看到此时折线图已经能显示温度数据了，如图 10.24 所示。

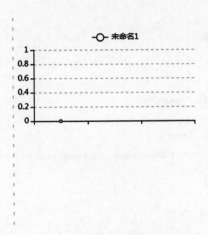

图 10.21　折线图组件

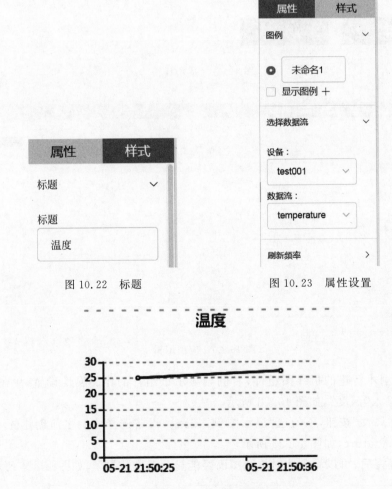

图 10.22　标题

图 10.23　属性设置

图 10.24　温度折线图

（11）单击组件库下的"仪表盘"按钮，中间区域即可出现一个仪表盘，如图 10.25 所示。

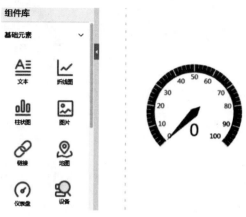

图 10.25　仪表盘

（12）单击仪表盘，在右侧出现的属性一栏中单击"样式"按钮，标题输入温度，如图 10.26 所示。

（13）单击"属性"按钮，设备选择 test001，数据流选择 temperature。如图 10.27 所示。

（14）设置完后，仪表盘此时可以显示温度数据，如图 10.28 所示。

图 10.26　标题

图 10.27　属性设置

图 10.28　仪表盘

（15）对于湿度而言，也是相同的操作，只是数据流要选择 humidity。添加湿度后，调整布局，如图 10.29 所示。

（16）上面只是对 Web 页面进行了布局，还需要对手机 App 的布局进行处理，单击左上角的 🔲 按钮，如图 10.30 所示。手机 App 的布局和组件添加与上面添加折线图、仪表盘操作相同。

（17）完成布局后，单击右上角的"保存"按钮，退出应用编辑界面。

（18）在应用详情页中，单击"全屏观看"按钮，即可看到我们创建好的 Web 数据可视化界面，如图 10.31 所示。

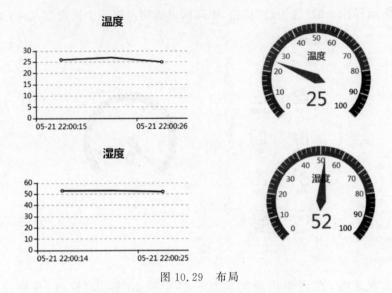

温度
30
25
20
15
10
5
0
05-21 22:00:15
05-21 22:00:26
温度
25
湿度
60
50
40
30
20
10
0
05-21 22:00:14
05-21 22:00:25
湿度
52

图 10.29　布局

宽:
100
高:
100
页面
PC页副本

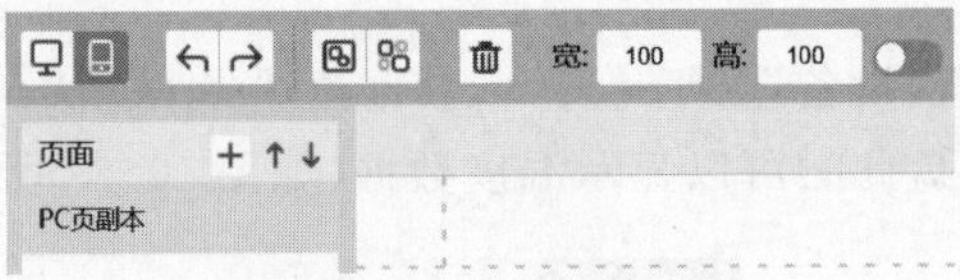

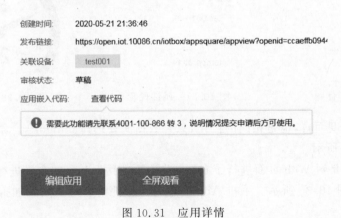

图 10.30　手机 App 布局

环境检测系统
编辑信息
创建时间:
2020-05-21 21:36:46
发布链接:
https://open.iot.10086.cn/iotbox/appsquare/appview?openid=ccaeffb094
关联设备:
test001
审核状态:
草稿
应用嵌入代码:
查看代码
需要此功能请先联系4001-100-866 转 3，说明情况提交申请后方可使用。
编辑应用
全屏观看

图 10.31　应用详情

10.3.2　手机 App

OneNET 提供一款名为“设备云”的 App，通过该 App，可以在手机上看到上面构建的数据可视化内容。

设备云 App 下载链接：https://open.iot.10086.cn/doc/art656.html♯118。

下载并安装设备云 App 后，在应用一栏即可查看上面创建的环境检测系统。

10.4 总结

本项目在 OneNET 平台基础上，实现了一个环境信息采集系统。该系统具有一定的商用实战价值，其系统框架和目前市场上的数据采集系统非常相似。

读者需要加强练习，特别是 OneNET 数据可视化这一部分。同时也建议读者在学习完本章后，在阿里云物联网平台上重新实现本项目，做到融会贯通。

第 11 章

实战项目：智能安防系统

本章将从零开始搭建一个智能安防系统,并通过这个实战项目,带领读者实现第 2 个物联网项目。

11.1　系统介绍

智能安防系统使用无线 315/433MHz 技术,搭配无线门磁、无线红外、无线烟感、无线煤气传感器等,可以实现远程报警、远程操控等功能。整个系统的框架如图 11.1 所示。

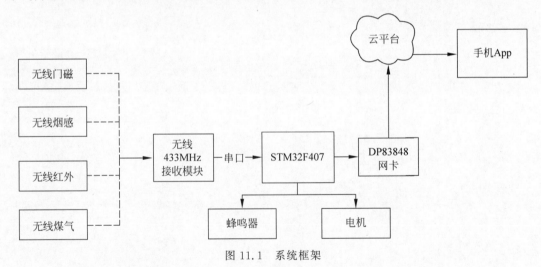

图 11.1　系统框架

整个系统可以分为 4 大部分:

(1) 无线传感器部分:无线门磁、无线烟感等传感器安装在家中的各个角落,通过无线 433MHz 技术,可以将传感器的数据传输到无线 433MHz 接收模块,并由接收模块通过串口传输给 STM32F407 开发板。

(2) 输出部分:由电机和蜂鸣器组成。电机采用步进电机马达、ULN2003 驱动板,实现手机 App 远程操作电机的功能。蜂鸣器可实现报警功能。

（3）OneNET 数据上传接收部分：STM32F407 开发板运行 RT-Thread 系统，并通过 OneNET 软件包实现数据上传和接收。

（4）OneNET 平台开发部分：OneNET 平台实现数据的可视化，手机 App 控制发动机转动等功能。

11.2　无线 433MHz 技术

11.2.1　无线技术简介

市场上常见的无线模块可以分为三类，分别是 ASK 超外差模块、无线收发模块、无线数传模块。

（1）ASK 超外差模块：主要用在简单的遥控和数据传送。

（2）无线收发模块：主要用来通过单片机控制无线收发数据，一般为 FSK 和 GFSK 调制模式。

（3）无线数传模块，主要用来直接通过串口来收发数据，使用简单。

如果按工作频率分，市场上常见的有 230MHz、315MHz、433MHz、2.4GHz 等。

如果按数据编码格式，又可分为 2262 编码、1527 编码。

2262 编码即 PT-2262 芯片编码，地址码（或发射/接收间系统密码）可自设，可设地址码数量较小，接收端解码配对 PT-2272 芯片。

1527 编码即 EV1527 芯片编码，地址码已预先烧录，因此不可自设，解码需要有解码功能的芯片如 TDH6300 芯片。

无线模块广泛地运用在无人机通信控制、工业自动化、油田数据采集、铁路无线通信、煤矿安全监控系统、管网监控、水文监测系统、污水处理监控、PLC、车辆监控、遥控、遥测、小型无线网络、无线抄表、智能家居、非接触 RF 智能卡、楼宇自动化、安全防火系统、无线遥控系统、生物信号采集、机器人控制、无线 232 数据通信、无线 485/422 数据通信传输等领域中。

11.2.2　无线接收模块

本书所选无线接收模块支持 2262、1527 编码格式，频率可选 315MHz 和 433MHz。需要注意，如果接收模块选择了 433MHz，则对应的无线传感器的频率也必须是 433MHz。

模块外观如图 11.2 所示。

图 11.2　无线接收模块

引脚定义如下：

（1）VCC：电源正极，4.5～5.5V。

（2）GND：电源负极。

（3）TXD：串口发送引脚。

（4）RXD：串口接收引脚。

无线接收模块可以将接收到的无线数据通过串口发送给 STM32F407 单片机，方便开发。串口波特率固定为 9600b/s。其解码输出格式如图 11.3 所示。

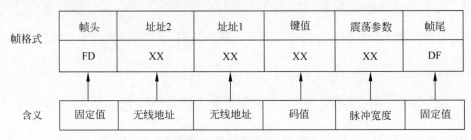

帧格式	帧头	址址2	址址1	键值	震荡参数	帧尾
	FD	XX	XX	XX	XX	DF
含义	固定值	无线地址	无线地址	码值	脉冲宽度	固定值

图 11.3　数据格式

1 帧无线数据由 6 字节的数据组成，第 1 位为帧头，固定为 0xFD，最后 1 位帧尾固定为 0xDF。

无线地址总共 2 字节，每个无线模块的地址都不相同，我们可以通过无线地址来区分无线传感器的类型。

11.2.3　无线传感器

1. 无线门磁

无线门磁是一种在保安监控、安全防范系统中非常常见的一种元器件，无线门磁是用来监控门的开关状态的，当门不管在任何情况下被打开后，无线门磁则会发射特定的无线电波，远距离向主机报警，从而起到一个警示作用，无线门磁的无线报警信号在开阔的地方能传输 100m，传输的距离和周边环境有着密切的关系。

无线门磁工作原理：

门磁是由无线发射模块和磁块组成的，无线发射模块有两个箭头，其中一个是"钢簧管"的元器件，磁体与钢簧管的距离保持在 1.5cm，钢簧管一直处于断开状态，一旦磁体与钢簧管分离的距离超过了 1.5cm，钢簧管则会处于闭合状态，从而造成短路，报警指示灯也会亮起而后主机会发射报警信号。实物如图 11.4 所示。

防范位置：门、抽屉、保险柜、窗户等。

2. 无线红外

无线红外传感器是一种将入射的红外辐射信号转变成电信号，然后再通过无线技术发送无线数据的元器件。

通常用来检测是否有人体经过。当住户离家时，如果无线红外传感器探测到有人体，则会发送无线数据给无线接收模块，STM32F407 会将数据通知到住户，从而让住户知道家里有不明身份的人进入。无线红外传感器实物如图 11.5 所示。

图 11.4 无线门磁

图 11.5 无线红外传感器

3. 无线烟感

无线烟感全称无线烟雾探测器，是一种烟雾探测器，适用于安装在少烟、禁烟场所探测烟雾离子，通过 168A 能够准确地检测烟雾，烟雾浓度超过限量时，传感器会发出无线数据。无线接收模块收到数据后交由 STM32F407 进行处理。无线烟感实物如图 11.6 所示。

图 11.6 无线烟感

11.2.4 代码实现

无线接收模块的代码源文件位于 Chapter11\01_433mhz\uart_433mhz.c。

1. 串口初始化
串口初始化的代码主要实现以下几个功能：
（1）初始化串口 3，波特率设置为 9600b/s。

（2）初始化信号量，设置接收回调函数。

（3）创建接收线程。

代码如下：

```
//Chapter11\01_433mhz\uart_433mhz.c

int uart3_433mhz_init(int argc,char * argv[])
{
    rt_err_t ret = RT_EOK;
    char uart_name[RT_NAME_MAX];
    char str[] = "hello RT - Thread!\r\n";
      struct serial_configure config = RT_SERIAL_CONFIG_DEFAULT; /* 初始化配置参数 */

    if (argc == 2)
    {
        rt_strncpy(uart_name,argv[1],RT_NAME_MAX);
    }
    else
    {
        rt_strncpy(uart_name,SAMPLE_UART_NAME,RT_NAME_MAX);
    }

    /* 查找系统中的串口设备 */
    serial = rt_device_find(uart_name);
    if (!serial)
    {
        rt_kprintf("find % s failed!\n",uart_name);
        return RT_ERROR;
    }


    /* 修改串口配置参数 */
    //修改波特率为 9600b/s
    config.baud_rate = BAUD_RATE_9600;
    //数据位 8
    config.data_bits = DATA_BITS_8;
    //停止位 1
    config.stop_bits = STOP_BITS_1;
    //修改缓冲区 buff size 为 128
    config.bufsz = 128;
    //无奇偶校验位
    config.parity = PARITY_NONE;

    /* 控制串口设备.通过控制接口传入命令控制字与控制参数 */
    rt_device_control(serial,RT_DEVICE_CTRL_CONFIG,&config);
```

```
    /* 初始化信号量 */
    rt_sem_init(&rx_sem,"rx_sem",0,RT_IPC_FLAG_FIFO);
    /* 以中断接收及轮询发送模式打开串口设备 */
    rt_device_open(serial,RT_DEVICE_FLAG_INT_RX);
    /* 设置接收回调函数 */
    rt_device_set_rx_indicate(serial,uart_rx_ind);
    /* 发送字符串 */
    rt_device_write(serial,0,str,(sizeof(str) - 1));

    /* 创建 serial 线程 */
    rt_thread_t thread = rt_thread_create("serial",(void (*)(void * parameter))data_
parsing,RT_NULL,1024,25,10);
    /* 创建成功则启动线程 */
    if (thread != RT_NULL)
    {
        rt_thread_startup(thread);
    }
    else
    {
        ret = RT_ERROR;
    }

    return ret;
}
```

2. 接收回调函数

当串口接收到 1 个字符时, 会调用接收回调函数。接收回调函数的代码如下:

```
//Chapter11\01_433mhz\uart_433mhz.c

/* 接收数据回调函数 */
static rt_err_t uart_rx_ind(rt_device_t dev,rt_size_t size)
{
    /* 串口接收到数据后产生中断,调用此回调函数,然后发送接收信号量 */
    if (size > 0)
    {
        rt_sem_release(&rx_sem);
    }
    return RT_EOK;
}
```

3. 接收 1 个字符

可以使用 rt_device_read 从串口设备中读取 1 个字符串。本书提供了一个通用的读 1 个字符的函数, 代码如下:

```
//Chapter11\01_433mhz\uart_433mhz.c

static char uart_sample_get_char(void)
{
    char ch;

    while (rt_device_read(serial,0,&ch,1) == 0)
    {
        rt_sem_control(&rx_sem,RT_IPC_CMD_RESET,RT_NULL);
        rt_sem_take(&rx_sem,RT_WAITING_FOREVER);
    }
    return ch;
}
```

4. 接收串口数据

在 uart_sample_get_char 接收 1 个字符的基础上,使用 while 循环,可以读取任意长度的串口数据,代码如下:

```
//Chapter11\01_433mhz\uart_433mhz.c

rt_size_t recv_data_uart3(char * buf,rt_size_t size)
{
    char ch;
    int i = 0;
    while (1)
    {
        ch = uart_sample_get_char();
        //rt_device_write(serial,0,&ch,1);

        buf[i++] = ch;

            if(i >= size)
            {
                return i;
            }
    }
}
```

5. 处理串口数据

当接收到无线模块的数据后,需要对数据进行处理。由于无线模块的串口数据就是无线传感器发送的数据。故而我们可以先做实验,查看每个传感器发送的数据内容,然后记录到代码中。本书所使用的传感器的数据内容如下:

```
//门磁
char rf_Gate_sensor[6] = {0xFD,0xB0,0x43,0x12,0x63,0xDF};
//烟感
char rf_smoke_sensor[6] = {0xFD,0x8F,0x57,0x12,0x63,0xDF};
//红外
char rf_Infrared_sensor[6] = {0xFD,0x6A,0x1B,0x12,0x63,0xDF};
```

记录下传感器的数据后，我们就可以和串口接收到的数据做对比，判断究竟是哪个传感器被触发，从而上传数据到 OneNET 云平台。代码如下：

```
//Chapter11\01_433mhz\uart_433mhz.c

/* 数据解析线程 */
static void data_parsing(void)
{
    while (1)
    {
    //接收串口数据
        recv_data_uart3(recv_buf_uart3,6);

                if(memcmp(recv_buf_uart3,rf_Gate_sensor,6) == 0)
                {
                        //向 OneNET 发送无线门磁的数据
                }

                if(memcmp(recv_buf_uart3,rf_smoke_sensor,6) == 0)
                {
                        //向 OneNET 发送无线烟感的数据
                }

                if(memcmp(recv_buf_uart3,rf_Infrared_sensor,6) == 0)
                {
                        //向 OneNET 发送无线红外的数据
                }

                //rt_device_write(serial,0,recv_buf_uart3,6);

    }
}
```

11.3　输出装置

输出装置由电机、蜂鸣器组成。电机可用来控制门的闭合，也可以用来控制物体的转动。蜂鸣器主要是实现报警功能。

11.3.1 步进电机

1. 步进电机

步进电机是一种将 PWM 脉冲信号转换成转子转动的电动机。每输入一个脉冲信号,转子就转动一定的角度。常见的步进电机如图 11.7 所示。

图 11.7 步进电机

步进电机的特点:

(1) 步进电机需要驱动才能运转,转动的速度和脉冲的频率成正比。

(2) 步进电机具有瞬间启动和急速停止的特点。

(3) 改变脉冲顺序,可以改变转动的方向。

本书选用的步进电机型号是 28BYJ-48,它是一款 5V4 相 5 线步进电机。其中,5V 代表该电机的工作电压是 5V,而 4 相 5 线则表示电机有 4 段线圈和 5 根线。

4 相 5 线步进电机内部构造如图 11.8 所示。

其中 4 根线分别是缠绕着 4 个线圈,还有 1 根线是电机共用的 VCC,如图 11.9 所示。

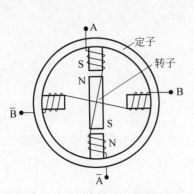

图 11.8 步进电机内部构造

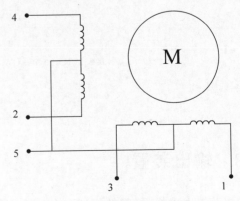

图 11.9 步进电机线路图

驱动步进电机时,只需轮流驱动 1、2、3、4 线即可,如表 11.1 所示。

表 11.1 电机驱动流程

导线	节拍 1	节拍 2	节拍 3	节拍 4	节拍 5	节拍 6	节拍 7	节拍 8
5	+	+	+	+	+	+	+	+
4	−	−						
3		−	−	−				
2				−	−	−		
1						−	−	−

2. ULN2003 驱动芯片

通常步进电机的工作电压比较高,传统单片机的 PWM 无法满足电机驱动脉冲电压,故而需要专门的电机驱动芯片来驱动电机转动。常见的步进电机驱动芯片有 ULN2003。

ULN2003 芯片工作电压高,工作电流大,灌电流可达 500mA,并且能够在关态时承受 50V 的电压,输出还可以在高负载电流并行运行。

ULN2003 芯片是由高耐压、大电流达林顿陈列而成,由七个硅 NPN 达林顿管组成。该电路的特点如下:ULN2003 芯片的每一对达林顿都串联一个 2.7kΩ 的基极电阻,在 5V 的工作电压下它能与 TTL 和 CMOS 电路直接相连,可以直接处理原先需要标准逻辑缓冲器来处理的数据。

ULN2003 芯片引脚如图 11.10 所示。

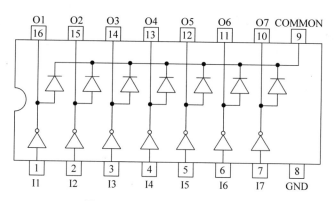

图 11.10 ULN2003 芯片引脚图

引脚功能如下:

引脚 1：CPU 脉冲输入端,端口对应一个信号输出端。

引脚 2：CPU 脉冲输入端。

引脚 3：CPU 脉冲输入端。

引脚 4：CPU 脉冲输入端。

引脚 5：CPU 脉冲输入端。

引脚 6：CPU 脉冲输入端。

引脚 7：CPU 脉冲输入端。

引脚 8：接地。

引脚 9：该引脚是内部 7 个续流二极管负极的公共端，各二极管的正极分别接各达林顿管的集电极。当用于感性负载时，该引脚接负载电源正极，实现续流作用。如果该脚接地，实际上就是达林顿管的集电极对地接通。

引脚 10：脉冲信号输出端，对应引脚 7 信号输入端。

引脚 11：脉冲信号输出端，对应引脚 6 信号输入端。

引脚 12：脉冲信号输出端，对应引脚 5 信号输入端。

引脚 13：脉冲信号输出端，对应引脚 4 信号输入端。

引脚 14：脉冲信号输出端，对应引脚 3 信号输入端。

引脚 15：脉冲信号输出端，对应引脚 2 信号输入端。

引脚 16：脉冲信号输出端，对应引脚 1 信号输入端。

根据 ULN2003 芯片的特性，我们可以使用 ULN2003 芯片来驱动步进电机，如线路连接图 11.11 所示。

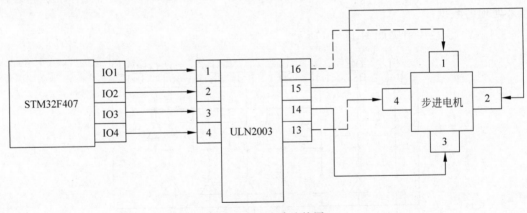

图 11.11　线路连接图

STM32F407 通过 4 个 IO 口和 ULN2003 芯片的 4 个输入引脚相连，ULN2003 芯片对应的输出引脚连接到步进电机的 4 个线圈上。STM32F407 通过驱动 ULN2003 芯片，从而实现驱动电机的功能。

3. ULN2003 芯片驱动代码

这里使用 4 节拍的方式驱动 ULN2003 芯片，即轮流让每个 IO 口都通电，从而实现电机转动，如图 11.12 所示。

一开始只有线圈 1 通电，线圈 1 通电产生磁场，将转子吸附到线圈 1 的方向上。

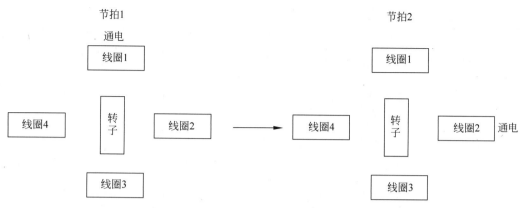

图 11.12　电机转动示意图

随后只有线圈 2 通电,此时线圈 2 产生的磁场会使转子转向线圈 2,从而实现转子 90°旋转。

以此类推,每个线圈轮流通电,可以使转子顺时针旋转 1 圈。逆时针旋转则改变线圈的通电顺序即可。

(1) ULN2003 芯片初始化

ULN2003 芯片初始化部分主要设置对应的 4 个 IO 引脚为输出模式,代码如下:

```
//Chapter11\02_uln2003\uln2003.c          7行

//定义驱动 ULN2003 芯片的引脚

#define ULN2003_PIN_1      GET_PIN(D,0)
#define ULN2003_PIN_2      GET_PIN(D,1)
#define ULN2003_PIN_3      GET_PIN(D,14)
#define ULN2003_PIN_4      GET_PIN(D,15)


//初始化 ULN2003 芯片相关引脚为输出模式
void uln2003_init(void)
{
    rt_pin_mode(ULN2003_PIN_1,PIN_MODE_OUTPUT);
    rt_pin_mode(ULN2003_PIN_2,PIN_MODE_OUTPUT);
    rt_pin_mode(ULN2003_PIN_3,PIN_MODE_OUTPUT);
    rt_pin_mode(ULN2003_PIN_4,PIN_MODE_OUTPUT);
}
```

(2) 电机正转

电机正转只需要轮流设置引脚的高低电平即可,代码如下:

```
//Chapter11\02_uln2003\uln2003.c          23 行

//正转
void uln2003_forwards(void)
{
    rt_pin_write(ULN2003_PIN_1,PIN_HIGH);
    rt_pin_write(ULN2003_PIN_2,PIN_LOW);
    rt_pin_write(ULN2003_PIN_3,PIN_LOW);
    rt_pin_write(ULN2003_PIN_4,PIN_LOW);
    rt_thread_mdelay(10);

    rt_pin_write(ULN2003_PIN_1,PIN_LOW);
    rt_pin_write(ULN2003_PIN_2,PIN_HIGH);
    rt_pin_write(ULN2003_PIN_3,PIN_LOW);
    rt_pin_write(ULN2003_PIN_4,PIN_LOW);
    rt_thread_mdelay(10);

    rt_pin_write(ULN2003_PIN_1,PIN_LOW);
    rt_pin_write(ULN2003_PIN_2,PIN_LOW);
    rt_pin_write(ULN2003_PIN_3,PIN_HIGH);
    rt_pin_write(ULN2003_PIN_4,PIN_LOW);
    rt_thread_mdelay(10);

    rt_pin_write(ULN2003_PIN_1,PIN_LOW);
    rt_pin_write(ULN2003_PIN_2,PIN_LOW);
    rt_pin_write(ULN2003_PIN_3,PIN_LOW);
    rt_pin_write(ULN2003_PIN_4,PIN_HIGH);
    rt_thread_mdelay(10);
}
```

（3）电机反转

电机反转只需要反方向轮流驱动 ULN2003 芯片的 4 个 IO 口即可，代码如下：

```
//Chapter11\02_uln2003\uln2003.c   50 行

//反转
void uln2003_backwards(void)
{
    rt_pin_write(ULN2003_PIN_1,PIN_LOW);
    rt_pin_write(ULN2003_PIN_2,PIN_LOW);
    rt_pin_write(ULN2003_PIN_3,PIN_LOW);
    rt_pin_write(ULN2003_PIN_4,PIN_HIGH);
    rt_thread_mdelay(10);

    rt_pin_write(ULN2003_PIN_1,PIN_LOW);
```

```
    rt_pin_write(ULN2003_PIN_2,PIN_LOW);
    rt_pin_write(ULN2003_PIN_3,PIN_HIGH);
    rt_pin_write(ULN2003_PIN_4,PIN_LOW);
    rt_thread_mdelay(10);

    rt_pin_write(ULN2003_PIN_1,PIN_LOW);
    rt_pin_write(ULN2003_PIN_2,PIN_HIGH);
    rt_pin_write(ULN2003_PIN_3,PIN_LOW);
    rt_pin_write(ULN2003_PIN_4,PIN_LOW);
    rt_thread_mdelay(10);

    rt_pin_write(ULN2003_PIN_1,PIN_HIGH);
    rt_pin_write(ULN2003_PIN_2,PIN_LOW);
    rt_pin_write(ULN2003_PIN_3,PIN_LOW);
    rt_pin_write(ULN2003_PIN_4,PIN_LOW);
    rt_thread_mdelay(10);
}
```

11.3.2　蜂鸣器

蜂鸣器是一种电子讯响器,在通电的情况下可以发出蜂鸣声,可用于烟雾报警、入侵报警等。蜂鸣器的实物如图 11.13 所示。

图 11.13　蜂鸣器

蜂鸣器只有 2 个引脚,分别是 VCC 和 GND。

STM32F407 驱动蜂鸣器只需要 IO 口连接到蜂鸣器的 VCC 引脚,通过控制 IO 口输出高低电平即可。代码如下:

```
//

//蜂鸣器
```

```
#define BEEP_PIN GET_PIN(G,7)

//初始化蜂鸣器
void beep_init(void)
{
    rt_pin_mode(BEEP_PIN,PIN_MODE_OUTPUT);
}



//蜂鸣器响
void beep_open(void)
{
    rt_pin_write(BEEP_PIN,PIN_HIGH);
}

//蜂鸣器关
void beep_close(void)
{
    rt_pin_write(BEEP_PIN,PIN_LOW);
}
```

11.4 OneNET 开发

OneNET 相关代码源文件位于 Chapter11\04_onenet 文件夹。

11.4.1 初始化

STM32F407 上电后,需要进行网卡初始化,此时是无法使用网络的。所以 OneNET 的初始化代码需要先延时等待 5s,之后再尝试连接 OneNET 平台。

连接上 OneNET 平台之后,设置数据接收回调函数,用来处理 OneNET 的下发指令。代码如下:

```
//Chapter11\04_onenet\oneNET_task.c      50 行

//初始化
void onenet_init(void)
{
    int ret = -1;

    //上电后先延迟 5s,等网络通信成功
    rt_thread_delay(rt_tick_from_millisecond(2 * 1000));

    while(1)
```

```
    {
                //一直尝试重新连接 OneNET,直到连接上为止
                ret = onenet_mqtt_init();

                if(ret == 0)
                {
                        //连接上了,退出
                        break;
                }
                //没连接上,再等2s
                rt_thread_delay(rt_tick_from_millisecond(2 * 1000));
    }

    //设置为1表明已经连接上了 OneNET
    onenet_init_flg = 1;

    //设置我们的数据接收函数,用来处理 OneNET 的数据
    onenet_set_cmd_rsp_cb(onenet_rsp_cb);
}
```

11.4.2 接收回调函数

接收回调函数主要处理 OneNET 的下发指令,在本系统中,OneNET 的下发指令有 4 个：电机正转、电机反转、蜂鸣器响、蜂鸣器关。代码如下：

```
//Chapter11\04_onenet\oneNET_task.c              19 行

void onenet_rsp_cb(uint8_t * recv_data,size_t recv_size,uint8_t ** resp_data,size_t * resp_
size)
{
    printf("recv msg is %s\r\n",recv_data);

    //电机正转
    if(strcmp(recv_data,"forward") == 0)
    {
            uln2003_forwards();
    }

    //电机反转
    if(strcmp(recv_data,"backward") == 0)
    {
            uln2003_backwards();
    }
```

```
//蜂鸣器响
if(strcmp(recv_data,"beepopen") == 0)
{
        beep_open();
}

//蜂鸣器关
if(strcmp(recv_data,"beepclose") == 0)
{
        beep_close();
}
}
```

11.4.3 传感器上传

当 STM32F407 收到无线传感器的数据后,需要向 OneNET 平台发送数据,代码如下:

//Chapter11\04_onenet\oneNET_task.c   80 行

```
//上传门磁数据
void upload_Gate_sensor(void)
{
    static int value = 1;

    if(onenet_init_flg != 1)
    {
            //没有连接上 OneNET,退出
            return ;
    }

    value ++;

    if (onenet_mqtt_upload_digit("gate",value) < 0)
    {
        LOG_E("upload has an error,stop uploading");
        return;
    }
    else
    {
        LOG_D("buffer :{\"gate\":% d}",value);
    }
}

//上传烟感数据
void upload_smoke_sensor(void)
{
```

```
        static int value = 1;

        if(onenet_init_flg != 1)
        {
                //没有连接上 OneNET,退出
                return ;
        }

        value ++;

        if (onenet_mqtt_upload_digit("smoke",value) < 0)
    {
        LOG_E("upload has an error,stop uploading");
        return;
    }
    else
    {
        LOG_D("buffer :{\"smoke\": % d}",value);
    }
}


//上传红外数据
void upload_Infrared_sensor(void)
{
        static int value = 1;

        if(onenet_init_flg != 1)
        {
                //没有连接上 OneNET,退出
                return ;
        }

        value ++;

        if (onenet_mqtt_upload_digit("infrared",value) < 0)
    {
        LOG_E("upload has an error,stop uploading");
        return;
    }
    else
    {
        LOG_D("buffer :{\"infrared\": % d}",value);
    }
}
```

11.4.4 实验

（1）在 OneNET 平台增加 3 个数据流模板：gate、smoke、infrared，查看设备的数据流展示页面，可以看到这 3 个数据流，如图 11.14 所示。

图 11.14 数据流展示页面

（2）触发门磁、红外、烟感报警后，STM32F407 会上传对应传感器的数据，读者可以在数据流页面看到对应传感器的数据，以及数据上传的时间。

（3）在下发命令页，读者可以发送命令控制 STM32F407 的电机正反转、蜂鸣器鸣响。如图 11.15 所示。

图 11.15 下发命令

11.5 总结

本项目利用无线 433MHz 组网技术，构建了一个智能安防系统，可实现门磁、红外、烟雾报警。同时支持 OneNET 云平台下发指令控制电机、蜂鸣器。

该系统具有一定的实战价值，读者需要加强练习，特别是 OneNET 数据上传和接收，MQTT 的使用等。

参 考 文 献

［1］ 中国产业信息网.2019 年中国物联网行业发展现状及发展前景分析［EB/OL］.［2019-03-27］. http：//www. chyxx. com/industry/201903/725096. html.

［2］ 意法半导体(ST). STM32F4xx 中文参考手册［DB/CD］.

［3］ RT-Thread 官网. RT-Thread 简介［EB/OL］. https：//www. rt-thread. org/document/site/tuto rial/ququi-start/introduction/introduction.

［4］ 阿里云官网.什么是物联网平台［EB/OL］.［2020-04-29］. https：//help. aliyun. com/document_detail/30522. html？ spm＝5176. cniot. 0. 0. 1f3011fa84UdoL.

［5］ OneNET 官网. OneNET 物联网平台［EB/OL］. https：//open. iot. 10086. cn/doc/introduce.

附　　录

扫描前言处二维码获取附录内容的电子版。

图 书 推 荐

书 名	作 者
鸿蒙应用程序开发	董昱
鸿蒙操作系统开发入门经典	徐礼文
鸿蒙操作系统应用开发实践	陈美汝、郑森文、武延军、吴敬征
华为方舟编译器之美——基于开源代码的架构分析与实现	史宁宁
鲲鹏架构入门与实战	张磊
华为 HCIA 路由与交换技术实战	江礼教
Flutter 组件精讲与实战	赵龙
Flutter 实战指南	李楠
Dart 语言实战——基于 Flutter 框架的程序开发(第 2 版)	亢少军
Dart 语言实战——基于 Angular 框架的 Web 开发	刘仕文
IntelliJ IDEA 软件开发与应用	乔国辉
Vue＋Spring Boot 前后端分离开发实战	贾志杰
Vue.js 企业开发实战	千锋教育高教产品研发部
Python 人工智能——原理、实践及应用	杨博雄 主编,于营、肖衡、潘玉霞、高华玲、梁志勇 副主编
Python 深度学习	王志立
Python 异步编程实战——基于 AIO 的全栈开发技术	陈少佳
智慧建造——物联网在建筑设计与管理中的实践	[美]周晨光(Timothy Chou)著；段晨东、柯吉 译
TensorFlow 计算机视觉原理与实战	欧阳鹏程、任浩然
分布式机器学习实战	陈敬雷
计算机视觉——基于 OpenCV 与 TensorFlow 的深度学习方法	余海林、翟中华
深度学习——理论、方法与 PyTorch 实践	翟中华、孟翔宇
深度学习原理与 PyTorch 实战	张伟振
ARKit 原生开发入门精粹——RealityKit ＋ Swift ＋ SwiftUI	汪祥春
Altium Designer 20 PCB 设计实战(视频微课版)	白军杰
Cadence 高速 PCB 设计——基于手机高阶板的案例分析与实现	李卫国、张彬、林超文
SolidWorks 2020 快速入门与深入实战	邵为龙
UG NX 1926 快速入门与深入实战	邵为龙
西门子 S7-200 SMART PLC 编程及应用(视频微课版)	徐宁、赵丽君
三菱 FX3U PLC 编程及应用(视频微课版)	吴文灵
全栈 UI 自动化测试实战	胡胜强、单镜石、李睿
软件测试与面试通识	于晶、张丹
深入理解微电子电路设计——电子元器件原理及应用(原书第 5 版)	[美]理查德·C.耶格(Richard C. Jaeger),[美]特拉维斯·N.布莱洛克(Travis N. Blalock)著；宋廷强 译
深入理解微电子电路设计——数字电子技术及应用(原书第 5 版)	[美]理查德·C.耶格(Richard C. Jaeger)[美]特拉维斯·N.布莱洛克(Travis N. Blalock)著；宋廷强 译
深入理解微电子电路设计——模拟电子技术及应用(原书第 5 版)	[美]理查德·C.耶格(Richard C. Jaeger)[美]特拉维斯·N.布莱洛克(Travis N. Blalock)著；宋廷强 译